工业和信息化
精品系列教材

Fundamentals
of JavaScript
Programming

JavaScript

程序设计基础教程

慕课版 | 第 2 版

杨振虎 刘茜 韩莉娜◎主编

张义嘉 谢备 刘卓华 杜斌◎副主编

人民邮电出版社

北 京

图书在版编目（CIP）数据

JavaScript 程序设计基础教程：慕课版 / 杨振虎，
刘茜，韩莉娜主编. -- 2 版. -- 北京 : 人民邮电出版社，
2025. --（工业和信息化精品系列教材）. -- ISBN 978
-7-115-65722-0

Ⅰ. TP312.8

中国国家版本馆 CIP 数据核字第 2024V6Z003 号

内 容 提 要

　　JavaScript 是目前非常流行的网页前端开发技术之一。本书利用大量案例深入浅出地介绍
JavaScript 程序设计的基础知识。本书分为 3 篇，第一篇为初识 JavaScript，主要包括 JavaScript 简介；
第二篇为 JavaScript 必备基础知识，包括 JavaScript 基本语法、JavaScript 程序构成、JavaScript 对象和
JavaScript 数组；第三篇为 JavaScript 技能提升，包括窗口和框架、document 对象、表单、算法、综合
设计实例——JavaScript 特效制作，以及综合实战——实现购物车功能特效制作。

　　本书可作为高等院校 JavaScript 程序设计相关课程的教材，也可供相关从业人员自学参考。

◆ 主　　编　杨振虎　刘　茜　韩莉娜
　　副主编　张义嘉　谢　备　刘卓华　杜　斌
　　责任编辑　赵　亮
　　责任印制　王　郁　焦志炜

◆ 人民邮电出版社出版发行　　北京市丰台区成寿寺路 11 号
　　邮编　100164　　电子邮件　315@ptpress.com.cn
　　网址　https://www.ptpress.com.cn
　　北京天宇星印刷厂印刷

◆ 开本：787×1092　1/16
　　印张：19.5　　　　　　　　　2025 年 4 月第 2 版
　　字数：566 千字　　　　　　　2025 年 4 月北京第 1 次印刷

定价：69.80 元

读者服务热线：(010)81055256　印装质量热线：(010)81055316
反盗版热线：(010)81055315

前言

JavaScript 简介

JavaScript 是非常流行的脚本语言之一，在 Web 开发的实际工作中应用非常广泛。目前流行的很多框架，如 jQuery、AngularJS 等，都是以 JavaScript 为基础进行封装的，因此，学习 JavaScript 是学习脚本语言的基础。

如今，用户已经习惯了 App、微信小程序等带来的便利，因此只有良好的互动体验和及时的用户反馈才能让我们设计的网页具备竞争力。而我们常见的鼠标指针悬浮变色、显示二级菜单、显示和隐藏部分内容、注册表单验证提示、手风琴菜单、幻灯片轮播等特效，都可以使用 JavaScript 制作。JavaScript 给网页带来了丰富的交互效果和动态的用户体验，使网页界面充满活力。

本书细致地讲解 JavaScript 的基础知识，分为 3 篇，从初识 JavaScript 到 JavaScript 必备基础知识，再到 JavaScript 技能提升。全书内容全面，循序渐进，并在重要知识点处设计了任务和项目实战，通过分析案例帮助读者边学边练，掌握重点难点。全书最后设置综合实战环节，带领读者实现购物车的功能特效制作，体验 JavaScript 在实际工作中的真实应用，与 Web 开发实际工作无缝接轨。

本书特点、优势

- 理论与实践相结合。本书根据行业企业发展需要选取教学内容，符合读者的认知规律和教师的教学规律。

- 任务驱动、适应性强。根据教学内容，合理安排教学任务。读者通过本书不仅能快速地学习到技术，而且能够提高项目开发能力。

- 启智增慧，弘扬社会主义核心价值观。本书全面贯彻党的二十大精神，落实立德树人根本任务，融入素质教育元素，引导学生坚定文化自信，树立社会责任感。

本书配套资源

登录人邮学院网站（www.rymooc.com）或扫描封底二维码，使用手机号完成注册并登录即可在线观看全书慕课视频。

全部案例源代码、素材、最终文件、电子教案等资源可扫描封底二维码或登录人邮教育社区网站（www.ryjiaoyu.com）下载使用。

本书由杨振虎、刘茜、韩莉娜任主编，张义嘉、谢备、刘卓华、杜斌任副主编，胡浩、聂静也参与了本书的编写。由于编者水平有限，书中的疏漏之处在所难免，敬请读者与专家批评指正。

编　者

2024 年 11 月

目录

单元 4

JavaScript 对象 ·········· 107

单元 5

JavaScript 数组 ·········· 138

第三篇 JavaScript 技能提升

单元 6

窗口和框架·················155

单元 7

document 对象·············183

单元 8

表单·····················204

单元 9

算法·····················225

单元 10

综合设计实例——JavaScript 特效制作……253

单元 11

综合实战——实现购物车功能 特效制作……283

第一篇

初识 JavaScript

单元 1
JavaScript 简介

01

情景引入

平时我们在网络上搜索内容时，输入框的下方会根据我们输入的内容展示出相关联的选项，按Enter键或者单击搜索按钮时搜索结果会呈现在页面上，这个交互过程就是通过JavaScript来实现的。JavaScript是非常流行的脚本语言之一，它存在于全世界所有Web浏览器中，能够增强用户与Web站点及与Web应用程序之间的交互。本单元将介绍什么是JavaScript、JavaScript的运行环境及实现等知识。

学习目标

知识目标

1. 理解JavaScript的特点
2. 了解JavaScript与Java的区别
3. 理解JavaScript的实现
4. 理解JavaScript的运行环境

能力目标

1. 能够独立搭建JavaScript的运行环境
2. 能够定义JavaScript的变量
3. 能够编写一个简单的JavaScript程序

素质目标

1. 区分JavaScript与其他编程语言（如Java）的主要差异，理解它们各自的设计理念。
2. 明确JavaScript在Web开发中的作用和限制，培养对技术适用性的评估能力。
3. 编写并运行第一个JavaScript程序，初步体验编程乐趣，建立学习信心。

思维导图

1.1 什么是 JavaScript

JavaScript 是一种基于对象（Object）和事件驱动（Event Driven）并具有安全性能的脚本语言。使用它的目的是与 HTML（超文本标记语言）、Java applet（Java 小程序）一起实现在一个 Web 页面中链接多个对象，与 Web 客户交互，从而开发客户端的应用程序等。它的出现弥补了 HTML 的缺陷，它是 Java 与 HTML 折中的选择，具有以下几个基本特点。

1. 简单性

JavaScript 是一种脚本语言，它采用小程序段的方式实现编程。与其他脚本语言一样，JavaScript 是一种解释型语言，它提供了一个易开发的过程。它的基本结构形式与 C、C++、Visual Basic、Delphi 的十分类似。但它不像这些语言一样，需要先编译，而是在程序运行过程中被逐行地解释。它与 HTML 标识结合在一起，从而方便用户的使用操作。

JavaScript 的简单性主要体现在：首先，它是一种基于 Java 基本语句和控制流的、简单而紧凑的设计，对学习 Java 来说是一种非常好的过渡；其次，它的变量采用弱类型，并未使用严格的数据类型。

2. 动态性

JavaScript 是动态的，它可以直接对用户或客户输入做出响应，无须经过 Web 服务程序。它对用户的响应，是以事件驱动的方式进行的。在主页（Home Page）中执行了某种操作所产生的动作称为事件（Event）。比如按下鼠标按键、移动窗口、选择菜单等都可以视为事件。所谓事件驱动，就是指当事件发生后，可能会引起相应的事件响应。

3. 跨平台性

JavaScript 依赖于浏览器本身，与操作环境无关，只要有能运行浏览器的计算机以及支持 JavaScript 的浏览器就可以正确执行，从而帮助实现"编写一次，走遍天下"的梦想。

4. 节省服务器的开销

JavaScript 是一种基于客户端的语言，用户在浏览过程中进行的填表、验证等交互过程只需通过浏览器调入 HTML 文档中的 JavaScript 源代码来解释，并执行已经编好的 JavaScript 的相应程序即可完成，大大减少了服务器的资源消耗。实际上 JavaScript 最杰出之处之一在于它可以用很小的程序做大量的事。无须高性能的计算机和 Web 服务器通道，仅需一个字处理软件及一个浏览器，通过自己的计算机即可完成所有的事情。

1.2 JavaScript 与 Java 的区别

虽然 JavaScript 的名称起源于 Java，但 JavaScript 是有别于 Java 的。Java 是 Sun 公司推出的、新一代面向对象的程序设计语言，特别适用于 Internet 应用程序开发；JavaScript 是 Netscape 公司的产品，是为扩展 Netscape Navigator 功能而开发的一种可以嵌入 Web 页面中的解释型语言，它的前身是 LiveScript，而 Java 的前身是 Oak。下面对两种语言的异同做如下比较。

1. 基于对象和面向对象

Java 是一种真正面向对象的语言，即使是开发简单的程序，也必须设计对象。JavaScript 是一种脚本语言，它可以用来制作与网络无关的、与用户交互的复杂软件，它是一种基于对象和事件驱动的编程语言，因而它本身提供了非常丰富的内部对象给设计人员使用。

2. 解释和编译

两种语言在浏览器中所执行的方式不一样。Java 的源代码在发往客户端执行之前,必须经过编译,因而客户端上必须具有相应平台上的仿真器或解释器。JavaScript 的源代码在发往客户端执行之前无须经过编译,而是将文本格式的字符代码发送给客户端由浏览器解释执行。

3. 强类型变量声明和弱类型变量声明

两种语言所采用的变量声明是不一样的。Java 采用强类型变量声明,即所有变量在编译之前必须做声明,示例如下。

```
Integer x;   String y; x=1234; y=4321;
```

其中 x=1234 声明为一个整数,y=4321 声明为一个字符串。JavaScript 中的变量声明,采用弱类型,即变量在使用前无须做声明,而是解释器在运行时检查其数据类型,示例如下。

```
x=1234;   y="4321";
```

前者说明 x 为数值型变量,而后者说明 y 为字符型变量。

4. 代码格式不一样

Java 的代码格式是一种与 HTML 无关的格式,必须通过像在 HTML 中引用外媒体那样进行装载,其代码以字节码的形式保存在独立的文档中。JavaScript 的代码格式是一种文本字符格式,可以直接嵌入 HTML 文档中,并且可动态装载,通过它编写 HTML 文档就像编辑文本文件一样方便。

5. 嵌入方式不一样

在 HTML 文档中,两种编程语言的标识不同,JavaScript 使用<script>...</script>来标识,而 Java 使用<applet>...</applet>来标识。

6. 静态联编和动态联编

Java 采用静态联编,即 Java 的对象引用必须在编译时进行检查,以使编译器能够实现强类型检查。JavaScript 采用动态联编,即 JavaScript 的对象引用在运行时进行检查。

1.3 JavaScript 能做什么

用 JavaScript 可以做许多事情,如使网页更具交互性,为站点的用户提供更好、更令人兴奋的体验。使用 JavaScript 可以创建活跃的用户界面,当用户在页面间浏览时向他们提供反馈。例如,使用 JavaScript 的翻转器技术,实现当鼠标指针停留在页面按钮上时,会突出显示按钮。还可以使用 JavaScript 来确保用户以表单形式输入有效的信息,如果需要对表单进行一些校验工作,那么可以在用户的计算机上用 JavaScript 来完成,而不需要用任何服务器处理。

精讲视频

JavaScript 能做什么
与不能做什么

另外,使用 JavaScript 可以根据用户的操作创建自定义的 Web 页面。假设用户正在访问一个美食站点,单击某个美食,可以在一个新窗口中显示该美食的相关信息。使用 JavaScript 可以控制浏览器,可以打开新窗口、显示警告框,还可以在浏览器窗口的状态栏中显示自定义的消息。

除此之外,使用 JavaScript 还可以处理表单、设置 cookie、即时构建 HTML 页面以及创建基于 Web 的应用程序。

1.4 JavaScript 不能做什么

JavaScript 是一种客户端语言。也就是说,设计它的目的是在用户的计算机上而不是在服务器上执行任务。因此，JavaScript 有如下限制。

- JavaScript 不允许编写服务器上的文件。尽管编写服务器上的文件在许多方面是很方便的（比如存储页面单击数或用户填写的表单数据），但是 JavaScript 不允许这么做，而是需要用服务器上的一个程序处理和存储这些数据，这个程序可以是用 Java、Perl 或 PHP 等语言编写的 CGI（运行在服务器上的程序）。
- JavaScript 不能关闭不是由它自己打开的窗口。这是为了避免一个站点关闭其他站点的窗口，从而独占浏览器。
- JavaScript 不能从来自另一个服务器的已经打开的网页中读取信息。换句话说，网页不能读取已经打开的其他窗口中的信息，因此无法探查访问这个站点的用户还在访问其他哪些站点。

1.5　JavaScript 实现

一个完整的 JavaScript 实现由 3 个不同部分组成：核心（ECMAScript）、文档对象模型（DOM）和浏览器对象模型（BOM），如图 1.1 所示。

精讲视频

JavaScript 实现

图 1.1　JavaScript 实现

1. ECMAScript

ECMAScript 是一种通过 ECMA-262 标准化的脚本程序设计语言。它可以为不同种类的宿主环境提供核心的脚本编程功能。也就是说 ECMAScript 描述了语言的语法和基本对象。它并不与任何具体浏览器相绑定，实际上，它也没有提到任何用于用户输入输出的方法（与 C 语言不同，它需要依赖外部的库来完成这类任务）。浏览器中的 ECMAScript 添加了与 DOM 的接口，可以通过脚本改变网页的内容、结构和样式。

2. DOM

DOM 是 HTML 和 XML 的应用程序接口（API）。DOM 将整个页面规划成由节点层次构成的文档。HTML 页面或 XML 页面的每个部分都是一个节点的衍生物。看下面的 HTML 页面代码。

```
<html>
  <head>
    <title>Sample Page</title>
  </head>
  <body>
    <p>Hello World!</p>
  </body>
</html>
```

这段代码可以用 DOM 绘制成一个节点层次图，效果如图 1.2 所示。

DOM 将整个页面规划成由节点层次构成的文档，从而使开发者可以很好地控制文档的内容和结构，可以很方便地删除、添加和替换节点。

图 1.2　节点层次图

3. BOM

BOM 主要处理浏览器窗口和框架，不过通常浏览器特定的 JavaScript 扩展都被看作 BOM 的一部分。这些扩展一般包括以下内容。

- 弹出新的浏览器窗口。
- 移动、关闭浏览器窗口以及调整浏览器窗口大小。
- 提供 Web 浏览器详细信息的定位对象。
- 提供用户屏幕分辨率详细信息的屏幕对象。
- 对 cookie 的支持。
- IE 扩展了 BOM，加入了 ActiveXObject 类，可以通过 JavaScript 实例化 ActiveX 对象。

由于没有相关的 BOM 标准，每种浏览器都有自己的 BOM 实现。有一些事实上的标准，如具有一个窗口对象和一个导航对象，不过每种浏览器都可以为这些对象或其他对象定义自己的属性和方法。

1.6　搭建 JavaScript 运行环境

相比其他语言，JavaScript 的优势之一在于不用安装或配置复杂的运行环境就可以开始学习。每台计算机上都已具备 JavaScript 所需的运行环境，哪怕使用者从未写过一行代码，有浏览器足矣。

为了运行本书中的示例代码，建议安装 Chrome 浏览器或 Firefox 浏览器、一个合适的编辑器（如 Sublime Text 或 NotePad++）以及一个 Web 服务器（WAMP 或 XAMPP，这一步是可选的）。接下来将介绍搭建 JavaScript 运行环境常用的两种方案。

精讲视频

搭建 JavaScript 运行环境

1.6.1　浏览器

浏览器是非常简单的开发环境。Chrome 浏览器或者 Firefox 浏览器是常用的。如果使用 Firefox 浏览器，需要安装 Firebug 插件，安装完成后，在浏览器的右上角会看到一个图标，效果如图 1.3 所示。

图 1.3　Firebug 插件图标

单击 Firebug 插件图标，打开浏览器控制台。在命令行区域中编写所有 JavaScript 代码，如图 1.4 所示（执行源代码可以单击"运行"按钮）。

也可以扩展命令行，来适应 Firebug 插件的整个可用区域。

使用 Chrome 浏览器也是可以的，Chrome 浏览器已经集成了 Google Developer Tools（谷歌开发者工具）。打开 Chrome 浏览器，单击设置及控制图标，选中更多工具|开发者工具（英文为 Tools|Developer Tools）。编写 JavaScript 代码，如图 1.5 所示（执行源代码可按 Enter 键）。

图 1.4　Firefox 浏览器控制台编码

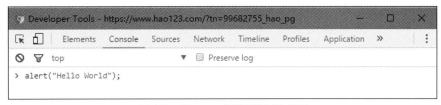

图 1.5　Chrome 浏览器控制台编码

1.6.2　Web 服务器（WAMP）

安装 WAMP，然后在 WAMP 安装文件夹下找到 htdocs 文件夹。在该文件夹下新建一个文件夹，就可以在里面执行本书中所讲述的源代码，或直接将示例代码下载后提取到此文件夹。接下来，在启动 WAMP 后，就可以通过 localhost 这个 URL，用浏览器访问源代码，注意别忘了打开 Firebug 插件或谷歌开发者工具查看输出。

【任务 1-1】编写第一个 JavaScript 程序

学习 JavaScript 或者其他新技术的最佳方法都是一样的，要多编写多练。每一个范例都务必弄懂并亲自编写。下面通过一个例子——脚本 1-1.html，示范编写第一个 JavaScript 程序。通过它可以说明 JavaScript 的脚本是怎样被嵌入 HTML 文档中的。

精讲视频

编写第一个
JavaScript 程序

脚本 1-1.html

```
<script Language="JavaScript">
  // JavaScript Appears here
  alert("这是第一个 JavaScript 例子!");
  alert("欢迎你进入 JavaScript 世界!");
</script>
```

上例是一个 HTML 文档，其标识格式为标准的 HTML 格式。同 HTML 一样，JavaScript 程序代码是一些可用字处理软件浏览的文件，它在描述页面的 HTML 相关区域出现。alert()是 JavaScript 的窗口对象方法，其功能是弹出一个具有"确定"按钮的对话框，并显示()中的字符串。//用来标识注释，注释内容不会被执行。使用注释是一个好的编程习惯，它使其他人可以读懂你的代码。JavaScript 以</script>标签结束。运行这个实例分别弹出两个窗口，如图 1.6 和图 1.7 所示。

图 1.6　第一个 JavaScript 程序弹窗 1　　　　图 1.7　第一个 JavaScript 程序弹窗 2

7

1.7　项目实战

【项目1-1】用代码实现窗口变化

1. 项目介绍

JavaScript 是一门很神奇的语言，在开始学习之前，先按照下面的操作做一个小任务，看看结果窗口会有什么变化。如脚本 1-2.html 所示，在 <script></script> 标签中输入 document.write("hello") 和 document.getElementById("p1").style.color = "blue"; 保存后运行脚本查看结果窗口会有什么变化。

2. 实现代码

完整代码如脚本 1-2.html 所示。

脚本 1-2.html

```html
<html>
  <head>
    <title>热身</title>
  </head>
  <body>
    <p id="p1">我是第一段文字</p>
    <p id="p2">我是第二段文字</p>
    <script Language="JavaScript">
    document.write("hello");
    document.getElementById("p1").style.color="blue";
    </script>
  </body>
</html>
```

3. 运行结果

运行结果如图 1.8 所示。

我是第一段文字

我是第二段文字

hello

图 1.8　运行结果

1.8　小结

本单元对 JavaScript 的基础知识进行了介绍，1.1 节主要介绍了 JavaScript 的特性以及相对于后端语言的优势，可以大大省服务器的开销；1.2 节介绍了 JavaScript 与 Java 的主要区别与联系，并指出它们是两种不同的语言；1.3 节介绍了 JavaScript 能做什么，它可以编写各种各样的网页，并与用户交互；1.4 节介绍了 JavaScript 不能做什么，它不能操作服务器上的文件，也不能操作其他窗口的内容；1.5 节主要介绍了 JavaScript 实现的组成结构，它由 ECMAScript、BOM 和 DOM 组成；1.6 节主要带领读者搭建 JavaScript 的运行环境以及说明如何在浏览器中运行 JavaScript 代码；最后通过编写一个 JavaScript 程序和用代码实现窗口变化的任务实战介绍 JavaScript 的工作过程。读者也可以根据自己的兴趣编写其他的 JavaScript 程序。

JavaScript 是一种专为网页交互而设计的脚本语言。通过 JavaScript 我们可以编写各种各样的网页脚本或程序，并且实现与用户的交互，获取用户的信息与服务器进行通信。JavaScript 是前端开发者必须掌握的语言之一。

课后习题

一、选择题

1. JavaScript 是（　　　）的脚本语言。
   A. 运行在服务器
   B. 运行在客户端
   C. 在服务器运行后，把结果返回到客户端
   D. 在客户端运行后，把结果返回到服务器
2. 哪一项不是 JavaScript 的语言特点（　　　）。
   A. 简单性　　　　　B. 动态性　　　　　C. 跨平台性　　　　　D. 封装性
3. JavaScript 的 DOM 节点不包括以下哪一项（　　　）。
   A. body　　　　　B. head　　　　　C. name　　　　　D. title
4. （多选）JavaScript 与 Java 的区别有（　　　）。
   A. 基于对象和面向对象
   B. 解释和编译
   C. 强类型变量和弱类型变量
   D. 静态联编和动态联编

二、填空题

1. JavaScript 的特性有_____、_____、_____。
2. JavaScript 实现主要由_____、_____和_____组成。

三、简答题

Java 跟 JavaScript 有什么联系？

第二篇

JavaScript 必备基础知识

单元 2
JavaScript 基本语法

02

情景引入

我们平时遇到的数据多种多样，有数字，有小数，有文字，有日期等，在JavaScript的世界也需要对多种格式的数据进行不同处理来展示在页面上，我们可以通过JavaScript定义简单的数据类型或者复杂的数据类型来满足不同场景的需要，比如Object类型和Array类型，另外当数据变化时我们需要修改变量的值，涉及一些运算符的使用时，这些操作可以在函数（Function）里面来执行。

学习目标

知识目标

1. 理解JavaScript变量的概念
2. 理解JavaScript的数据类型
3. 理解JavaScript的表达式与运算符
4. 了解JavaScript的正则表达式

能力目标

1. 能够在HTML中引入不同的JavaScript代码
2. 能够定义各种类型的变量
3. 能够使用正则表达式进行判断

素质目标

1. 理解并运用JavaScript中的各种运算符，提高逻辑思维和数学运算能力。
2. 掌握JavaScript的数据类型转换方法，增强数据处理能力。

思维导图

2.1 JavaScript 在 HTML 中的使用

JavaScript 在 HTML 中有两种使用方式：直接在页面上嵌入 JavaScript 代码，引用独立的 JS 文件。

精讲视频

JavaScript 在 HTML 中的使用

1. 直接在页面上嵌入 JavaScript 代码

请看脚本 2-1.html。

脚本 2-1.html

```html
<!DOCTYPE html>
<html>
  <head>
    <title>在 HTML 中使用 JavaScript</title>
  </head>
  <body>
    <script>
    alert('Hello World!');
    </script>
  </body>
</html>
```

在上面的代码中，将 JavaScript 脚本直接放在 HTML 的\<body>\</body>标签之间，保存为 HTML 文件，运行 HTML 文件，弹出一个对话框，效果如图 2.1 所示。

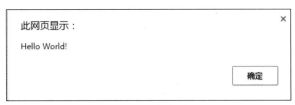

图 2.1　弹出对话框

也可以将脚本放在\<head>\</head>标签之间，运行结果是一样的。

2. 引用独立的 JS 文件

示例代码如脚本 2-2.html 所示。

（1）先创建 HTML 文件。

脚本 2-2.html

```html
<!DOCTYPE html>
<html>
  <head>
    <title>在 HTML 中使用 JavaScript</title>
  </head>
  <body>
    <script src="test-01.js">
    </script>
  </body>
</html>
```

（2）紧接着我们需要创建一个 JavaScript 文件 test-01.js，示例代码如下。

```javascript
alert('Hello World!');
```

（3）运行 HTML 代码，结果如图 2.2 所示。

此网页显示：

Hello World!

确定

图 2.2　运行结果

以上两种脚本的存放位置、运行结果都是一样的。但比较来说，推荐使用第二种引用独立的 JS 文件的方式。

> **注意**　加载外部 JS 文件是线程阻塞的，在没有加载完成的时候，页面不会继续加载后面的标签，所以通常我们将引用的 JS 文件放在关闭标签 **</body>** 之前，这样有利于提升页面的性能。

【任务 2-1】在 HTML 中使用 JavaScript

1. 任务介绍

分别运用上面介绍的两种在 HTML 中使用 JavaScript 的方式，在页面上弹出 alert() 警告框 "欢迎学习 JavaScript!"。

2. 任务目标

学会常见的两种在 HTML 中使用 JavaScript 的方式。

3. 实现思路

（1）将 <script></script> 脚本嵌入在页面的 <body></body> 标签之间，并在 <script></script> 脚本之间编写 alert() 警告框。

（2）将 alert() 警告框写在单独的 JavaScript 文件 test-02.js 中，然后在页面上引入该 JavaScript 文件。

4. 实现代码

两种不同实现方式的代码分别如脚本 2-3.html 和脚本 2-4.html 所示。

脚本 2-3.html

```html
<!DOCTYPE html>
<html>
  <head>
    <title>在 HTML 中使用 JavaScript</title>
  </head>
  <body>
    <script>
    alert('欢迎学习 JavaScript! ');
      </script>
  </body>
</html>
```

脚本 2-4.html

```html
<!DOCTYPE html>
<html>
  <head>
    <title>在 HTML 中使用 JavaScript</title>
  </head>
  <body>
    <script src="test-02.js">
    </script>
  </body>
</html>
```

test-02.js 文件代码如下。

```javascript
alert('欢迎学习 JavaScript! ');
```

5. 运行结果

第 1 种实现方式运行结果如图 2.3 所示。第 2 种实现方式运行结果如图 2.4 所示。

图 2.3　任务 2-1 运行结果 1　　　　　图 2.4　任务 2-1 运行结果 2

2.2　JavaScript 代码调试方式

精讲视频

JavaScript 代码调试
方式

通常情况下，如果 JavaScript 代码出现错误，是不会有相关提示信息的。
那么到底是语法错误还是逻辑错误、错误的具体位置在哪都无法得知，这
样就迫切需要掌握 JavaScript 代码的几种调试方式。这一节将介绍 3 种常见
的调试方式。

（1）使用 alert()方法弹出警告框，示例代码如脚本 2-5.html 所示。

脚本 2-5.html

```html
<!DOCTYPE html>
<html>
  <head>
    <title>在 JavaScript 中使用警告框</title>
  </head>
  <body>
    <script>
    alert(5+6);
    </script>
```

```
    </body>
</html>
```

运行上面的 HTML 代码，浏览器显示结果如图 2.5 所示。

图 2.5　alert()显示结果

（2）使用 document.write()方法将内容写到 HTML 文档中，示例代码如脚本 2-6.html 所示。

脚本 2-6.html

```
<!DOCTYPE html>
<html>
  <head>
    <title>在 JavaScript 中使用 document.write()方法</title>
  </head>
  <body>
    <script>
    document.write(Date());
    </script>
  </body>
</html>
```

运行上面的 HTML 代码，浏览器显示结果如图 2.6 所示。

Wed Mar 29 2017 22:23:54 GMT+0800 (中国标准时间)

图 2.6　document.write()显示结果

（3）使用 console.log()方法写入浏览器控制台，示例代码如脚本 2-7.html 所示。

脚本 2-7.html

```
<!DOCTYPE html>
<html>
  <head>
    <title>在 JavaScript 中使用 console.log()方法</title>
  </head>
  <body>
    <script>
    a = 5;
    b = 6;
    c = a + b;
    console.log(c);
    </script>
  </body>
</html>
```

运行上面的 HTML 代码，浏览器显示结果如图 2.7 所示。

比较这 3 种调试方式，使用 console.log()方法是一种更好的方式，在实际应用中，更受开发人员的青睐。对比分析如下。

图 2.7　console.log()显示结果

（1）如果在文档已完成加载后执行 document.write()方法，整个 HTML 页面将被覆盖，对程序的执行造成不利影响。

（2）alert()方法会阻断 JavaScript 程序的执行，从而出现副作用，而且使用 alert()方法需要单击弹窗的确认按钮，操作麻烦，最重要的是 alert()方法只能输出字符串。

（3）console.log()方法仅在控制台输出相关信息，不会对 JavaScript 程序的执行造成阻碍，此外，console.log()方法可以接收任何字符串、数字和 JavaScript 对象，可以看到清晰的对象属性结构，在 AJAX 返回 JSON 数组对象时调试很方便。

>
> **注意** 程序中调试是测试、查找及减少 bug（错误）的过程。使用 console.log()方法对于 IE 8 及以下版本会报错，测试后注意注释。

2.3 语句

JavaScript 语句是向浏览器发出的命令。语句的作用是告诉浏览器该做什么。下面的 JavaScript 语句将 1+2 的值赋给变量 a，也叫变量赋值。

```
var a = 1+2;
```

var 是变量声明关键字，这里声明了变量 a，然后将 1+2 的计算结果赋值给变量 a。

1+2 在 JavaScript 中叫表达式，会返回一个计算结果。表达式和语句的区别在于：表达式由运算符构成，并运算产生结果的语法结构，每个表达式都会返回一个值。而语句主要是为了进行某种操作，一般情况下不需要返回值。语句以分号结尾。一个分号代表一条语句结束。多条语句可以写在一行内，示例如下。

```
var a = 1+2; var b = 'abc';
```

精讲视频

语句

> **注意** （1）语句结尾的分号需要在英文状态下输入，同样，JavaScript 中的代码和符号也都需要在英文状态下输入。
> （2）在实际编码中也有可能遇见不带分号的案例。一般情况下，是否在 JavaScript 代码的最后用分号来结束语句是可选的。但为了养成良好的编程习惯，建议还是每条语句都加上分号。

2.4 变量

精讲视频

变量

2.4.1 变量的概念

在日常生活中，有些东西是固定不变的，有些东西则会发生很多变化，如天气、时间等。在程序设计语言中，约定俗成地将这些会发生变化的东西称为变量。

同代数一样，JavaScript 变量可用于存放值和表达式。变量的命名遵循以下原则。

（1）变量以字母开头。

（2）变量也能以$和_开头（不过不推荐这么做）。

（3）变量名不能包含空格或标点符号。

（4）变量名对大小写敏感（a 和 A 是不同的变量）。

2.4.2 变量的类型

JavaScript 是一种动态类型语言，其变量的类型没有限制，可以赋予各种类型的值。比如文本值

（name="John"）。在 JavaScript 中，类似"John"这样的一条文本被称为字符串。尽管 JavaScript 变量有很多种类型，但是现在，我们只需要关注数字和字符串这两种类型。当向变量赋予文本值时，应该用双引号或单引号来包围这个值。当向变量赋的值是数值时，不需要使用引号。如果用引号包围数值，该值会被作为文本来处理。

2.4.3 变量声明赋值

在 JavaScript 中，变量声明用关键字 var，变量赋值用=。变量声明赋值其实是分开的两步操作，比如 var a = 1 这样一条赋值语句实际的步骤是下面这样的。

```
var a;  // 声明变量a
a = 1;  // 给变量a赋值1
```

如果只是声明了变量 a 而没有给变量 a 赋值，那么变量 a 的值是 undefined。变量必须在声明之后才能使用，否则 JavaScript 会报错：变量未定义。

注意 也可以使用 a = 1 这样省略关键字 var 声明变量的方式，这样其实也是没错的。但建议使用 var 关键字声明变量。

【任务 2-2】变量赋值

1. 任务介绍
定义一个名为 mynum 的变量，并赋值为 8。

2. 任务目标
学会 JavaScript 变量的声明赋值方式。

3. 实现思路
用 var 关键字声明变量，用=给变量赋值。

4. 实现代码
```
var mynum = 8;
```

5. 运行结果
该任务没有输出结果，只是声明变量和赋值。

2.4.4 变量作用域

JavaScript 变量分为全局变量和局部变量。

变量在函数内声明即局部变量。局部变量有局部作用域：只能在函数内访问。

变量在函数外声明即全局变量。全局变量有全局作用域：网页中所有脚本和函数均可使用。如果变量在函数内没有使用 var 关键字声明，该变量也为全局变量。

变量生命周期：局部变量在函数开始执行时创建，函数执行完后局部变量会自动销毁；全局变量在页面关闭后销毁。下面来看一个实例，如脚本 2-8.html 所示。

脚本 2-8.html

```
<!DOCTYPE html>
<html>
  <head>
    <title>全局变量和局部变量示例</title>
  </head>
  <body>
    <script>
```

```
        var a = "global";
        b = "global";
        function testaFunction(){
        var a = "local";
        return a;
        }
        function testbFunction(){
        b = "local";
        return b;
        }
        console.log(a); // 1
        console.log(testaFunction()); // 2
        console.log(b); // 3
        console.log(testbFunction()); // 4
        console.log(b); // 5
    </script>
  </body>
</html>
```

运行结果如图 2.8 所示。

第 1 步操作 console.log(a)输出 global，因为 var a = "global"在函数外声明变量 a 是一个全局变量。

第 2 步操作 console.log(testaFunction())输出 local，因为操作调用函数 testaFunction()，在函数 testaFunction()内 var a = "local"声明了一个局部变量 a，其作用域仅在 testaFunction()函数内。

图 2.8　变量作用域示例结果

第 3 步操作 console.log(b)输出 global，因为我们在代码头部用赋值语句 b = "global"初始化了全局变量 b。

第 4 步操作 console.log(testbFunction())输出 local，因为在 testbFunction()函数内，变量 b 没有用 var 关键字修饰，引用的是全局变量并赋值为 local。

第 5 步操作 console.log(b)输出 local，因为在第 4 步操作中，调用的 testbFunction()函数里修改了全局变量 b 的值。

 注意　在 JavaScript 中，代码质量可以用全局变量和函数的数量来考量，全局变量越多或者函数越多，代码质量越糟。因此，应该尽可能避免使用全局变量。

2.4.5　变量提升

JavaScript 引擎的工作方式是：先解析代码，获取所有被声明的变量，然后一行一行地运行代码。这样所有变量声明语句都会被提升到代码头部执行。这就叫作变量提升。先看一段简单的代码，如脚本 2-9.html 所示。

脚本 2-9.html

```
<!DOCTYPE html>
<html>
  <head>
    <title>变量提升</title>
  </head>
  <body>
    <script>
    console.log(a);
    var a = 1;
    </script>
```

```
    </body>
  </html>
```

按惯性逻辑来理解，首先在控制台输出 a 的值，但这个时候 a 还未被声明和赋值，所以应该会报错。但实际上并不会报错，运行结果如图 2.9 所示。

图 2.9　变量提升示例结果

因为存在变量提升，真正运行的是脚本 2-10.html。

脚本 2-10.html

```
<!DOCTYPE html>
<html>
  <head>
    <title>变量提升</title>
  </head>
  <body>
    <script>
    var a;
    console.log(a);
    a = 1;
    </script>
  </body>
</html>
```

所以控制台显示的结果是 undefined，表明变量 a 已经被声明但未赋值。

> **注意**　（1）变量提升只是提升变量的声明，并不会把变量赋值也提升上来。
> （2）变量提升只对用 var 关键字声明的变量有效，如果一个变量没有用 var 关键字声明，则不会发生变量提升。
> （3）console.log(a);a = 1;这段代码执行会报错，提示"ReferenceError:a is not defined"，即变量 a 未被声明，这是因为变量 a 不是用 var 关键字声明的，JavaScript 引擎不会将其提升，而只是视为对顶层对象的变量 a 属性的赋值。
> （4）大多数程序员并不知道 JavaScript 变量提升。如果程序员不能很好地理解变量提升，他们写的程序就容易出现一些问题。为了避免这些问题，通常在每个作用域开始前声明这些变量，这也是正常的 JavaScript 解析步骤，这样易于理解。

【任务 2-3】运用变量提升

1．任务介绍

分析脚本 2-11.html 中的代码，判断输出结果。

2．任务目标

理解 JavaScript 变量作用域概念及变量提升的运用。

3．实现思路

（1）用 var 关键字声明的变量存在变量提升，且变量提升只是提升变量的声明，变量赋值并不会提升。

（2）在函数外声明的变量为全局变量；在函数内声明的变量为局部变量，且只能在当前函数内访问。

（3）声明变量时如果没有使用 var 关键字，直接赋值的变量为全局变量。

19

4. 实现代码

脚本 2-11.html

```html
<html>
  <head>
  </head>
  <body>
    <script type="text/javascript">
        var a,b;
        (function(){
            console.log(a);   // 1
            console.log (b);   // 2
            var a = b = 3;
            console.log (a);   // 3
            console.log (b);   // 4
        })();
            console.log (a);   // 5
            console.log (b);   // 6
    </script>
  </body>
</html>
```

分析如下：这里最关键的是理解清楚"var a = b = 3;"这条语句，它实质上可以拆解为"var a = b; b = 3;"，那么这段代码可以重写如下。

```html
<html>
<head>
</head>
<body>
<script type="text/javascript">
    var a,b;
    (function(){
        console.log(a);   // 1
        console.log (b);   // 2
        b = 3;
        var a = b;
        console.log (a);   // 3
        console.log (b);   // 4
    })();
        console.log (a);   // 5
        console.log (b);   // 6
</script>
</body>
</html>
```

代码首先用语句"var a,b;"声明了全局变量a和全局变量b；然后在匿名函数内声明了局部变量a和全局变量b；所以行1和行2处的变量a和变量b都声明了但未初始化；b = 3这里重写了全局变量b的值，所以行3和行4的变量a和变量b值为3；行5输出的是全局变量a，显然是未初始化的；行6输出的是全局变量b，结果为3。

5. 运行结果

运行结果如图 2.10 所示。

图2.10　任务2-3运行结果

2.5 数据类型

```
var a = 1;
var b = "abcd";
```

如上，变量 a 是数值类型，变量 b 是字符串类型。虽然变量 a、变量 b 是两种不同的数据类型，但在 JavaScript 脚本中对它们进行声明和赋值的语法无任何区别。有些程序设计语言要求程序员在声明变量的同时必须明确地指定其数据类型。像这种要求程序员必须明确地对数据类型做出声明的程序设计语言称为强类型语言，而像 JavaScript 这样不要求声明数据类型的程序设计语言称为弱类型语言。所谓弱类型意味着程序员可随意改变某个变量的数据类型。

精讲视频

数据类型

在 JavaScript 中数据类型可分为两大类：基本数据类型和引用数据类型。下面一起来学习重要的几种数据类型。

2.5.1 基本数据类型

JavaScript 中有 5 种基本数据类型，分别为 String（字符串）类型、Number（数值）类型、Boolean（布尔）类型、Undefined 类型、Null 类型。这 5 种基本数据类型也是在平时编码中经常遇见的，必须熟练掌握。

1. String 类型

String 类型用于表示由零个或多个 16 位 Unicode 字符组成的字符序列，即字符串。字符串必须包括在引号之间，单引号和双引号都可以。如下面两种字符串写法都是有效的。

```
var name = "HelloWorld";
var name = 'HelloWorld';
```

如果字符串本身包含单引号，则必须将字符串包含在双引号里；反之如果字符串本身包含双引号，则必须将字符串包含在单引号里，写法如下。

```
var string = " Please read 'HelloWorld' ";
var string = ' Please read "HelloWorld" ';
```

字符串具有可变的大小，因此它不能被直接存储在具有固定大小的变量中。

2. Number 类型

Number 类型用来表示整数、浮点数和另一种特殊数值 NaN。

JavaScript 为了支持各种数值类型，定义了不同的数值字面量格式。其中最基本的字面量是十进制，十进制可以像下面这样直接在代码中输入。

```
var intnum = 50; // 整数
```

此外还有八进制和十六进制的字面量。八进制字面量在 JavaScript 中表示第一位一定是 0，后面就是八进制数字（0～7），如果字面量值超出了范围，前面的 0 会被忽略，后面的值会被当成十进制解析。请看下面的例子。

```
var intnum = 070; // 八进制的 56
var intnum = 048; // 无效的八进制，解析为十进制的 48
```

十六进制字面量前两位必须是 0x，后面跟十六进制数字（0～9 及 A～F）。字母 A～F 不区分大小写。

```
var intnum = 0xA; // 十六进制的 10
```

在进行数值计算时，不论是八进制数值还是十六进制数值最终都会被转化成十进制数值。浮点数就是带有小数点并且小数点后至少有一位数字的数。在 JavaScript 中赋值的时候浮点数的小数点的前面可以没有数字，但是不推荐这种写法。下面是浮点数的几个例子。

```
var float num = 1.1
var float num = .1   // 有效，但不推荐使用
```

浮点数需要的内存空间是整数的两倍，因此为了减少内存的使用，JavaScript 会将一些浮点数保存为整数，如小数点后没有数字的浮点数、小数点后全是 0 的浮点数。

```
var float num = 1.;   // 小数点后没有数字，直接保存为整数 1
var float num = 2.00; // 小数点后全是 0，直接保存为整数 2
```

对于极小或极大的数值，也可以用科学记数法的浮点数表示。默认情况下，JavaScript 会将小数点后面 0 的个数大于等于 6 的数值用科学记数法表示，如下。

```
var float num = 2.33e7; // 等于 23300000
```

浮点数值的最高精度是 17 位小数，但是在进行数值计算时其精度远远不如整数。例如，0.1 加 0.2 的结果不是 0.3，而是 0.30000000000000004。这个舍入误差会导致无法测试特定的浮点数值，如下。

```
var a = 0.2;
var b = 0.1;
alert(a+b);
```

运行这段代码，结果如图 2.11 所示。

NaN 是非数值（Not a Number），表示一个本来要返回数值的操作数未返回数值的情况（这样就不会抛出错误）。比如：在其他编程语言中，任何数值除以 0 都会导致错误，从而终止代码的执行。但在 JavaScript 中，任何数值除以 0

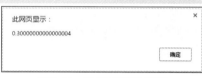

图 2.11　浮点数值相加结果

均会返回 NaN，因此不会影响其他代码的执行。NaN 本身有两个非同寻常的特点：首先，任何涉及 NaN 的操作（如 NaN/10）都会返回 NaN；其次，NaN 与任何值都不相等，包括 NaN 本身。

3. Boolean 类型

Boolean 类型有两个值：true 和 false。但这两个值与数值并不等同，即 true 不一定等于 1，false 不一定等于 0。Boolean 类型赋值如下。

```
var a = true;
var b = false;
```

Boolean 类型的值区分大小写，如 True、False 等并非 Boolean 值（布尔值），只是标识符。另外布尔值不能包含引号，如"true"不是布尔值。

4. Undefined 类型

Undefined 类型只有一个值，即特殊的 undefined。在使用 var 关键字声明变量但未进行初始化的时候，这个变量的值就是 undefined，如下所示。

```
var message;
alert(message);  // 输出 undefined
```

运行结果如图 2.12 所示。

但包含 undefined 值的变量与未定义的变量还是不一样的，看下面的例子。

```
var message;
console.log(message);  // message 声明但未初始化，输出 undefined
console.log(message1); // message1 未定义报错
```

运行结果如图 2.13 所示。

图 2.12　Undefined 类型示例结果

图 2.13　Undefined 类型变量和未定义变量的比较结果

这个例子也印证了 2.4.3 小节提到的变量必须先声明才能使用。

5. Null 类型

Null 类型是第二个只有一个值的数据类型，即特殊的 null。从逻辑角度来看，null 值表示一个空对象指针。如果定义的变量准备在将来用于保存对象，那么最好将该变量初始化为 null 值而不是其他值。这样只要直接检测 null 值就可以知道相应的变量是否已经保存了一个对象的引用，示例如下。

```
if(object != null){
// 对 object 对象执行某些操作
}
```

2.5.2 引用数据类型

引用数据类型通常叫作类，也就是说，遇到引用数据类型值时，所处理的就是对象。本小节中主要介绍 5 种引用数据类型。

1. Object 类型

Object 类型是 JavaScript 中使用最多的一种类型。Object 对象是一组数据和功能的集合。创建 Object 对象有两种方式。一种是使用 new 操作符后跟 Object 构造函数，代码如下。

```
var person = new Object();
person.name = "John";
person.age = 12;
```

另一种方式是使用对象字面量表示法。

```
var person = {
name: 'John',
age: 12
}
```

另外，使用对象字面量表示法时，如果留空其花括号，则可以定义值包含默认属性和方法的对象。

```
var person = {}; //与 new Object()相同
person.name = "John";
person.age = 12;
```

后文将会更详细地介绍 Object 对象。

2. Array 类型

JavaScript 中的数组与其他多数语言中的数组有着相当大的区别。虽然 JavaScript 中的数组与其他语言中的数组都是数据的有序列表，但与其他语言不同的是，JavaScript 中的数组的每一项都可以是任何类型的数据。也就是说，可以用数组的第 1 个位置来保存字符串，用第 2 个位置来保存数值，用第 3 个位置来保存对象。而且，JavaScript 中的数组的大小是可以动态调整的，即数组可以随着数据的添加自动增长以容纳新增数据。

创建数组的方式有两种。第 1 种是使用 Array 构造函数。

```
var fruits1 = new Array();
var fruits2 = new Array(10);
var fruits3 = new Array('apple','banana','peach');
```

创建数组的第 2 种方式是使用数组字面量表示法。

```
var fruits1 = [];
var fruits2 = ['apple','banana','peach'];
```

在读取和设置数组的值时，要使用方括号并提供相应值的基于 0 的数字索引。

```
var fruits = ['apple','banana','peach'];   // 定义一个字符串数组
console.log(fruits[0]);   // 显示第 1 项
fruits[1] = "grape";      // 修改第 2 项
fruits[3] = "lemon";      // 新增第 4 项
console.log(fruits);
```

运行结果如图 2.14 所示。

数组长度保存在其 length 属性中，这个属性始终会返回 0 或更大的值。

```
var fruits1 = [];
var fruits2 = ['apple','banana','peach'];
console.log(fruits1.length);
console.log (fruits2.length);
```

运行结果如图 2.15 所示。

图 2.14　数组读写操作结果

图 2.15　数组 length 属性操作结果

数组是 JavaScript 中非常灵活多用的一种数据类型，随着学习的深入，本书还会继续介绍更多关于数组的知识及应用。

3. Date 类型

JavaScript 中的 Date 类型是在早期 Java 中的 java.util.Date 类型的基础上构建的。为此，Date 类型使用自 UTC 1970 年 1 月 1 日零时开始经过的毫秒数来保存日期。在使用这种数据存储格式的条件下，Date 类型保存的日期能够精确到 UTC 1970 年 1 月 1 日之前或之后的 285616 年。日期对象的创建使用 new 操作符和 Date 构造函数。

```
var now = new Date();
```

在调用 Date 构造函数而不传递参数的情况下，新创建的对象会自动获得当前日期和时间。如果想根据特定的日期和时间创建日期对象，必须传入表示该日期的毫秒数。为了简化这一计算过程，JavaScript 提供了两个方法：Date.parse()和 Date.UTC()。

其中，Date.parse()方法接收一个表示日期的字符串参数，然后尝试根据这个字符串返回相应日期的毫秒数。JavaScript 没有定义 Date.parse()方法应该支持哪种格式，因此这个方法的行为因具体使用情况而异，而且通常是因地区而异。将地区设置为美国的浏览器通常都接受下列日期格式。"月/日/年"，如 6/13/2204。"英文月 日,年"，如 January 12,2004。"英文星期几 英文月 日 年 时:分:秒 时区"，如 Tue May 25 2004 00:00:00 GMT-0700。

例如，要为 2004 年 5 月 25 日创建一个日期对象，可以使用如下代码。

```
var someDate = new Date(Date.parse("May 25,2004"));
```

如果传入 Date.parse()方法的字符串不能表示日期，那么它会返回 NaN。实际上，如果直接将表示日期的字符串传递给 Date 构造函数，也会在后台调用 Date.parse()方法。换句话说，下面的代码与前面的例子是等价的。

```
var someDate = new Date('May 25,2004');
```

Date.UTC()方法同样也返回表示日期的毫秒数，但它与 Date.parse()方法在构建值时使用不同的信息。Date.UTC()的参数分别是年份、基于 0 的月份（1 月是 0，2 月是 1，以此类推）、月中的哪一天（1 到 31）、小时数（0 到 23）、分钟数、秒数以及毫秒数。在这些参数中，只有前两个参数（年份和月份）是必需的。如果没有提供月中的天数，则假设天数为 1；如果省略其他参数，则统统假设为 0。代码如下。

```
var y2k = new Date(Date.UTC(2000, 0));              // GMT 时间 2000 年 1 月 1 日零时
var allFives = new Date(Date.UTC(2005,4,5,17,55,55));  // GMT 时间 2005 年 4 月 5
日下午 5:55:55
```

如模仿 Date.parse()方法一样，Date 构造函数也会模仿 Date.UTC()方法，但有一点明显不

同：日期和时间都基于本地时间而非世界时（GMT）来创建。可以将前面的例子重写如下。

```
var y2k = new Date(2000,0);                 // 本地时间 2000 年 1 月 1 日零时
var allFives = new Date(2005,4,5,17,55,55); // 本地时间 2005 年 4 月 5 日下午 5:55:55
```

Date 类型的方法非常多，在 JavaScript 中也经常使用，总结如表 2.1 所示。

表 2.1 Date 类型方法

方法	描述
Date()	返回当日的日期和时间
getDate()	从 Date 对象返回一个月中的某一天（1~31）
getDay()	从 Date 对象返回一周中的某一天（0~6）
getMonth()	从 Date 对象返回月份（0~11）
getFullYear()	从 Date 对象以 4 位数字返回年份
getHours()	返回 Date 对象的小时数（0~23）
getMinutes()	返回 Date 对象的分钟数（0~59）
getSeconds()	返回 Date 对象的秒数（0~59）
getMilliseconds()	返回 Date 对象的毫秒数（0~999）
getTime()	返回 1970 年 1 月 1 日至今的毫秒数
getTimezoneOffset()	返回本地时间与世界时的分钟数差
getUTCDay()	根据世界时从 Date 对象返回周中的一天（0~6）
getUTCMonth()	根据世界时从 Date 对象返回月份（0~11）
getUTCFullYear()	根据世界时从 Date 对象返回 4 位数字的年份
getUTCHours()	根据世界时返回 Date 对象的小时数（0~23）
getUTCMinutes()	根据世界时返回 Date 对象的分钟数（0~59）
getUTCSeconds()	根据世界时返回 Date 对象的秒数（0~59）
getUTCMilliseconds()	根据世界时返回 Date 对象的毫秒数（0~999）
parse()	返回 1970 年 1 月 1 日午夜到指定日期（字符串）的毫秒数
setDate()	设置 Date 对象中月的某一天（1~31）
setMonth()	设置 Date 对象中月份（0~11）
setFullYear()	设置 Date 对象中的年份（4 位数字）
setHours()	设置 Date 对象中的小时数（0~23）
setMinutes()	设置 Date 对象中的分钟数（0~59）
setSeconds()	设置 Date 对象中的秒数（0~59）
setMilliseconds()	设置 Date 对象中的毫秒数（0~999）
setTime()	以毫秒数设置 Date 对象
setUTCDate()	根据世界时设置 Date 对象中月份的一天（1~31）
setUTCMonth()	根据世界时设置 Date 对象中的月份（0~11）
setUTCFullYear()	根据世界时设置 Date 对象中的年份（4 位数字）
setUTCHours()	根据世界时设置 Date 对象中的小时数（0~23）
setUTCMinutes()	根据世界时设置 Date 对象中的分钟数（0~59）
setUTCSeconds()	根据世界时设置 Date 对象中的秒数（0~59）
setUTCMilliseconds()	根据世界时设置 Date 对象中的毫秒数（0~999）
toSource()	返回该对象的源代码
toString()	把 Date 对象转换为字符串

方法	描述
toTimeString()	把 Date 对象的时间部分转换为字符串
toDateString()	把 Date 对象的日期部分转换为字符串
toUTCString()	根据世界时，把 Date 对象转换为字符串
toLocaleString()	根据本地时间格式，把 Date 对象转换为字符串
toLocaleTimeString()	根据本地时间格式，把 Date 对象的时间部分转换为字符串
toLocaleDateString()	根据本地时间格式，把 Date 对象的日期部分转换为字符串
UTC()	根据世界时返回 1970 年 1 月 1 日到指定日期的毫秒数
valueOf()	返回 Date 对象的原始值

4. RegExp 类型

在 JavaScript 中，RegExp 类型用来表示正则表达式。同前面介绍的 Object 类型和 Array 类型一样，正则表达式的创建也有使用字面量和使用构造函数两种方式。

第 1 种，使用字面量形式来定义正则表达式。

```
var express = / pattern / flags ;
```

其中的模式（pattern）部分可以是任何简单或者复杂的正则表达式，可以包含字符类、限定符、分组、向前查找以及反向引用。每一个正则表达式都可以带有一个或者多个标志（flags），用以标明正则表达式的行为。正则表达式匹配模式支持以下 3 个标志。

- g: 表示全局（global）模式，即模式将被应用于所有字符串，而非在发现第一个匹配项时立即停止。
- i: 表示不区分大小写（case-insensitive）模式，即在确定匹配项时忽略模式与字符串的大小写。
- m: 表示多行（multiline）模式，即在到达一行文本末尾时还会继续查找下一行中是否存在与模式匹配的项。

因此，一个正则表达式就是一个模式与上述 3 个标志的组合体。不同的组合可以产生不同的结果。下面来看一些示例。

```
var pattern1 = /hello/g ;      // 匹配字符串中所有 hello
var pattern2 = /[hm]ello/i ;   // 匹配字符串中第一个 hello 或者第一个 mello，不区分大小写
var pattern3 = /.hello/gi ;    // 匹配所有以 hello 结尾的字符的组合，不区分大小写
```

第 2 种，使用 RegExp 构造函数来定义正则表达式。RegExp 构造函数接收两个参数，一个是要匹配的字符串模式，另一个是可选的标志字符串。

```
var pattern=new RegExp("[bc]at","i")
```

注意　使用构造函数定义正则表达式，传递的两个参数都是字符串。

5. Function 类型

在 JavaScript 中，函数实际是对象。每个函数都是 Function 类型的对象。

函数的声明有 3 种方式，第 1 种，使用函数声明语法定义。

```
function sum(num1,num2) {
return num1 + num2;
}
```

第 2 种，使用函数表达式定义函数。

```
var sum = function(num1,num2) {    // 通过变量 sum 即可引用函数
return num1 + num2;
};                                 // 注意函数末尾有一个分号，就像声明其他变量时一样
var sum1 = sum;                    // 使用不带圆括号的函数名是访问函数指针,而非调用函数
sum1(5,6);
```

第 3 种，使用 Function 构造函数。

```
var sum = new Function("num1", "num2", "return num1+num2");
```

第 3 种方式不推荐，这种方式会导致解析两次代码（第 1 次解析常规 JavaScript 代码，第 2 次解析传入构造函数中的字符串），从而影响性能。

 注意　通过函数定义的 **3** 种方式，我们要理解"函数是对象，函数名是指针"的概念。使用不带括号的函数名是访问函数指针，而非调用函数。

2.5.3　基本数据类型和引用数据类型的区别

JavaScript 包含两种不同类型的值：基本数据类型值和引用数据类型值。基本数据类型值指的是简单的数据段；引用数据类型值指由多个值构成的对象。当把对象赋值给另外一个变量时，解析器首先要做的是确认这个值是基本数据类型值还是引用数据类型值。也许这样的描述还不能够清晰地解释基本数据类型值和引用数据类型值。下面通过具体示例来解释。

基本数据类型是按值访问的，因为可以直接操作保存在变量中的实际值。

```
var a = 10;
var b = a;
b = 20;
alert(a);
```

运行结果如图 2.16 所示。

如上，把变量 a 的值赋给了变量 b，两个变量的值是相等的，但是两个变量保存两个不同的基本数据类型值。变量 b 只是保存了变量 a 复制的一个副本。所以，当变量 b 的值改变时，变量 a 的值依然是 10。

图 2.16　基本数据类型操作显示结果

再来看引用数据类型，引用数据类型是保存在堆内存中的对象。但它与其他语言不同的是，不可以直接访问堆内存空间中的位置和操作堆内存空间。只能操作对象在栈内存中的引用地址。所以引用类型的数据，在栈内存中保存的实际上是对象在堆内存中的引用地址。通过这个引用地址可以快速查找到保存在堆内存中的对象。

```
var obj1 = new Object();
var obj2 = obj1;
obj2.name = "你好";
alert(obj1.name);
```

运行结果如图 2.17 所示。

如上，声明了一个引用数据类型对象 obj1，并把它赋值给了另外一个引用数据类型对象 obj2。当我们给 obj2 添加 name 属性并赋值"你好"时，obj1 同样拥有了和 obj2 一样的 name 属性。说明这两个引用数据类型变量指向同一个堆内存对象。obj1 赋值给 obj2，实际只是把这个堆内存对象在

图 2.17　引用数据类型操作显示结果

栈内存的引用地址复制了一份给 obj2，但它们本质上共同指向了同一个堆内存对象。给 obj2 添加 name 属性，实际上是给堆内存中的对象添加了 name 属性，obj2 和 obj1 在栈内存中保存的只是堆内存对象的引用地址，虽然也是复制了一份，但指向的对象是同一个。故而改变 obj2 引起了 obj1 的改变。

综上，总结基本数据类型值和引用数据类型值的区别如下。

1. 声明变量时不同的内存分配

（1）基本数据类型值：存储在栈（stack）中的简单数据段，也就是说，它们的值直接存储在变量访问的位置。这是因为这些原始类型占据的空间是固定的，所以可将它们存储在较小的内存区域——栈中，这样存储便于迅速查寻变量的值。

（2）引用数据变量值：存储在堆（heap）中的对象，也就是说，存储在变量处的值是一个指针（point），它指向存储对象的内存地址。这是因为：引用数据变量值的大小会改变，所以不能把它存储在栈中，否则会降低变量查寻的速度。相反，存储在变量的栈空间中的值是该对象存储在堆中的地址。地址的大小是固定的，所以把它存储在栈中对变量性能无任何负面影响。

2. 不同的内存分配机制也带来了不同的访问机制

（1）在 JavaScript 中是不允许直接访问保存在堆内存中的对象的，所以在访问一个对象时，首先得到的是这个对象在堆内存中的地址，然后按照这个地址去获得这个对象中的值，这就是传说中的按引用访问。

（2）原始类型的值是可以直接访问的。

3. 复制变量时的不同

（1）基本数据类型值：在将一个保存着原始值的变量复制给另一个变量时，会将原始值的副本赋值给新变量，此后这两个变量是完全独立的，它们只是拥有相同的 value 而已。

（2）引用数据类型值：在将一个保存着对象内存地址的变量复制给另一个变量时，会把这个内存地址赋值给新变量，也就是说这两个变量都指向了堆内存中的同一个对象，它们中任何一个做出的改变都会反映在另一个的身上。（这里要理解的一点就是，复制对象时并不会在堆内存中新生成一个一模一样的对象，只是多了一个保存指向这个对象指针的变量罢了。）

4. 参数传递的不同（把实参复制给形参的过程）

首先应该明确一点：JavaScript 中所有函数的参数都是按值来传递的。

但是为什么涉及基本数据类型与引用数据类型的值时仍然有区别呢？这就是因为内存分配时存在差别。

（1）基本数据类型值：只是把变量里的值传递给参数，之后参数和这个变量互不影响。

（2）引用数据类型值：对象变量里面的值是这个对象在堆内存中的内存地址，因此它传递的值也就是这个内存地址，这也就是为什么函数内部对这个参数的修改会体现在外部，因为它们都指向同一个对象。

2.5.4　数据类型转换

JavaScript 是一种无类型语言，但同时 JavaScript 提供了一种灵活的自动类型转换的处理方式。基本规则是，如果某个类型的值用于需要其他类型的值的环境中，JavaScript 就自动将这个值转换成所需要的类型。

JavaScript 数据类型转换主要有 3 种方法：利用转换函数、强制类型转换和利用 JavaScript 变量弱类型转换。

在介绍这 3 种数据类型转换方法之前，先来了解 typeof 操作符。typeof 操作符是用来查看 JavaScript 变量的数据类型的。请看下面示例。

```
typeof "John";                    // 返回 string
typeof 3.14;                      // 返回 number
typeof NaN;                       // 返回 number
typeof false;                     // 返回 boolean
```

```
typeof [1,2,3,4];                    // 返回 object
typeof {name:'John', age:34};        // 返回 object
typeof new Date();                   // 返回 object
typeof function () {};               // 返回 function
typeof myCar;                        // 返回 undefined (如果 myCar 没有声明)
typeof null;                         // 返回 object
```

也可以自己来操作一下，将代码保存为脚本 2-12.html。

脚本 2-12.html

```html
<!DOCTYPE html>
<html>
  <head>
    <meta charset="utf-8">
    <title>typeof 操作符</title>
  </head>
  <body>
    <p> typeof 操作符返回变量、对象、函数、表达式的类型。</p>
    <p id="demo"></p>
    <script>
    document.getElementById("demo").innerHTML =
        typeof "john" + "<br>" +
        typeof 3.14 + "<br>" +
        typeof NaN + "<br>" +
        typeof false + "<br>" +
        typeof [1,2,3,4] + "<br>" +
        typeof {name:'john', age:34} + "<br>" +
        typeof new Date() + "<br>" +
        typeof function () {} + "<br>" +
        typeof myCar + "<br>" +
        typeof null;
    </script>
  </body>
</html>
```

运行结果如图 2.18 所示。

typeof 操作符返回变量、对象、函数、表达式的类型。

string
number
number
boolean
object
object
object
function
undefined
object

图 2.18　typeof 操作符显示结果

通过上面的代码运行结果可以得出：NaN 的数据类型是 Number；Array 的数据类型是 Object；Date 的数据类型为 Object；null 的数据类型是 Object；未定义变量的数据类型为 Undefined。

 注意　如果对象是 JavaScript Array 或 JavaScript Date，就无法通过 typeof 操作符来判断它们的类型，因为它们都返回 Object。

下面来学习数据类型转换方法。

1. 利用转换函数

JavaScript 提供了 parseInt()和 parseFloat()两个转换函数。parseInt()函数把值转换成整数，parseFloat()函数把值转换成浮点数。但只有对 String 类型调用这些方法，这两个函数才能正确运行；对其他类型返回的都是 NaN。

　　parseInt()函数的数据类型转换处理过程为：在判断字符串是否是数字值之前，先仔细分析该字符串。parseInt()函数首先查看位置 0 处的字符，判断它是否是有效数字，如果不是，该函数返回 NaN，不再继续执行其他操作；但如果该字符是有效数字，该函数将查看位置 1 处的字符，进行同样的判断。这一过程将持续到发现非有效数字的字符为止，此时 parseInt()函数将把该字符之前的字符串转换成数字。示例代码如下。

```
parseInt("1234blue");      // 返回 1234
parseInt("0xA");           // 返回 10
parseInt("22.5");          // 返回 22
parseInt("blue");          // 返回 NaN
```

　　如上 4 个示例，对于字符串"1234blue"，parseInt()函数检测到字符"b"时，就会停止检测过程，因此返回 1234；字符串"0xA"转换结果为 10，是因为字符串包含的数字字面量可以被正确转换为数字；字符串"22.5"转换结果为 22，因为对于整数来说，小数点是无效字符；字符串"blue"位置 0 不是有效数字，所以直接返回 NaN。

　　parseInt()函数还有基模式，可以把二进制、八进制、十六进制或其他任何进制的字符串转换成整数。基是由 parseInt()函数的第二个参数指定的。

```
parseInt("AF",16);         // 返回 175
```

　　如果十进制数包含前导 0，那么最好采用基数 10，这样才不会意外地得到八进制的值，如下。

```
parseInt("010");           // 返回 8
parseInt("010",8);         // 返回 8
parseInt("010",10);        // 返回 10
```

　　在这段代码中，两行代码都把字符串"010"解析成一个数字。第 1 行代码把这个字符串看作八进制的值，解析它的方式与解析第 2 行代码的（声明基数为 8）相同。最后一行代码声明基数为 10，所以转换结果为 10。

　　parseFloat()函数与 parseInt()函数的处理方式相似，从位置 0 开始查看每个字符，直到找到第 1 个非有效的字符为止，然后把该字符之前的字符串转换成数字。不过，对于这个函数来说，第 1 个出现的小数点是有效字符。如果有两个小数点，第 2 个小数点将被看作无效的，parseFloat()函数会把这个小数点之前的字符串转换成数字。这意味着字符串"22.34.5"将被解析为 22.34。

　　使用 parseFloat()函数的另一不同之处在于，字符串必须以十进制形式表示浮点数，而不能用八进制形式或十六进制形式。该函数会忽略前导 0，所以八进制数 0908 将被解析为 908。对于十六进制数 0xA，该函数将返回 NaN，因为在浮点数中，"x"不是有效字符。此外，parseFloat()也没有基模式。下面是使用 parseFloat()函数的示例。

```
parseFloat("1234blue");         // 返回 1234.0
parseFloat("0xA");              // 返回 NaN
parseFloat("22.5");             // 返回 22.5
parseFloat("22.34.5");          // 返回 22.34
parseFloat("0908");             // 返回 908
parseFloat("blue");             // 返回 NaN
```

2. 强制类型转换

　　JavaScript 提供了 3 个强制类型转换函数：Boolean(value)、Number(value)和 String(value)。

　　Boolean(value)：把值转换成 Boolean 类型。参数 value 不同将会返回不同的结果。如果 value 为"至少有一个字符的字符串""非 0 的数字"或者"对象"，那么 Boolean(value)将会返回 true；如果 value 为"空字符串""数字 0""undefined""null"，那么 Boolean(value)将会返回 false。可以用下面的脚本 2-13.html 来测试。

脚本 2-13.html

```html
<!DOCTYPE html>
<html>
  <head>
    <meta charset="utf-8">
    <title>Boolean()强制类型转换</title>
  </head>
  <body>
    <script>
    document.write(Boolean("") + "<br />" )
    document.write(Boolean("s") + "<br />")
    document.write(Boolean(0) + "<br />")
    document.write(Boolean(1) + "<br />")
    document.write(Boolean(-1) + "<br />")
    document.write(Boolean(null) + "<br />")
    document.write(Boolean(undefined) + "<br />")
    document.write(Boolean(new Object()) + "<br />")
    </script>
  </body>
</html>
```

运行结果如图 2.19 所示。

Number(value)：把值转换成数字（整数或浮点数）。Number()与parseInt()和 parseFloat()类似，它们的区别在于 Number()是转换整个值的，而 parseInt()和 parseFloat( )是转换字符串开头部分数值的。例如：Number("1.2.3")和 Number("123abc")会返回 NaN,而 parseInt("1.2.3")返回 1，parseInt("123abc")返回 123，parseFloat("1.2.3")返回 1.2，parseFloat("123abc")返回 123。Number()会先判断要转换的值能否被完整地转换，然后判断是调用 parseInt()还是 parseFloat()。脚本 2-14.html所示为列举一些值调用 Number()函数之后的结果。

```
false
true
false
true
true
false
false
true
```

图 2.19　Boolean()强制
类型转换显示结果

脚本 2-14.html

```html
<!DOCTYPE html>
<html>
  <head>
    <meta charset="utf-8">
    <title>Number()强制类型转换</title>
  </head>
  <body>
    <script>
    document.write(Number(false) + "<br />" )
    document.write(Number(true) + "<br />")
    document.write(Number(undefined) + "<br />")
    document.write(Number(null) + "<br />")
    document.write(Number("1.2") + "<br />")
    document.write(Number("1.2.3") + "<br />")
    document.write(Number(new Object()) + "<br />")
    document.write(Number(123) + "<br />")
    </script>
  </body>
</html>
```

运行结果如图 2.20 所示。

String(value)：把值转换成字符串。可以把所有类型值转换为字符串。

```
var str1 = String(null);  // 返回"null"
```

也可以调用作为参数传递进来的值的 toString()函数。

```
0
1
NaN
0
1.2
NaN
NaN
123
```

图 2.20　Number()强制类型转换显示结果

```
var str1 = 123;
var str2 = str1.toString();
```

强制转换成字符串和调用 toString()函数的唯一不同之处在于，对 null 或 undefined 值强制类型转换可以生成字符串而不引发错误，如下。

```
var t1 = null;
var t2 = String(t1);       // 返回"null"
var t3 = t1.toString();    // 这里会报错
var t4;
var t5 = String(t4);       // 返回"undefined"
var t6 = t4.toString();    // 这里会报错
```

3. 利用 JavaScript 变量弱类型转换

通过脚本 2-15.html 来解析。

脚本 2-15.html

```
<!DOCTYPE html>
<html>
  <head>
    <meta charset="utf-8">
    <title>变量弱类型转换</title>
  </head>
  <body>
    <script>
      console.log(1+"2"+"2");        // 行 1
      console.log(1+ +"2" + "2");     // 行 2
      console.log("A" - "B" + "2");   // 行 3
      console.log("A" - "B" + 2);     // 行 4
    </script>
  </body>
</html>
```

运行结果如图 2.21 所示。

图 2.21　变量弱类型转换显示结果

行 1 中，一个操作数+一个字符串会先将操作数转换为字符串再相加；

行 2 中，操作等价于 1 + (+"2") + "2"，"+" 一元运算符会将操作数转换为数字；

行 3 中，"A"和"B"都无法转换成数字，Number("A") == NaN，而后面加上一个字符串，同(1)，String(NaN) == "NaN"；

行 4 中，NaN 同任何数字进行加减乘除等操作结果都是 NaN。

2.6 表达式和运算符

本节将介绍 JavaScript 的表达式和运算符。如果已经具备其他编程语言如 C、C++、Java 等基础，那么学习本节的知识应该会非常简单，因为 JavaScript 的表达式和运算符与这些语言的表达式和运算符是相似的。通过对本节知识的学习，可以很轻松地再去温故这些基础知识。如果没有这些编程语言基础，那也没关系，学完本节的知识以后再去应对其他语言的表达式和运算符也是很简单的。

2.6.1 表达式和运算符的概念

表达式是各种数值、变量、运算符的综合体，最简单的表达式可以是常量或者变量。表达式的值是表达式运算的结果，常量表达式的值就是常量本身，变量表达式的值则是变量引用的值。在实际编程中，可以使用运算数和运算符建立复杂的表达式，运算数是一个表达式内的常量和变量，运算符是变量中用来处理运算数的各种符号。如，常量表达式'hello'；变量表达式 example；赋值表达式 string="hello world"。

2.6.2 运算符类型

运算符是变量中用来处理运算数的各种符号，JavaScript 提供了 7 种基本运算符，分别为一元运算符、算术运算符、关系运算符、逻辑运算符、位运算符、赋值运算符，以及其他运算符。

1. 一元运算符

只能处理一个运算数的运算符叫作一元运算符。一元运算符是 JavaScript 中最简单的运算符。

（1）递增（++）和递减（--）运算符。

运算符"++"对它唯一的运算数进行递增（每次加 1），这个运算数必须是一个变量、数组的一个元素或对象的一个属性。如果该变量、元素或属性不是一个数字，运算符"++"首先会将它转换为数字。

在实际编程中，运算符"++"有两个版本：前置型和后置型。顾名思义，前置型即"++"存在于运算数之前，也叫前递增运算符；后置型即"++"存在于运算数之后，也叫后递增运算符。

前递增运算符先对运算数进行递增，然后用运算数递增后的值进行表达式计算；后递增运算符则相反，先用运算数进行表达式计算，再将运算数递增。如下面例子所示。

```
var age = 24;
var age1 = ++age;
console.log(age);
console.log(age1);
```

运行结果如图 2.22 所示。

在这个例子中,前递增运算符先将 age 的值加 1 变为 25;再将 age 增长后的值 25 赋给 age1。

```
var age = 24;
var age1 = age++;
console.log (age);
console.log (age1);
```

运行结果如图 2.23 所示。在这个例子中，后递增运算符先将 age 的值 24 赋给 age1，再将 age 的值加 1 变为 25。

运算符"--"对它唯一的运算数进行递减（每次减 1），这个运算数必须是一个变量、数组的一个元素或对象的一个属性。如果该变量、元素或属性不是一个数字，运算符"--"首先会将它转换为数字。

图 2.22　前递增运算符操作结果

图 2.23　后递增运算符操作结果

同运算符"++"一样，运算符"--"也有两个版本：前置型和后置型。顾名思义，前置型即"--"存在于运算数之前，也叫前递减运算符；后置型即"--"存在于运算数之后，也叫后递减运算符。

前递减运算符先对运算数进行递减，然后用运算数递减后的值进行表达式计算；后递减运算符则相反，先用运算数进行表达式计算，再将运算数递减。如下面两个示例所示。

```javascript
var age = 24;
var age1 = --age;
console.log(age);
console.log(age1);

var age = 24;
var age1 = age--;
console.log(age);
console.log(age1);
```

分别运行这两个示例，结果如图 2.24 和图 2.25 所示。

图 2.24　前递减运算符操作结果

图 2.25　后递减运算符操作结果

（2）一元加运算符和一元减运算符。

一元加运算符以一个"+"表示，放在数值前面，对数值不会产生任何影响，如下面例子所示。

```javascript
var number = 25;
number = +number ;
alert(number);
```

运行结果如图 2.26 所示。

如果将一元加运算符应用于非数值时，该运算符会首先对这个值进行转换。即布尔值 false 和 true 将分别被转换为 0 和 1；字符串会按照一组特殊的规则进行解析；对象先调用它们的 valueOf()或 toString()方法，再转换得到的值。

图 2.26　一元加运算符运算结果

下面的例子展示对不同数据类型应用一元加运算符的结果。

```javascript
var s1 = " 001 ";
var s2 = " 1.1 ";
var s3 = " hello ";
var b = false;
var f = 1.1;
var o = { valueOf: function(){ return -1; } }

s1 = +s1;
s2 = +s2;
```

```
s3 = +s3;
b = +b;
f = +f;
o = +o;
console.log("s1 为: "+s1);
console.log("s2 为: "+s2);
console.log("s3 为: "+s3);
console.log("b 为: "+b);
console.log("f 为: "+f);
console.log("o 为: "+o);
```

运行结果如图 2.27 所示。

一元减运算符以一个 "-" 表示，放在数值前面，执行一元取反操作。简而言之，它可以把一个正值转换成相应的负值，也可以把一个负值转换成相应的正值。但如果运算数是非数值，一元减运算符遵循与一元加运算符相同的规则，最后对得到的值取反。如下面例子所示。

```
var s1 = " 001 ";
var s2 = " 1.1 ";
var s3 = " hello ";
var b = false;
var f = 1.1;
var o = { valueOf: function(){ return -1; } }

s1 = -s1;
s2 = -s2;
s3 = -s3;
b = -b;
f = -f;
o = -o;
console.log("s1 为: "+s1);
console.log("s2 为: "+s2);
console.log("s3 为: "+s3);
console.log("b 为: "+b);
console.log("f 为: "+f);
console.log("o 为: "+o);
```

运行结果如图 2.28 所示。

图 2.27　不同数据类型一元加运算符操作结果　　图 2.28　不同数据类型一元减运算符操作结果

> **注意**　一元运算符用于非数值时，需要先进行转换再进行运算符操作。

2. 算术运算符

JavaScript 算术运算符包括加（+）、减（-）、乘（*）、除（/）和取余（%）。

（1）加。

在多数程序设计语言中，加通常是简单的算术运算符。但在 JavaScript 中，加法运算有大量的特殊行为，不仅可以进行数值加法运算，也可以进行字符串连接。加运算符用法如下所示。

```
var result = 1 + 2;
```

如果两个操作数都是数值，则执行常规的加法运算，然后根据以下规则返回运算结果。

① 如果有一个操作数为 NaN，则结果是 NaN。

② 如果是 Infinity 加 Infinity，则结果是 Infinity。

③ 如果是-Infinity 加-Infinity，则结果是-Infinity。

④ 如果是 Infinity 加-Infinity，则结果是 NaN。

⑤ 如果是+0 加+0，则结果是+0。

⑥ 如果是-0 加-0，则结果是-0。

⑦ 如果是+0 加-0，则结果是+0。

如果操作数包含字符串，则需应用如下规则。

① 如果两个操作数都是字符串，则将两个操作数拼接起来作为结果返回。

② 如果只有一个操作数是字符串，则另一个操作数需转换为字符串，然后将两个操作数拼接起来作为结果返回。

③ 如果有一个操作数是对象、数组或布尔值，则调用它们的 toString()方法得到相应的字符串，然后应用前面关于字符串的规则。对于 undefined 和 null，则调用 String()方法并取得"undefined"和"null"。

下面来看几个例子。

```
var result = 1 + 2;        // 两个数值相加
alert(result);             // 输出 3
var result = 1 + " 2 ";    // 数值加字符串
alert(result);             // 输出 12
```

上面第一段代码中两个数值 1 和 2 相加，执行简单的加法运算，结果为 3；第二段代码中一个数值 1 加一个字符串 2，首先会将数值 1 转为字符串"1"，再进行两字符串拼接的操作，结果为 12。

对字符串应用加法运算在 JavaScript 编程中应用很多，也经常会出现错误。来看下面的例子。

```
var num1 = 1;
var num2 = 2;
var message = " The result is " + num1 + num2;
alert(message);
```

运行结果如图 2.29 所示。

message 的值是执行两个加法运算的结果。对于这样一个例子，有人会认为最后结果是"The result is 3"。但实际结果是"The result is 12"。每个加法运算都是独立执行的。第一个加法运算将一个字符串"The result is"和一个数值 1 相加得到另一个字符串"The result is 1"，

图 2.29 加法运算显示结果

再将这个字符串和另一个数值 2 相加，所以最后得到结果是"The result is 12"。

（2）减。

相对于加法，减法则简单得多，只涉及数字的减法运算。减法运算符运用如下所示。

```
var result = 2 - 1;
```

同加法运算一样，减法运算在实际编程中也需要遵循如下这些规则。

① 如果两个操作数都是数值，则执行常规的减法运算。

② 如果有一个操作数是 NaN，则结果是 NaN。

③ 如果是 Infinity 减 Infinity，则结果是 NaN。

④ 如果是-Infinity 减-Infinity，则结果是 NaN。

⑤ 如果是 Infinity 减-Infinity，则结果是 Infinity。

⑥ 如果是-Infinity 减 Infinity，则结果是-Infinity。

⑦ 如果是+0 减+0，则结果是+0。

⑧ 如果是-0 减-0，则结果是+0。

⑨ 如果是+0 减-0，则结果是-0。

⑩ 如果有一个运算数是字符串、布尔值、null 或 undefined，则先调用 Number()方法将其转换为数值，再使用前面的规则进行减法运算。

⑪ 如果有一个运算数是对象，则调用对象的 valueOf()方法以取得表示该对象的数值。如果对象没有 valueOf()方法，则调用其 toString()方法将得到的字符串转换为数值，最后使用前面的规则进行减法运算。

结合以上规则来看下面的例子。

```
var result1 = 2 - true;      // 布尔值 true 先转换为 1，结果为 1
var result2 = NaN - 1;       // 结果为 NaN
var result3 = 2 - 1;         // 结果为 1
Vvar result4 = 2 - " ";      // 结果为 2
var result5 = 2 - " 1 ";     // 结果为 1
var result6 = 2 - null;      // null 先转换为 0，结果为 2
```

（3）乘。

乘运算符由一个星号（*）表示，用于计算两个数值的积。乘运算符运用如下所示。

```
var result = 2 * 1;
```

乘法运算遵循以下特殊规则。

① 如果运算数都是数值，则执行常规的乘法运算。

② 如果有一个运算数是 NaN，则结果是 NaN。

③ 如果是 Infinity 和 0 相乘，则结果是 NaN。

④ 如果是 Infinity 和非 0 数值相乘，则结果是 Infinity 或-Infinity，取决于有符号运算数的符号。

⑤ 如果是 Infinity 和 Infinity 相乘，则结果是 Infinity。

⑥ 如果有一个运算数不是数值，则先调用 Number()方法将其转换为数值，再应用上面的规则计算。

（4）除。

除运算符由一个斜线（/）表示，执行第一个运算数除以第二个运算数的运算，如下面例子所示。

```
var result = 10 / 5;
```

除法运算对特殊的值也有以下特殊的规则。

① 如果运算数都是数值，则执行常规的除法运算。

② 如果有一个运算数是 NaN，则结果为 NaN。

③ 如果是 Infinity 被 Infinity 除，则结果为 NaN。

④ 如果是 0 被 0 除，则结果为 NaN。

⑤ 如果是非 0 的有限数被 0 除，则结果为 Infinity 或-Infinity，取决于有符号运算数的符号。

⑥ 如果是 Infinity 被任何非 0 数值除，则结果为 Infinity 或-Infinity，取决于有符号运算数的符号。

⑦ 如果有一个运算数不是数值，则先调用 Number()方法将其转换为数值，再应用上面的规则进行计算。

（5）取余。

取余运算符由一个百分号（%）表示，结果是第一个运算数除以第二个运算数的余数。且取余结果与第一个运算数的符号保持一致。取余运算符用法如下。

```
var result = 3%2;
```

同其他算术运算类似，取余运算也有以下特殊的规则。

① 如果运算数都是数值，则执行常规的除法运算，返回余数。

② 如果被除数是无穷大值而除数是有限大值，则结果为 NaN。

③ 如果被除数是有限大的数值而除数是 0，则结果为 NaN。

④ 如果是 Infinity 被 Infinity 除，则结果为 NaN。

⑤ 如果被除数是有限大的数值而除数是无穷大的数值，则结果为被除数。

⑥ 如果被除数是 0，则结果为 0。

⑦ 如果有一个运算数为非数值，则先调用 Number()方法将其转换为数值，再应用上面的规则计算。

3. 关系运算符

关系运算执行的是比较运算。每个关系运算都返回一个布尔值。

JavaScript 中的关系运算符：小于（<）、大于（>）、小于等于（<=）、大于等于（>=）、等于（==）、不等于（!=）、全等（===）和不全等（!==）。其中，小于、大于、小于等于和大于等于属于常规的比较运算符，比较方式与算术比较运算相同。如下例子。

```
var result = 5 > 3;    // 返回 true
var result = 3 > 5;    // 返回 false
```

与 JavaScript 中的其他运算一样，当运算存在非数值时，需要进行相关的数据类型转换，转换规则如下。

（1）如果两个运算数都是数值，则执行常规的数值比较。

（2）如果两个运算数都是字符串，则比较两个字符串对应的字符编码值。

（3）如果只有一个运算数是数值，则将另一个运算数转换为数值，然后进行常规的数值比较。

（4）如果一个运算数是对象，则调用这个对象的 valueOf() 方法，用得到的结果按照前面的规则执行比较。如果对象没有 valueOf() 方法，则调用 toString() 方法，并用得到的结果根据前面的规则执行比较。

（5）如果一个运算数是布尔值，则先将其转换为数值，然后执行比较。

不过，对字符串应用关系运算，许多人认为小于表示"在字母顺序上靠前"，大于表示"在字母顺序上靠后"。但事实并非如此，对于字符串，第 1 个字符串中每个字符的代码都会与第 2 个字符串中对应位置的 ASCII 值进行数值比较。完成这种比较操作后，返回一个布尔值。问题在于大写字母的 ASCII 值都小于小写字母的 ASCII 值，这意味着可能会遇到下面这种情况。

```
var result = " Blue " < " alpha ";   // 返回 true
```

在这个例子中，字符串"Blue"小于字符串"alpha"，因为字母 B 的 ASCII 值是 66，字母 a 的 ASCII 值是 97。要强制性得到按照真正的字母顺序比较的结果，必须把两个数转换成相同的大小写形式（全大写或全小写），然后进行比较。

```
var result = " Blue ".toLowerCase() < " alpha ".toLowerCase();   // 返回 false
```

把两个运算数都转换成小写，确保正确识别出"alpha"在字母顺序上位于"Blue"之前。

另一种比较容易出错的比较运算是比较两个字符串形式的数字，如下。

```
var result = " 23 " < " 3 ";   // 返回 true
```

很多人会对上面这段代码返回结果感到不解。其实字符串"23"和字符串"3"比较，实质是比较它们的 ASCII 值（"2"的 ASCII 值是 50，"3"的 ASCII 值是 51）。如果将第 2 个运算数字符串"3"改为数值 3，那么结果又不一样了。

```
var result = " 23 " < 3;   // 返回 fasle
```

这里，字符串与数值进行比较，会先将字符串"23"转换成数值 23 再进行比较运算，结果自然为 false。前面的规则里提到，比较一个字符串和一个数值，会先将字符串转换为数值。但如果字符串不能转换为数值，又该如何处理呢？如下。

```
var result = " a " < 3;   // false
```

当字符串不能被转换成一个合理的数值时，会转换成 NaN，任何操作数与 NaN 进行比较，结果都是 NaN。

JavaScript 中另一种关系运算符用于判断两个操作数的等性关系，其也叫等性运算符，包括相等、不等、全等和非全等。

相等由双等号（==）表示，当且仅当两个运算数相等时返回 true；不等由感叹号加等号表示（!=），当且仅当两个运算数不相等时返回 true。为确定两个运算数是否相等，这两个运算数都会进行类型转换。转换规则如下。

（1）如果有一个运算数是布尔值，则在比较相等性之前先将其转换为数值，false 转换为 0，true 转换为 1，然后比较相等性。

（2）如果一个运算数是字符串，另一个运算数是数值，则在比较之前先将字符串转换为数值；

（3）如果一个运算数是对象，而另一个运算数不是，则调用对象的 valueOf()方法，用得到的基本数据类型按照前面的规则进行转换。

在比较时，运算还遵守以下几条特殊规则。

（1）值 null 和 undefined 相等。

（2）在检查相等性时，不能把 null 和 undefined 转换为其他值。

（3）如果某个运算数是 null，"=="将返回 false，"!="将返回 true。

（4）如果两个运算数都是对象，那么比较的是它们的引用数据类型值。如果两个运算数指向同一个对象，那么"=="返回 true，否则两个运算数不等。

> **注意**　即使两个运算数都是 NaN，"=="仍返回 false，因为根据规则，NaN 不等于 NaN。

表 2.2 列出了一些特殊情况及比较结果。

表 2.2　关系运算特殊值比较结果

表达式	值
null == undefined	true
"NaN" == NaN	false
5 == NaN	false
NaN == NaN	false
NaN != NaN	true
false == 0	true
true == 1	true
true == 2	false
undefined == 0	false
null == 0	false
"5" == 5	true

相等和不等的同类运算是全等和非全等。运算符"==="、"!=="所做的与"=="、"!="相同，只是它们在检查相等性之前，不执行类型转换。

全等，只有在无须类型转换运算数就相等的情况下，才返回 true，如下。

```
var num1 = " 66 ";
var num2 = 66;
alert(num1 == num2);    // 返回 true
alert(num1 === num2);   // 返回 false
```

在这段代码中，第一个 alert()使用"=="来比较字符串"66"和数值 66 的相等性。如前所述，字符串"66"会先被转换成数值 66 再参与比较运算，所以结果自然返回 true；第 2 个 alert()使用"==="在没有类型转换的情况下比较字符串和数字，很明显字符串不等于数字，所以结果返回 false。

非全等，只有在无须类型转换运算数就不相等的情况下，才返回 true，如下。

```
var num1 = " 66 ";
var num2 = 66;
alert(num1 != num2);    // 返回 false
alert(num1 !== num2);   // 返回 true
```

第 1 个 alert()使用"!= "来比较字符串"66"和数值 66 的相等性。如前所述，字符串"66"会先被转换成数值 66 再参与比较运算，所以结果返回 false；第 2 个 alert()使用"!== "在没有类型转换的情况下比较字符串和数字，很明显字符串不等于数字，所以结果返回 true。

4. 逻辑运算符

逻辑运算符也称布尔运算符，在第 3 章介绍的循环语句中有重要作用。布尔运算符分为 3 种：非（NOT）、与（AND）和或（OR）。

在 JavaScript 中，逻辑非运算符与 C 和 Java 中的逻辑非运算符相同，都由感叹号（!）表示。与逻辑与运算符和逻辑或运算符不同的是，逻辑非运算符返回的一定是布尔值。

逻辑非运算遵循的规则如下。

（1）如果运算数是对象，返回 false。

（2）如果运算数是数字 0，返回 true。

（3）如果运算数是 0 以外的任何数字，返回 false。

（4）如果运算数是 null，返回 true。

（5）如果运算数是 NaN，返回 true。

（6）如果运算数是 undefined，发生错误。

逻辑非运算符通常用于循环控制，在第 3 章中将会详细介绍。

逻辑非运算符也可以用于将一个值转换为与其对应的布尔值，而同时使用两个逻辑非运算符，实际上就会模拟 Boolean()函数的转换行为，其中，第一个逻辑非运算会基于无论什么操作数都返回一个布尔值，而第二个逻辑非运算则对该布尔值求反，于是得到这个值真正对应的布尔值。当然，最终结果与对这个值使用 Boolean()函数相同，如下面的例子所示。

```
alert(!!"blue");    // 返回 true
alert(!!0);         // 返回 false
alert(!!NaN);       // 返回 false
alert(!!"");        // 返回 false
alert(!!12345);     // 返回 true
```

逻辑与运算符用双和号（&&）表示，如下。

```
var result1 = true;
var result2 = false;
var result3 = result1 && result2;
```

表 2.3 描述了逻辑与运算的行为。

表 2.3　逻辑与运算结果

运算数 1	运算数 2	结果
true	true	true
true	false	false
false	true	false
false	false	false

逻辑与运算的运算数可以是任何类型的，不只是 Boolean 类型。

如果某个运算数不是原始的 Boolean 类型，逻辑与运算并不一定返回布尔值。

（1）如果一个运算数是对象，另一个是布尔值，返回该对象。

（2）如果两个运算数都是对象，返回第二个对象。

（3）如果某个运算数是 null，返回 null。

（4）如果某个运算数是 NaN，返回 NaN。

（5）如果某个运算数是 undefined，发生错误。

与 Java 中的逻辑与运算相似，JavaScript 中的逻辑与运算也是简便运算。即如果第一个运算数已经决定了结果就不再计算第二个运算数。对于逻辑与运算来说，如果第一个运算数是 false，那么不管第二个运算数是什么，结果都不可能返回 true。来看下面的例子。

```
var a = true;
var b = (a && c);       // 发生错误
alert(b);               // 这一行不会执行
```

这段代码在进行逻辑与运算时将引发错误，因为变量 c 未定义，变量 a 为 true，所以逻辑与运算会继续计算变量 c，这样就会引发错误了。修改一下这个例子。

```
var a = false;
var b = (a && c);
alert(b);               // 返回 false
```

这里，因为变量 a 为 false，所以逻辑与运算不会继续计算变量 c 的值，结果就返回 false 了。

逻辑或运算符由双竖线（||）表示，如下。

```
var result1 = true;
var result2 = false;
var result3 = result1 || result2;
```

表 2.4 描述了逻辑或运算的行为。

表 2.4　逻辑或运算结果

运算数 1	运算数 2	结果
true	true	true
true	false	true
false	true	true
false	false	false

与逻辑与运算相似，如果某个运算数不是 Boolean 类型，逻辑或运算并不一定返回布尔值。

（1）如果一个运算数是对象，并且该对象左边的运算数值均为 false，则返回该对象。

（2）如果两个运算数都是对象，则返回第一个对象。

（3）如果最后一个运算数是 null，并且其他运算数值均为 false，则返回 null。

（4）如果最后一个运算数是 NaN，并且其他运算数值均为 false，则返回 NaN。

（5）如果某个运算数是 undefined，则发生错误。

与逻辑与运算一样，逻辑或运算也是简便运算。如果第一个运算数值为 true，就不再计算第二个运算数，例如：

```
var a = true;
var b = (a || c);
alert(b);               // 返回 true
```

与前面例子相同，变量 c 未定义，不过由于变量 a 为 true，逻辑或运算不会继续计算变量 c 的值，因此返回 true。如果把变量 a 改为 false，将发生错误。

```
var a = false;
var b = (a || c);       // 发生错误
alert(b);               // 这一行不会执行
```

5. 位运算符

位运算是在数字底层（即表示数字的 32 个数位）进行操作的。位运算不直接操作 64 位的值，而是将 64 位的值转换为 32 位的整数，然后执行操作，最后将结果转换为 64 位。

在 JavaScript 中，对于有符号的整数，32 位中的前 31 位用于表示整数的值。第 32 位用于表示数值的符号：0 表示正数，1 表示负数。这个表示符号的位叫作符号位，符号位的值决定了其他位数值的格式。其中正数以纯二进制格式存储，31 位中的每一位都表示 2 的幂。第一位（叫作位 0）表示 2^0，第二位表示 2^1，以此类推。没有用到的位以 0 填充。例如数值 18 的二进制表示是 00000000000000000000000000010010，或者更简洁的 10010。这是 5 个有效位，这 5 位本身也决定了实际的值，如图 2.30 所示。

1	0	0	1	0

$(2^4 × 1) + (2^3 × 0) + (2^2 × 0) + (2^1 × 1) + (2^0 × 0)$

图 2.30　数字的二进制表示

负数也存储为二进制代码，不过采用的是二进制补码。计算数字二进制补码有以下 3 步。

（1）求这个数值绝对值的二进制码（例如，要求-18 的二进制补码，先求 18 的二进制码）。

（2）求二进制反码，即把 0 换为 1，1 换为 0。

（3）在二进制反码上加 1。

例如：要确定-18 的二进制表示，首先要得到 18 的二进制表示。

00000000000000000000000000010010

接下来，求二进制反码。

11111111111111111111111111101101

最后在二进制反码上加 1。

11111111111111111111111111101101
+   1
───────────────────────────────────
11111111111111111111111111101110

因此，-18 的二进制表示是 11111111111111111111111111101110。要注意的是，在处理有符号整数时，是不能访问位 31 的。

有趣的是，把负整数转换为二进制字符串时，JavaScript 并不以二进制补码的形式显示，而是用数字绝对值的标准二进制码前面加负号的形式输出，如下。

```
var number = -18;
alert(number.toString(2));    // 输出-10010
```

这段代码输出的是-10010，而非二进制补码，这是为了避免访问位 31。

另一方面，无符号整数把最后一位作为另一个数位处理。在这种模式中，第 32 位不表示数字的符号，而是值 2^{31}。由于这个额外的位，无符号整数的数值范围为 0 到 4294967295。对于小于等于 2147483647 的整数来说，无符号整数看作与有符号整数一样，而大于 2147483647 的整数则要使用位 31（在有符号整数中，这一位总是 0）。

把无符号整数转换成字符串后，只返回它们的有效位。

下面来介绍几种位运算符。

（1）位运算符 NOT。

位运算 NOT 由否定号（～）表示，它是 JavaScript 中为数不多的与二进制算术有关的运算符之一。位运算符 NOT 有以下 3 步处理过程。

① 把运算数转换成 32 位数字。

② 把二进制数转换成它的二进制反码。

③ 把二进制数转换成浮点数。

如下。

```
var number = 25;
var number2 = ~number;
alert(number2);
```

上面这段代码，第一步把 25 转换成 32 位数字：00000000000000000000000000011001；第二步将二进制数转为它的二进制反码：11111111111111111111111111100110；第三步，转换成浮点数为-26。位运算符 NOT 实质上是对数字求负，然后减 1，见下面这段代码。

```
var number = 25;
var number2 = -number-1;
alert(number2);
```

（2）位运算符 AND。

位运算符 AND 由和号（&）表示，直接对数字的二进制形式进行运算。它把每个数字中的数位对齐，然后用表 2.5 的规则对同一位置上的两个数位进行 AND 运算。

表 2.5 位运算符 AND 运算规则

第一个数字中的数位	第二个数字中的数位	结果
1	1	1
1	0	0
0	1	0
0	0	0

如下例子，对 25 和 3 进行 AND 运算。

```
var result = 25 & 3;
alert(result);        // 输出 1
```

实际运算过程是先将 25 和 3 分别转为二进制，25 为 00000000000000000000000000011001，3 为 00000000000000000000000000000011，再将两个二进制同一位置上的数位进行 AND 运算，结果为 00000000000000000000000000000001，即结果为 1。

（3）位运算符 OR。

位运算 OR 由符号"|"表示，也是直接对数字的二进制形式进行计算，OR 运算符采用表 2.6 的规则。

表 2.6 位运算符 OR 运算规则

第一个数字中的数位	第二个数字中的数位	结果
1	1	1
1	0	1
0	1	1
0	0	0

进行 OR 运算的两个数位，只要有一个为 1，结果即 1。看下面的例子，同样对 25 和 3 进行 OR 运算。

```
var result = 25 | 3;
alert(result);         // 输出 27
```

实际运算过程是先将 25 和 3 分别转为二进制，25 为 00000000000000000000000000011001，3 为 00000000000000000000000000000011，再将两个二进制同一位置上数位进行 AND 运算，结果为 00000000000000000000000000011011，即结果为 27。

（4）位运算符 XOR。

位运算 XOR 由符号"^"表示，直接对数字的二进制形式进行计算。XOR 不同于 OR，只有

43

一个数位为 1 时，结果才为 1，见表 2.7 所示的规则。

表 2.7　位运算符 XOR 运算规则

第一个数字中的数位	第二个数字中的数位	结果
1	1	0
1	0	1
0	1	1
0	0	0

同样以 25 和 3 运算为例。

```
var result = 25 ^ 3;
alert(result);      // 输出 26
```

实际运算过程是先将 25 和 3 分别转为二进制,25 为 00000000000000000000000000011001,
3 为 00000000000000000000000000000011,再将两个二进制同一位置上数位进行 AND 运算,
结果为 00000000000000000000000000011010,即结果为 26。

（5）左移运算符。

左移运算符由两个小于号（<<）表示。它把数字中所有数位向左移动指定的数量。例如：把数
字 2 左移 5 位结果为 64，看下面的运算解析过程。

```
var result = 2 << 5
alert(result);       // 输出 64
```

先将数字 2 转换成二进制形式 00000000000000000000000000000010；再将这个二进制
数左移 5 位为 00000000000000000000000001000000,二进制数右边空出的 5 位数用 0 填充,
使结果成为完整的 32 位数字。

> **注意**　左移不会影响数字的符号，即如果把-2 左移 5 位，结果是-64，而非 64。

（6）有符号右移运算符。

有符号右移运算符由两个大于号（>>）表示。它把 32 位数字中的所有数位右移，同时保留该
数字的符号（正号或负号）。有符号右移运算恰好与左移运算相反。例如把 64 右移 5 位则变为 2。

```
var result = 64 >> 5;
alert(result);     // 输出 2
```

同样，移动数位后左边会造成空位，空位位于数字左侧符号位右侧，与左移不同的是，这里需
要用符号位的值填充空位。64 的二进制数为 00000000000000000000000001000000,右移 5
位变为 00000000000000000000000000000010,即变为 2。

（7）无符号右移运算符。

无符号右移运算符由 3 个大于号（>>>）表示，它将无符号 32 位数字的所有数位整体右移。
对于正数，无符号右移运算与有符号右移运算的结果一样。

```
var result = 64 >>>5;
alert(result);       // 输出 2
```

对于负数，情况就大不一样了。无符号右移运算用 0 填充所有空位。对于正数，这与有符号右
移运算的操作一样，负数则被作为正数来处理。由于无符号右移运算的结果是一个 32 位的正数，
所以负数的无符号右移运算得到的总是一个非常大的数字。例如，如果把-64 右移 5 位，将得到
134217726。如何得到这种结果的呢？要实现这一点，需要把这个数字转换成无符号的等价形式
（尽管该数字本身还是有符号的），可以通过以下代码获得这种形式。

```
var result = -64 >>>0;
```

然后，用 Number 类型的 toString()方法获取它的真正的位表示，采用的基为 2。

```
alert(result.toString(2));
```

这将生成 11111111111111111111111111000000，即有符号整数-64 的二进制补码，不过它等于无符号整数 4294967232。出于这种原因，使用无符号右移运算符要小心。

6. 赋值运算符

JavaScript 赋值运算符分为简单赋值运算符和复合赋值运算符。简单的赋值运算符由等号（＝）实现，只是把等号右边的值赋予等号左边的变量，如下。

```
var number = 10;   // 将 10 赋给变量 number
```

复合赋值运算符是由乘性运算符、加性运算符或位移运算符加等号（＝）实现的。这些赋值运算符是下列常见情况的缩写形式。

```
var number = 10;
number = number + 10;
```

可以用一个复合赋值运算符改写第二行代码。

```
var number = 10;
number += 10;
```

每种主要的算术运算以及其他几个运算都有复合赋值运算符，如下。

乘法/赋值（*=）

除法/赋值（/=）

取模/赋值（%=）

加法/赋值（+=）

减法/赋值（-=）

左移/赋值（<<=）

有符号右移/赋值（>>=）

无符号右移/赋值（>>>=）

7. 其他运算符

除上面介绍的 6 种运算符之外，JavaScript 还有字符串运算符、逗号运算符、三元运算符等，这些统称为其他运算符。

字符串运算符（＋）主要用于连接两个字符串或字符串变量。因此，在对字符串或字符串变量使用该运算符时，并不是对它们做加法运算。

```
var x = "beijing ";
var y = x + "你好! ";
alert(y);               // 返回字符串"beijing 你好!"
```

要想在两个字符串之间增加空格，需要把空格插入一个字符串之中。

```
var y = x + " 你好! ";
alert(y);               // 返回字符串"Beijing 你好!"
```

当对字符串和数字做连接（加法）运算时，会将数字先转换为字符串再连接（相加）。

```
var x = 25;
var y = "我今年" + x + "岁";   // 结果: y = "我今年 25 岁"
```

使用逗号运算符可以在一条语句中执行多个运算，如下面的例子所示。

```
var num1=1, num2=2, num3=3;
```

逗号运算符多用于声明多个变量；但除此之外，逗号运算符还可以用于赋值。在用于赋值时，逗号运算符总会返回表达式中的最后一项，如下面的例子所示。

```
var num = (5, 1, 4, 8, 0); // num 的值为 0
```

由于 0 是表达式中的最后一项，因此 num 的值就是 0。虽然逗号运算符的这种使用方式并不常见，但这个例子可以帮我们理解逗号运算符的这种行为。

三元运算符可视为特殊的比较运算符，代码如下。

```
(expr1)? (expr2) : (expr3);
```

语法解释：在 expr1 求值为 true 时整个表达式的值为 expr2，否则为 expr3。

```
x = 2;
y = (x == 2) ? x : 1;
alert(y);                    // 输出: 2
```

该例子判断 x 的值是否等于 2，如果 x 等于 2，y 的值就等于 x（也就是等于 2），否则 y 就等于 1。

为了避免错误，可以将三元运算符各表达式用括号括起来。

2.6.3　运算符优先级

运算符优先级控制着运算符的执行顺序，优先级高的运算符的执行总是先于优先级运算符低的运算符的执行。JavaScript 中运算符总共分为 13 级的优先级，从高到低依次如下。

（1）++、--、-、+、~、!、delete、typeof、void

（2）*、/、%

（3）<<、>>、>>>

（4）<、<=、>、>=、instanceof、in

（5）==、!=、===、!==

（6）&

（7）^

（8）|

（9）&&

（10）||

（11）?:

（12）=、*=、/=、%=、+=、-=、&=、^=、|=、<<=、>>=、>>>=

（13），

由这 13 级的运算符优先级可以看出，优先级高低顺序为：

一元运算符＞算术运算符＞比较运算符＞逻辑运算符＞三元运算符＞赋值运算符＞逗号运算符。

> **注意**　逻辑取反运算符属于一元运算符，其优先级最高。

```
!2<1&&4*3+1;
```

上面这个例子涉及的运算符很多，比较复杂，逐步分解其运算步骤如下。

先计算一元运算符!，!2 的结果为 false。于是表达式简化为

```
false<1&&4*3+1;
```

再计算算术运算符，4*3+1 的结果为 13。于是表达式简化为

```
false<1&&13;
```

再计算比较运算符，false<1 的结果为 true。于是表达式再次简化为

```
true&&13;
```

结果为 13。

可以像数学中一样用圆括号来强行指定运算顺序，如下。

```
var number = 2+3*5;     // 结果为 17
var number = (2+3)*5;   // 结果为 25
```

2.7 关键字及保留字

JavaScript 描述了一组具有特定用途的关键字，这些关键字可用于表示控制语句的开始或结束，或者用于执行特定操作等。按照规则，关键字也是语言保留的，不能用作标识符。以下就是 JavaScript 的全部关键字。

精讲视频

关键字及保留字

    break do instanceof typeof
    case else new var
    catch finally return void
    continue for switch while
    debugger*
    function this with
    default if throw
    delete in try

JavaScript 还描述了另外一组不能用作标识符的保留字。尽管保留字在这门语言中还没有任何特定的用途，但它们有可能在将来被用作关键字。以下是 JavaScript 定义的全部保留字。

    abstract enum int short
    boolean export interface static
    byte extends long super
    char final native synchronized
    class float package throws
    const goto private transient
    debugger implements protected volatile
    double import public

> **注意** （1）如果将保留字用作变量名或函数名，那么除非将来的浏览器实现了该保留字，否则很可能收不到任何错误消息。当浏览器将其实现后，该保留字将被看作关键字，如此将出现关键字错误。
>
>
>
> （2）除了上面列出的保留字和关键字，JavaScript 对 eval 和 arguments 还施加了限制。在严格模式下，这两个名称也不能作为标识符或属性名，否则会抛出错误。

2.8 正则表达式

精讲视频

正则表达式

2.8.1 正则表达式定义及特性

JavaScript 正则表达式即前面讲解的 RegExp 对象。正则表达式是对字符串操作的一种逻辑公式，就是用事先定义好的一些特定字符及这些特定字符的组合，组成一个"规则字符串"，这个"规则字符串"用来表达对字符串的一种过滤逻辑。

给定一个正则表达式和另一个字符串，可以达到如下的目的：

（1）给定的字符串是否符合正则表达式的过滤逻辑（称作"匹配"）；

（2）可以通过正则表达式，从字符串中获取想要的特定部分。

正则表达式的特点是：

（1）灵活性、逻辑性和功能性非常强；

（2）可以迅速地用极简单的方式达到对字符串的复杂控制；

（3）对于刚接触它的人来说，比较晦涩难懂。

由于正则表达式主要的应用对象是文本，因此它在各种文本编辑器场合都有应用，小到著名编辑器 EditPlus，大到 Microsoft Word、Visual Studio 等大型编辑器，都可以使用正则表达式来处理文本内容。

正则表达式的创建有两种方式，前面在 2.5.2 小节已经介绍过，这里再来介绍一下。

```
var reg=/abcd/ ;                    //这个叫对象直接量方式
var reg=new RegExp('abcd');         //这个叫构造函数方式
```

如果有模式修正符，比如说全文查找 abcd 这个字符串，两种写法分别如下（g 是模式修正符，表示在整个字符串里多次查找）。

```
var  reg=/abcd/g;
var reg=new RegExp('abcd', 'g');
```

有一种情况要注意，就是如果正则表达式中出现了反斜杠"\"，在用构造函数创建正则表达式对象时，要转义，如下。

```
reg = new RegExp("\\w+");           //这里的\要转义
reg = /\w+/ ;                       //这样就不需要
```

2.8.2　正则表达式语法

正则表达式是由普通字符（例如字符 a 到 z）以及特殊字符（称为"元字符"）组成的文字模式。模式描述在搜索文本时要匹配一个或多个字符串。正则表达式作为一个模板，对某个字符模式与所搜索的字符串进行匹配。

1. 普通字符

普通字符包括没有显式指定为元字符的所有可打印和不可打印的字符。这包括所有大写和小写字母、所有数字、所有标点符号和一些其他符号。

2. 不可打印字符

不可打印字符也可以是正则表达式的组成部分，表 2.8 列出了不可打印字符的转义序列。

表 2.8　不可打印字符的转义序列

不可打印字符	描述
\cx	匹配由 x 指明的控制字符。例如，"\cM"匹配一个"Control-M"或回车符。x 的值必须为 A~Z 或 a~z 之一。否则，将 c 视为一个原义的"c"字符
\f	匹配一个换页符，等价于"\x0c"和"\cL"
\n	匹配一个换行符，等价于"\x0a"和"\cJ"
\r	匹配一个回车符，等价于"\x0d"和"\cM"
\s	匹配任何空白字符，包括空格、制表符、换页符等，等价于"[\f\n\r\t\v]"
\S	匹配任何非空白字符，等价于"[^ \f\n\r\t\v]"
\t	匹配一个制表符，等价于"\x09"和"\cI"
\v	匹配一个垂直制表符，等价于"\x0b"和"\cK"

3. 特殊字符

所谓特殊字符，就是一些有特殊含义的字符，比如"*.txt"中的*，简单地说就是表示任何字符串的意思。如果要查找文件名中有*的文件，则需要对*进行转义，即在其前加一个\，如*.txt。

许多元字符要求在试图匹配它们时特别对待。若要匹配这些特殊字符，必须首先使字符"转义"，即将反斜杠字符放在它们前面。表 2.9 列出了正则表达式中的特殊字符。

表 2.9　正则表达式中的特殊字符

特殊字符	描述
$	匹配输入字符串的结尾位置。如果设置了 RegExp 对象的 multiline 属性，则"$"也匹配"\n"或"\r"。要匹配"$"字符本身，请使用"\$"
( )	标记一个子表达式的开始和结束位置。子表达式可以获取供以后使用。要匹配这些字符，请使用"\("和"\)"
*	匹配前面的子表达式零次或多次，要匹配"*"字符，请使用"*"
+	匹配前面的子表达式一次或多次，要匹配"+"字符，请使用"\+"
.	匹配除换行符"\n"之外的任何单字符，要匹配"."字符，请使用"\."
[	标记一个方括号表达式的开始，要匹配"["，请使用"\["
?	匹配前面的子表达式零次或一次，或指明一个非贪婪限定符，要匹配"?"字符，请使用"\?"
\	将下一个字符标记为特殊字符或原义字符或向后引用或八进制转义符。例如，"n"匹配字符"n"，"\n"匹配换行符，序列"\\"匹配"\"，而"\("则匹配"("
^	匹配输入字符串的开始位置，除非在方括号表达式中使用，此时它表示不接收该字符集合。要匹配"^"字符本身，请使用"\^"
{	标记限定符表达式的开始，要匹配"{"，请使用"\{"
|	指明两项之间的一个选择，要匹配"|"，请使用"\\|"

4. 限定符

限定符用来指定正则表达式的一个给定组件必须要出现多少次才能满足匹配，有*、+、? 、{n}、{n,}、{n,m}共 6 种。正则表达式中的限定符如表 2.10 所示。

表 2.10　正则表达式中的限定符

限定符	描述
*	匹配前面的子表达式零次或多次。例如，"zo*"能匹配"z"以及"zoo"。"*"等价于"{0,}"
+	匹配前面的子表达式一次或多次。例如，"zo+"能匹配"zo"以及"zoo"，但不能匹配"z"，"+"等价于"{1,}"
?	匹配前面的子表达式零次或一次。例如，"do(es)?"可以匹配"do"或"does"中的"do"，"?"等价于"{0,1}"
{n}	n 是一个非负整数，匹配确定的 n 次。例如，"o{2}"不能匹配"Bob"中的"o"，但是能匹配"food"中的两个"o"
{n,}	n 是一个非负整数，至少匹配 n 次。例如，"o{2,}"不能匹配"Bob"中的"o"，但能匹配"foooood"中的所有"o"，"o{1,}"等价于"o+"。"o{0,}"则等价于"o*"
{n,m}	m 和 n 均为非负整数，其中 n <= m，最少匹配 n 次且最多匹配 m 次。例如，"o{1,3}"将匹配"fooooood"中的前 3 个"o"，"o{0,1}"等价于"o?"。请注意在逗号和两个数字之间不能有空格

由于章节编号在大的输入文档中很可能会超过 9，所以需要一种方式来处理两位或三位章节编号。限定符给了这种能力。下面的正则表达式匹配编号为任何位数的章节编号。

```
/Chapter [1-9][0-9]*/
```

限定符出现在范围表达式之后。因此，它应用于整个范围表达式，在本例中，只指定从 0 到 9 的数字（包括 0 和 9）。

这里不使用+限定符，因为在第二个位置或后面的位置不一定需要有一个数字。也不使用? 字符，因为它将章节编号限制到只有两位数。需要至少匹配 Chapter 和空格字符后面的一个数字。

如果知道章节编号被限制为只有 99 章，可以使用下面的正则表达式来指定至少一位、至多两位数字。

```
/Chapter [0-9]{1,2}/
```

上面的正则表达式的一个缺点是，大于 99 的章节编号仍只匹配开头两位数字。另一个缺点是 Chapter 0 也将匹配。只匹配两位数字的、更好的正则表达式如下。

```
/Chapter [1-9][0-9]?/
```

或

```
/Chapter [1-9][0-9]{0,1}/
```

*、+和? 限定符都是贪婪的，因为它们会尽可能多地匹配文字，只要在它们的后面加上一个? 就可以实现非贪婪或最小匹配。

5. 定位符

定位符用来描述字符串或单词的边界，^和$分别指字符串的开始与结束，\b 描述单词的前边界或后边界，\B 表示非单词边界。正则表达式中的定位符如表 2.11 所示。

表 2.11　正则表达式中的定位符

定位符	描述
^	匹配输入字符串的开始位置。如果设置了 RegExp 对象的 multiline 属性，"^" 还会与 "\n" 和 "\r" 之后的位置匹配
$	匹配输入字符串的结尾位置。如果设置了 RegExp 对象的 multiline 属性，"$" 还会与 "\n" 和 "\r" 之前的位置匹配
\b	匹配一个字边界，即字与空格间的位置
\B	非字边界匹配

 注意　**不能将限定符与定位符一起使用。由于在紧靠换行或者字边界的前面或后面不能有一个以上位置，因此不允许^*之类的表达式。**

若要匹配一行文本的开始处的文本，请在正则表达式的开始处使用 ^ 字符。不要将 ^ 的这种用法与方括号表达式内的用法混淆。

若要匹配一行文本的结束处的文本，请在正则表达式的结束处使用 $ 字符。

若要在搜索章节标题时使用定位符，下面的正则表达式匹配一个章节标题，该标题只包含两个尾随数字，并且出现在行首。

```
/^Chapter [1-9][0-9]{0,1}/
```

真正的章节标题不仅出现在行的开始处，而且它还是该行中仅有的文本。它既出现在行首又出现在同一行的结尾。下面的正则表达式能确保指定的匹配只匹配章节标题而不匹配交叉引用。通过创建只匹配一行文本的开始处和结束处的正则表达式，就可以做到这一点。

```
/^Chapter [1-9][0-9]{0,1}$/
```

匹配字边界稍有不同。字边界是单词和空格之间的位置。非字边界可以是任何其他位置。下面的正则表达式匹配单词 Chapter 的开头 3 个字符，因为这 3 个字符出现在字边界后面。

```
/\bCha/
```

\b 字符的位置是非常重要的。如果它位于要匹配字符串的前面，它在单词的开始处查找匹配项。如果它位于字符串的后面，它在单词的结尾处查找匹配项。例如，下面的正则表达式匹配单词 Chapter 的结尾字符 ter，因为它出现在字边界的前面。

```
/ter\b/
```

下面的正则表达式匹配 Chapter 的 apt，但不匹配 aptitude 中的字符串 apt。

```
/\Bapt/
```

字符串 apt 出现在单词 Chapter 的非字边界处，但出现在单词 aptitude 的字边界处。对于非字边界运算符，位置并不重要，因为匹配不关心究竟是单词的开头还是结尾。

6. 选择

用圆括号将所有选择项括起来，相邻的选择项之间用|分隔。但用圆括号会有一个副作用，即相关的匹配会被缓存，此时可将?:放在第一个选项前来消除这种副作用。其中?:是非捕获元之一，还有两个非捕获元是?=和?!，这两个非捕获元还有更多的含义，前者为正向预查，在任何开始匹配圆括号内的正则表达式模式的位置来匹配搜索字符串，后者为负向预查，在任何开始不匹配该正则表达式模式的位置来匹配搜索字符串。

7. 反向引用

对一个正则表达式模式或部分模式两边添加圆括号将导致相关匹配存储到一个临时缓冲区中，所捕获的每个子匹配都按照在正则表达式中从左到右出现的顺序存储。缓冲区编号从 1 开始，最多可存储 99 个捕获的子表达式。每个缓冲区都可以使用\n 访问，其中 n 为一个标识特定缓冲区的一位或两位十进制数。可以使用非捕获元字符 "?:" "?=" "?!" 来重写捕获，忽略对相关匹配的存储。

反向引用的非常简单的、非常有用的应用之一，是提供查找文本中两个相同的相邻单词的匹配项的能力。以下面的句子为例。

```
Is is the cost of of gasoline going up up?
```

上面的句子显然有多个重复的单词。如果能设计一种方法定位该句子，而不必查找每个单词的重复出现，那该多好。下面的正则表达式使用单个子表达式来实现这一点。

```
/\b([a-z]+) \1\b/gi
```

在捕获的正则表达式中，[a-z]+ 包括一个或多个字母。正则表达式的第二部分是对以前捕获的子匹配项的引用，即单词的第二个匹配项正好由括号表达式匹配。\1 指定第一个子匹配项。字边界元字符确保只检测整个单词。否则，诸如 "is issued" 或 "this is" 之类的词组将不能正确地被此表达式识别。

正则表达式后面的全局标记（g）指示，将该表达式应用到输入字符串中能够查找到的、尽可能多的匹配。正则表达式结尾处的不区分大小写标记（i）指定不区分大小写。多行标记指定换行符的两边均可能出现潜在的匹配。

8. 元字符

表 2.12 包含元字符的完整列表以及它们在正则表达式上下文中的行为。

表 2.12　正则表达式中的元字符

元字符	描述
\	将下一个字符标记为一个特殊字符或一个原义字符或一个向后引用或一个八进制转义符。例如，"n" 匹配字符 "n"，"\n" 匹配一个换行符，序列 "\\" 匹配 "\"，而 "\(" 则匹配 "("
^	匹配输入字符串的开始位置。如果设置了 RegExp 对象的 multiline 属性，"^" 也匹配 "\n" 或 "\r" 之后的位置
$	匹配输入字符串的结束位置。如果设置了 RegExp 对象的 multiline 属性，"$" 也匹配 "\n" 或 "\r" 之前的位置
*	匹配前面的子表达式零次或多次。例如，"zo*" 能匹配 "z" 以及 "zoo"，"*" 等价于 "{0,}"
+	匹配前面的子表达式一次或多次。例如，"zo+" 能匹配 "zo" 以及 "zoo"，但不能匹配 "z"，"+" 等价于 "{1,}"
?	匹配前面的子表达式零次或一次。例如，"do(es)?" 可以匹配 "do" 或 "does" 中的 "do"，"?" 等价于 "{0,1}" 当该字符紧跟在任何一个其他限制符（*、+、?、{n}、{n,}、{n,m}）后面时，匹配模式是非贪婪的。非贪婪模式尽可能少地匹配所搜索的字符串，而默认的贪婪模式则尽可能多地匹配所搜索的字符串。例如，对于字符串 "oooo"，"o+?" 将匹配单个 "o"，而 "o+" 将匹配所有 "o"

元字符	描述
{n}	n 是一个非负整数，匹配确定的 n 次。例如，"o{2}"不能匹配"Bob"中的"o"，但能匹配"food"中的两个"o"
{n,}	n 是一个非负整数，至少匹配 n 次。例如，"o{2,}"不能匹配"Bob"中的"o"，但能匹配"fooooood"中的所有"o"。"o{1,}"等价于"o+"。"o{0,}"则等价于"o*"
{n,m}	m 和 n 均为非负整数，其中 n <= m，最少匹配 n 次且最多匹配 m 次。例如，"o{1,3}"将匹配"fooooood"中的前 3 个"o"。"o{0,1}"等价于"o?"。请注意在逗号和两个数之间不能有空格
.	匹配除"\n"之外的任何单个字符。要匹配包括"\n"在内的任何字符，请使用像"(.|\n)"的模式
(pattern)	匹配"pattern"并获取这一匹配。所获取的匹配可以从产生的 Matches 集合得到，在 VBScript 中使用 SubMatches 集合，在 JavaScript 中则使用$0...$9 属性。要匹配圆括号字符，请使用"\("或"\)"
{?:pattern}	匹配"pattern"但不获取匹配结果，也就是说这是一个非获取匹配，不进行存储供以后使用。这在使用"或"字符"|"来组合一个模式的各个部分时很有用。例如，"industr(?:y|ies)"就是一个比"industry|industries"更简略的表达式
{?=pattern}	正向预查，在任何匹配"pattern"的字符串开始处匹配查找字符串。这是一个非获取匹配，也就是说，该匹配不需要获取供以后使用。例如，"Windows (?=95|98|NT|2000)"能匹配"Windows 2000"中的"Windows"，但不能匹配"Windows 3.1"中的"Windows"。预查不消耗字符，也就是说，在一个匹配发生后，在最后一次匹配之后立即开始下一次匹配的搜索，而不是从包含预查的字符之后开始
{?!pattern}	负向预查，在任何不匹配"pattern"的字符串开始处匹配查找字符串。这是一个非获取匹配，也就是说，该匹配不需要获取供以后使用。例如"Windows (?!95|98|NT|2000)"能匹配"Windows 3.1"中的"Windows"，但不能匹配"Windows 2000"中的"Windows"。预查不消耗字符，也就是说，在一个匹配发生后，在最后一次匹配之后立即开始下一次匹配的搜索，而不是从包含预查的字符之后开始
x|y	匹配"x"或"y"。例如，"z|food"能匹配"z"或"food"，"(z|f)ood"则匹配"zood"或"food"
[xyz]	字符集合，匹配所包含的任意一个字符。例如，"[abc]"可以匹配"plain"中的"a"
[^xyz]	负值字符集合，匹配未包含的任意字符。例如，"[^abc]"可以匹配"plain"中的"p"、"l"、"i"、"n"
[a-z]	字符范围，匹配指定范围内的任意字符。例如，"[a-z]"可以匹配"a"到"z"范围内的任意小写字母字符
[^a-z]	负值字符范围，匹配任何不在指定范围内的任意字符。例如，"[^a-z]"可以匹配任何不在"a"到"z"范围内的任意字符
\b	匹配一个单词边界，也就是指单词和空格间的位置。例如，"er\b"可以匹配"never"中的"er"，但不能匹配"verb"中的"er"
\B	匹配非单词边界。"er\B"能匹配"verb"中的"er"，但不能匹配"never"中的"er"
\cx	匹配由 x 指明的控制字符。例如，"\cM"匹配一个 Control-M 或回车符。x 的值必须为 A~Z 或 a~z 之一。否则，将 c 视为一个原义的"c"字符
\d	匹配一个数字字符，等价于"[0-9]"
\D	匹配一个非数字字符，等价于"[^0-9]"
\f	匹配一个换页符，等价于"\x0c"和"\cL"
\n	匹配一个换行符，等价于"\x0a"和"\cJ"
\r	匹配一个回车符，等价于"\x0d"和"\cM"
\s	匹配任何空白字符，包括空格、制表符、换页符等，等价于"[\f\n\r\t\v]"
\S	匹配任何非空白字符，等价于"[^ \f\n\r\t\v]"
\t	匹配一个制表符，等价于"\x09"和"\cI"
\v	匹配一个垂直制表符，等价于"\x0b"和"\cK"
\w	匹配包括下划线的任何单词字符，等价于"[A-Za-z0-9_]"
\W	匹配任何非单词字符，等价于"[^A-Za-z0-9_]"
\xn	匹配"n"，其中 n 为十六进制转义值。十六进制转义值必须为确定的两个数字长。例如，"\x41"匹配"A"。"\x041"则等价于"\x04" & "1"。正则表达式中可以使用 ASCII 编码

续表

元字符	描述
\num	匹配"num",其中 num 是一个正整数。表示对所获取的匹配的引用。例如,"(.)\1"匹配两个连续的相同字符
\n	标识一个八进制转义值或一个向后引用。如果"\n"之前至少有 n 个获取的子表达式,则 n 为向后引用。否则,如果 n 为八进制数字(0~7),则 n 为一个八进制转义值
\nm	标识一个八进制转义值或一个向后引用。如果"\nm"之前至少有 nm 个获取的子表达式,则 nm 为向后引用。如果"\nm"之前至少有 n 个获取,则 n 为一个后跟文字 m 的向后引用。如果前面的条件都不满足,若 n 和 m 均为八进制数字(0~7),则"\nm"将匹配八进制转义值"nm"
\nml	如果 n 为八进制数字(0~3),且 m 和 l 均为八进制数字(0~7),则匹配八进制转义值"nml"
\un	匹配"n",其中"n"是一个用 4 个十六进制数字表示的 Unicode 字符。例如,"\u00A9"匹配版权符号"©"

2.8.3 正则表达式在 JavaScript 中的使用

一个正则表达式可以认为是对一种字符片段的特征描述,而它的作用就是从一堆字符串中找出满足条件的子字符串。比如在 JavaScript 中定义一个正则表达式。

```
var reg = /hello/ 或者 var reg = new RegExp("hello")
```

那么这个正则表达式可以用来从一堆字符串中找出 hello 这个单词。而"找出"这个动作,其结果可能是找出第一个 hello 的位置、用别的字符串替换 hello、找出所有 hello 等。下面列举在 JavaScript 中可以使用的正则表达式函数。

1. String.search()方法

此方法用来找出原字符串中某个子字符串首次出现的 index,没有则返回-1。

```
"abchello".search(/hello/);      // 输出 3
"abchello".search(/world/);      // 输出-1
```

2. String.replace()方法

此方法用来替换字符串中的子字符串。

```
"abchello".replace(/hello/,"hi");   // 输出 abchi
```

3. String.split()方法

此方法用来分割字符串。

```
"abchelloasdasdhelloasd".split(/hello/); // 输出 ["abc", "asdasd", "asd"]
```

4. String.match()方法

此方法用来捕获字符串中的子字符串到一个数组中。默认情况下只捕获一个结果到数组中,正则表达式有"全局捕获"的属性时(定义正则表达式的时候添加参数 g),会捕获所有结果到数组中。

```
"abchelloasdasdhelloasd".match(/hello/); // 输出["hello"]
"abchelloasdasdhelloasd".match(/hello/g); // 输出["hello","hello"]
```

作为 match 参数的正则表达式,在是否拥有全局属性的情况下,match()方法的表现不一样,这一点会在后边的正则表达式分组中讲到。

5. RegExp.test()方法

此方法用来测试字符串中是否含有子字符串。

```
/hello/.test("abchello"); // 输出 true
```

6. RegExp.exec()方法

此方法和字符串的 match()方法类似,这个方法也是从字符串中捕获满足条件的字符串到数组中,但是也有两个区别。

(1)exec()方法一次只能捕获一份子字符串到数组中,无论正则表达式是否有全局属性。

```
var reg=/hello/g;
reg.exec("abchelloasdasdhelloasd");   // 输出["hello"]
```

（2）正则表达式对象（也就是 JavaScript 中的 RegExp 对象）有一个 lastIndex 属性，用来表示下一次从哪个位置开始捕获，每一次执行 exec()方法后，lastIndex 属性都会往后推，直到找不到匹配的字符返回 null，然后又从头开始捕获。这个属性可以用来遍历捕获字符串中的子字符串。

```
var reg=/hello/g;
reg.lastIndex; //0
reg.exec("abchelloasdasdhelloasd"); // 输出["hello"]
reg.lastIndex; //8
reg.exec("abchelloasdasdhelloasd"); // 输出["hello"]
reg.lastIndex; //19
reg.exec("abchelloasdasdhelloasd"); // 输出 null
reg.lastIndex;      // 输出 0
```

2.8.4　常见实例

上面介绍了 JavaScript 正则表达式的语法及使用，下面来列举 JavaScript 的正则表达式常用示例。
JavaScript 表单验证邮箱，判断一个输入变量是否为邮箱。

```
function isEmail(str){
var reg = /^([a-zA-Z0-9_-])+@([a-zA-Z0-9_-])+((\.[a-zA-Z0-9_-]{2,3}){1,2})$/;
    return reg.test(str);
}
```

JavaScript 表单验证中文及大写英文字母，判断一个输入量是否为中文或大写的英文字母。

```
function isValidTrueName(strName) {
    var str = Trim(strName);    //判断是否为全英文大写或全中文，可以包含空格
    var reg = /^[A-Z u4E00-u9FA5]+$/;
    if(reg.test(str)){
    return false;
    }
    return true;
}
```

JavaScript 表单验证是否为中文，判断一个输入量是否为中文。

```
function isChn(str){
    var reg = /^[u4E00-u9FA5]+$/;
    if(!reg.test(str)){
    return false;
    }
return true;
}
```

JavaScript 正则比较两个字符串，就是利用正则表达式快速比较两个字符串的不同字符。

```
<script language="JavaScript">
var str1 = "求一个比较字符串处理功能";
var str2 = "求两个或三个比较字符串处理";
var re = new RegExp("(?=.*?)[^" + str1 +"](?=.*?)|(?=.*?)[^" + str2 + "](?=.*?)", "g");
var arr;
while ((arr = re.exec(str1 + str2)) != null)
{
 document.write(arr);
}
</script>
```

JavaScript 表单验证密码是检查输入框是否为有效的密码，密码只允许由 ASCII 组成，此函数只在修改或注册密码时使用。也就是说一切不是由 ascii 组成的字符串都不能通过验证。具体函数 checkValidPasswd 请看下面的演示代码。

```javascript
function checkValidPasswd(str){
    var reg = /^[x00-x7f]+$/;
    if (! reg.test(str)){
    return false;
    }
    if (str.length < 6 || str.length > 16){
    return false;
    }
    return true;
}
```

JavaScript 正则验证输入对象的值是否符合整数格式，输入量是 str 输入的字符串。如果输入量字符串 str 通过验证则返回 true，否则返回 false。

```javascript
function isInteger( str ){
var regu = /^[-]{0,1}[0-9]{1,}$/;
return regu.test(str);
}
```

JavaScript 正则验证字符串是否为空，如果输入量全是空则返回 true，否则返回 false。

```javascript
function isNull( str ){
if ( str == "" ) return true;
var regu = "^[ ]+$";
var re = new RegExp(regu);
return re.test(str);
}
```

JavaScript 正则验证 IP 地址，如果 JavaScript 通过验证 IP 地址则返回 true，否则返回 false。

```javascript
function isIP(strIP) {
if (isNull(strIP)) return false;
var re=/^(\d+)\.(\d+)\.(\d+)\.(\d+)$/g  //匹配 IP 地址的正则表达式
if(re.test(strIP))
{
if( RegExp.$1 <256 && RegExp.$2<256 && RegExp.$3<256 && RegExp.$4<256) return true;
}
return false;
}
```

JavaScript 表单验证自定义内容，可以自由定制输入项的内容来用 JavaScript 进行验证，下面代码中表单项只能为数字和 "-"，同样可以进行扩展来达到想要的目的。如用于电话/银行账号验证上、可扩展到域名注册等。

```javascript
<script language="javascript">
function isNumber(String)
{
var Letters = "1234567890-";  //可以自己增加可输入值
var i;
var c;
if(String.charAt( 0 )=='-')
return false;
if( String.charAt( String.length - 1 ) == '-' )
return false;
for( i = 0; i < String.length; i ++ )
{
c = String.charAt( i );
if (Letters.indexOf( c ) < 0)
return false;
}
return true;
}
function CheckForm()
{
if(! isNumber(document.form.TEL.value)) {
```

```
alert("您的电话号码不合法! ");
document.form.TEL.focus();
return  false;
}
return  true;
}
</script>
```

JavaScript 验证表单项不能为空，比如在验证表单里面的用户名不能为空等，代码如下。

```
<script  language="javascript">
function  CheckForm()
{
if  (document.form.name.value.length  ==  0)  {
alert("请输入您姓名!");
document.form.name.focus();
return  false;
}
return  true;
}
</script>
```

JavaScript 屏蔽 F5 键，代码如下。

```
<script language="javascript">
function document.onkeydown()
{
    if ( event.keyCode==116)
    {
        event.keyCode = 0;
        event.cancelBubble = true;
        return false;
    }
}
</script>
```

【任务 2-4】用正则表达式判断字符串中中文和英文的个数

1. 任务介绍

给定一个字符串 str = "Hello 世界，I am happy to learn JavaScript!"，用正则表达式判断字符串中中文和英文的个数。

2. 任务目标

学会使用 JavaScript 正则表达式来判断中文、英文及 JavaScript 正则表达式的一些常用函数。

3. 实现思路

匹配中文字符的正则表达式：[u4e00-u9fa5]；匹配英文字母的正则表达式：[A-Za-z]。

4. 实现代码

完整代码如脚本 2-16.html 所示。

脚本 2-16.html

```
<html>
 <head>
 </head>
 <body>
    <script type="text/javascript">
        function cLength(str,reg){
        var temp = str.replace(reg,'');
        return temp.length;
        }
        var str = "Hello 世界,I am happy to learn JavaScript!";
```

```
        Var reg1=/[^\u4E00-\u9FA5\uf900-\ufa2d]/g;
        var reg2=/[^\a-zA-Z]/g;
        document.write("字符串 str 中中文字符个数为: "+cLength(str,reg1)+'<br />');
        document.write("字符串 str 中英文字符个数为: "+cLength(str,reg2)+'<br />');
    </script>
  </body>
</html>
```

5. 运行结果

运行结果如图 2.31 所示。

```
字符串str中中文字符个数为: 2
字符串str中英文字符个数为: 30
```

图 2.31　任务 2-4 运行结果

2.9　注释

注释是在程序编写过程中，对程序文件或者代码片段额外添加的一个备注说明。注释可以提高代码可读性，让自己或其他开发人员更快速地理解程序。

JavaScript 注释不属于 JavaScript 程序的一部分，其内容也不参与程序中的任何功能计算，在编辑器中以特殊颜色（如绿色）显示。

JavaScript 注释分为单行注释和多行注释两种。

单行注释即只注释一行，注释符号为//，该符号后面的内容都属于注释的内容，直到该行结束，下面是一个注释的例子。

精讲视频

注释

```
// 下面是一个弹出提示信息框
alert("我是提示文字");
```

多行注释即一次可以注释多行代码，多行注释符号以/*开始，以*/结束，下面是一个多行注释的例子。

```
/*
下面是一个弹出提示信息框
在该行代码中，无须任何变量或参数
*/
alert("我是提示文字");
```

注释内容可以是一些解释性的文字，也可以是一些暂时不用的代码片段等，以禁止这些代码的执行。显然，对跨度是一行或几行的少量注释使用双斜线单行注释方法更便捷。对于大量的注释，尤其是某些暂时不需要的大段代码，使用多行注释更容易。

【任务 2-5】使用注释

1. 任务介绍

选择合适的注释符分别将脚本 2-17.html 中的 document.write()语句和<script></script>脚本中的文字内容变为注释。

脚本 2-17.html

```
<!DOCTYPE HTML>
<html>
  <head>
    <meta http-equiv="Content-Type" content="text/html; charset=utf-8" />
    <title>隐藏的注释</title>
    <script type="text/javascript">
        document.write("神奇的 JS,快把我们隐藏了!");
        知道吗
```

```
        JS 可以实现很多动态效果
        快来学习吧 ;
    </script>
  </head>
  <body>
  </body>
</html>
```

2. 任务目标

学会使用 JavaScript 的单行注释和多行注释。

3. 实现思路

JavaScript 的单行注释即只注释一行，注释符号为//，该符号后面的内容都属于注释的内容，直到该行结束；多行注释即一次可以注释多行代码，多行注释符号以/*开始，以*/结束。

4. 实现代码

完整代码如脚本 2-18.html 所示。

脚本 2-18.html

```
<!DOCTYPE HTML>
<html>
  <head>
    <meta http-equiv="Content-Type" content="text/html; charset=utf-8" />
    <title>隐藏的注释</title>
    <script type="text/javascript">
        // document.write("神奇的 JS,快把我们隐藏了!");
        /* 知道吗
        JS 可以实现很多动态效果
        快来学习吧 ; */
    </script>
  </head>
  <body>
  </body>
</html>
```

2.10 项目实战

【项目 2-1】用位运算符实现加减运算

1. 项目描述

用位运算符实现加减运算。a = 287，b=102，计算 a+b 和 a-b 的值。

2. 实现思路

精讲视频

项目实战：加减运算

JavaScript 常见的位操作实现如下。

（1）常用的一个等式：-n = ～(n-1) = ～n+1。

（2）获取整数的二进制的最右边的 1：n & (-n) 或 n & ～(n-1)，例如 n = 010100，-n = 101100，那么 n & (-n) = 000100。

（3）去除整数的二进制的最右边的 1：n & (n-1)，例如 n = 010100，n-1 = 010011，n&(n-1) = 010000。

加法运算如下。

实现加法可以使用"异或"和"与"操作来实现。操作数对应位的异或操作，可以得到该位的值，操作数对应位的与操作，可以产生该位对高位的进位值，如 a=010010，b=100111。a+b 的计算步骤如下。

第 1 轮：a^b = 110101，(a&b)<<1 = 000100，由于进位 000100 大于 0；那么进入下一轮计算，这时 a=110101，b=000100。

第 2 轮：a^b = 110001，(a&b)<<1 = 001000，由于进位 001000 大于 0；那么进入下一轮计算，这时 a=110001，b=001000。

第 3 轮：a^b = 111001，(a&b)<<1 = 000000，由于进位 000000 等于 0；那么计算终止，最终 a+b=111001。

代码如下。

```
function BinaryAdd(a,b) {
    do {
        var add = a ^ b;            //该操作得到本位的加法结果
        var carry = (a & b) << 1;   //该操作得到该位对高位的进位值
        a = add;
        b = carry;
    } while (carry != 0);           //循环直到某次运算没有进位，运算结束
    return add;
}
```

减法运算如下。

减法运算可以很容易地转换为加法运算，a-b = a+(-b) = a+(~b+1)，所以减法操作的实现代码如下。

```
function BinarySub(a,b) {
    return BinaryAdd(a, BinaryAdd(~b, 1));
}
```

3. 实现代码

完整代码如脚本 2-19.html 所示。

脚本 2-19.html

```
<!DOCTYPE html>
<html lang="en">
  <head>
    <title>JavaScript 加减运算</title>
  </head>
  <body>
    <script>
            var a = 287;
            var b = 102;
            function BinaryAdd(a,b) {
                do {
                    var add = a ^ b;
                    var carry = (a & b) << 1;
                    a = add;
                    b = carry;
                } while (carry != 0);
                return add;
            }
            function BinarySub(a,b) {
                return BinaryAdd(a, BinaryAdd(~b, 1));
            }
            console.log("a+b 的结果为: "+BinaryAdd(a,b));
            console.log("a-b 的结果为: "+BinarySub(a,b));
    </script>
  </body>
</html>
```

运行结果如图 2.32 所示。

图2.32　案例2-1运行结果

2.11　小结

　　本单元主要介绍了 JavaScript 的基础知识，2.1 节主要介绍了如何在 HTML 中引入 JavaScript 代码和独立的 JS 文件；2.2 节主要介绍了如何在浏览器中调试 JavaScript 代码；2.3 节介绍了什么是 JavaScript 语句，以及如何定义一个语句；2.4 节介绍了什么是变量以及如何进行变量赋值和变量提升；2.5 节介绍了 JavaScript 中的数据类型以及如何进行数据类型转换；2.6 节主要介绍了如何运用表达式和运算符进行代码操作；2.7 节介绍了 JavaScript 中的关键字和保留字有哪些；2.8 节介绍了如何在 JavaScript 中使用正则表达式，通过正则表达式，我们能够快速进行匹配和过滤；2.9 节主要介绍了如何在 JavaScript 中注释，良好的注释可以帮助我们更清晰地了解代码结构和思想；最后通过使用位运算符进行加减运算的实战来进一步帮助我们掌握知识点的运用。

　　变量和类型是 JavaScript 中的基础知识，通过不同的类型我们可以处理不同种类的数据，利用正则表达式我们可以轻松地进行数据匹配，大大节省在做数据判断时的工作量。

课后习题

一、选择题

1. 分析下面的 JavaScript 代码段，输出的结果是（　　　　）。

```
emp=new Array(3);
emp[0]=0;emp[1]=1;
emp[2]=2;emp[3]=3;
document.write(emp.length);
```

　　A. 2　　　　　　　　　　B. 3　　　　　　　　　C. 4　　　　　　　　　D. 5

2. 以下可以获取系统当前日期的是（　　　　）。

　　A. var k = new Date( );　　　　　　　B. Date k = new Date( );

　　C. var k = new date( );　　　　　　　D. 以上说法均不对

3. （多选）JavaScript 运算符类型包括（　　　　）。

　　A. 一元运算符　　　　B. 算术运算符　　　　C. 关系运算符　　　　D. 逻辑运算符

4. JavaScript 的正则运算符不包括以下哪一项（　　　　）。

　　A. search　　　　　　B. replace　　　　　　C. splice　　　　　　D. test

二、填空题

1. Javascript 当中的变量，分为＿＿＿＿＿和＿＿＿＿＿。

2. JavaScript 基本数据类型和引用数据类型的区别有：声明变量时＿＿＿＿＿＿＿＿＿、＿＿＿＿＿＿＿＿＿、复制变量时＿＿＿＿＿＿＿＿＿、＿＿＿＿＿＿＿＿＿。

三、简答题

用逗号分隔数字，将"100000000"这样的数字处理成 100,000,000。

单元 3
JavaScript 程序构成

情景引入

我们平时在拨打电信服务电话时会听到如下回复：查询话费请按1，查询流量请按2，人工服务请按0。我们可以根据需要进行选择，之后电信运营商会针对不同的情况来采用不同的应对方式。JavaScript也是一样，需要针对不同的场景来进行处理，完善不同的逻辑。另外我们往往会定义不同的函数去处理不同的事件，这样每个函数的分工会比较明确，所有的函数组合起来就是一个完整的程序。这些函数就像一条生产线上不同的工人，每个人的职责不一样，共同去完成一个产品的生产。

学习目标

知识目标
1. 理解JavaScript程序控制流
2. 理解JavaScript的函数
3. 理解JavaScript的事件及事件处理程序

能力目标
1. 能够编写程序控制流语句
2. 能够编写各种函数及函数调用
3. 能够创建各种页面监听事件

素质目标
1. 掌握函数的定义、调用以及高级用法（如递归、闭包、箭头函数），提升抽象思维能力和代码复用率。
2. 了解JavaScript事件机制，加强用户体验设计能力。

思维导图

精讲视频

程序控制流

3.1 程序控制流

程序是算法的实现，在实现算法时，经常会出现重复、选择分支等操作。这些操作控制着程序的流程向正确的方向进行。

JavaScript 提供了丰富的流程控制语句。

3.1.1 if 条件语句

if 条件语句是绝大多数编程语言都使用的一个语句。if 条件语句的语法如下。

```
if (condition) statement1 else statement2;
```

其中 condition 可以是任何表达式，计算的结果甚至不必是真正的布尔值，JavaScript 会自动调用 Boolean() 转换函数把它转换成布尔值。如果条件计算结果为 true，则执行 statement1；如果条件计算结果为 false，则执行 statement2。每个语句都可以是单行代码，也可以是代码块，如下。

```
if ( i > 30)
      { alert("i 大于 30"); }
else
      { alert("i 小于等于 30"); }
```

使用代码块是一种很好的编程实践，即使要执行的代码只有一行。这样可以使每个条件要执行什么一目了然，还可以串联多个 if 条件语句。

```
if (condition1) statement1 else if (condition2) statement2 else statement3
```

像这样将多个判断条件写在一行代码中，容易引起混淆。推荐使用如下的代码块。

```
if ( i > 30)
      { alert("i 大于 30"); }
else if ( i < 0 )
      { alert("i 小于 0"); }
else
      { alert("i 在 0 到 30 之间"); }
```

3.1.2 for 循环语句

for 循环语句属于前测试循环语句，它具有在执行循环之前初始化变量和定义循环后执行代码的能力。for 循环语句的语法如下。

```
for ( initialization; expression; post-loop-expression ) statement;
```

实现条件循环，当条件成立时，执行循环体，否则跳出循环。初始化参数 initialization 告诉循环的开始位置；条件表达式 expression 告诉循环何时停止，若条件满足，则执行循环体 statement；增量 post-loop-expression 定义循环控制变量在每次循环时按什么方式变化。下面是一个示例代码。

```
var count = 10;
for ( var i = 0; i < count; i ++) {
      alert(i);
}
```

代码定义了变量 i 的初始值为 0。只有当条件表达式（i < count）返回 true 的情况下，才会进入 for 循环执行循环体中的代码，然后循环变量 i 加 1。在 for 循环的变量初始化表达式中，也可以不使用 var 关键字。将变量的初始化移至循环外部执行，代码如下。

```
var count = 10;
var i ;
for ( i = 0; i < count; i ++) {
      alert(i);
}
```

这与在循环初始化表达式中声明变量的效果是一样的。

3.1.3　for...in 循环语句

for...in 循环语句是一种精准的迭代语句，可以用来枚举对象的属性，for...in 循环语句的语法如下。

```
for ( property in expression ) statement;
```

下面是一个示例。

```
for ( var propName in window ) {
    document.write(propName);
}
```

在这个例子中，使用 for...in 循环语句显示 BOM 中 Window 对象的所有属性。每次执行循环时，都会将 Window 对象中存在的一个属性名赋值给变量 propName。这个过程会一直持续到对象中的所有属性都被枚举一遍为止。与 for 循环语句类似，这里控制语句中的 var 操作符也不是必需的。但是，为了保证使用局部变量，推荐上例中的这种写法。

如果要迭代的对象的变量值为 null 或 undefined，for...in 循环语句会抛出错误。因此建议在使用 for...in 循环语句之前，先检测确认该对象的值不是 null 或 undefined。

3.1.4　while 循环语句

while 循环语句同样是前测试循环语句，在循环体内的代码被执行之前，就会对出口条件求值。循环体内的代码有可能永远不会被执行。while 循环语句的语法如下。

```
while ( expression ) statement;
```

下面是一个示例。

```
var i = 0;
while (i < 10) {
    alert(i);
    i += 2;
}
```

这段代码定义了 i 初始变量为 0，只有当条件表达式 i < 10 为 true 时，才执行循环体内的代码，用 for 循环语句也可以实现同样的效果。

```
for ( var i = 0; i < 10; i += 2){
    alert(i);
}
```

3.1.5　label 语句

label 语句用来给代码加入标签，以便以后调用，label 语句的语法如下。

```
label : statement
```

下面是一个示例。

```
start i : 5
```

在这个例子中，标签 start 可以被之后的 break 语句或 continue 语句引用。

3.1.6　break 语句和 continue 语句

break 语句和 continue 语句用于在循环中精确地控制代码的执行。break 语句可以立即退出循环，阻止再次执行任何代码。而 continue 语句只是退出当前循环，根据控制表达式还允许继续进行下一次循环。看下面的示例。

```
var m = 0;
for ( var i = 1; i < 10; i++) {
    if ( i % 5 == 0 ) {
        break;
    }
}
m ++;
```

```
}
alert(m);
```

运行结果如图3.1所示。

在上面代码中，for 循环从 1 到 10 迭代变量 i。在循环体内，运用取模运算计算 i 是否能够被 5 整除。如果能则执行 break 语句跳出循环体，执行 alert(m)，运行结果为 4。

如果用 continue 语句代替例子中的 break 语句，则结果大不相同。

图 3.1　break 语句运行结果

```
var m = 0;
for ( var i = 1; i < 10; i++) {
        if ( i % 5 == 0) {
                continue;
        }
m ++;
}
alert(m);
```

运行结果如图3.2所示。

这里 alert()输出 8。当 i 值为 5 时，将执行 continue 语句跳过表达式 m++，返回循环开头，此时 m 值为 4；当 i 值为 9 时，m 值为 8；当 i 为 10 时，不满足循环条件 i<10，退出循环；所以最终 m 值为 8。

break 语句和 continue 语句都可以与有标签的语句联合使用，返回代码中的特定位置。看下面的示例。

图 3.2　continue 语句运行结果

```
var m = 0;
outermost:
for ( var i = 0; i < 10; i ++) {
        for ( var j = 0; j < 10; j ++) {
                if ( i == 5 && j == 5) {
                        break outermost;
}
m ++;
}
}
alert(m);
```

运行结果如图3.3所示。

在上面的代码中，标签 outermost 表示第一个 for 循环语句。正常情况下，每个 for 循环语句迭代变量从 0 到 9 共 10 次，每迭代一次 m 值加 1，m 值最后结果应该为 100。但是这里 break 语句有一个参数，即停止循环后须跳转到语句的标签。这样 break 语句不仅能跳出内部 for

图 3.3　break 语句和标签语句运行结果

循环语句（即变量 j 的循环语句），还能跳出外部 for 循环语句（即变量 i 的循环语句）。因此，m 最后的值为 55。可以以相同的方式使用 continue 语句，示例如下。

```
var m = 0;
outermost :
for ( var i = 0; i < 10; i ++) {
        for ( var j = 0; j < 10; j ++) {
                if ( i == 5 && j == 5) {
                        continue outermost;
}
m ++;
```

```
}
}
alert(m);
```

运行结果如图 3.4 所示。

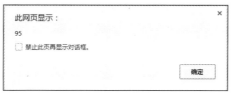

图 3.4　continue 和标签语句运行结果

在上例中，continue 语句会迫使循环继续，退出内部循环执行外部循环。当 j 值等于 5 时出现这种情况，意味着内部循环将减少 5 次迭代，所以 m 的值为 95。

 注意　与 **break** 语句和 **continue** 语句联合使用的标签语句非常强大，不过过度使用它们会给调试代码带来麻烦。要确保使用的标签具有说明性，同时不要嵌套太多层循环。

3.1.7　do…while 语句

do…while 循环是 while 循环的变体。该循环会在检查条件是否为真之前执行一次代码块，如果条件为真，就会重复这个循环。do…while 语句的语法如下。

```
do
{
    statements;
}
while (condition)
```

使用 do…while 语句，循环体至少会执行一次，即使条件为 false 它也会执行一次，因为代码块会在条件被测试前执行。

```
do
{ x=x + "The number is " + i + "<br>";
i++;
}
while (i<5);
```

别忘记增加条件中所用变量的值，否则循环永远不会结束！

3.1.8　switch 语句

switch 语句是 if 条件语句的兄弟语句。可以使用 switch 语句为表达式提供一系列的情况（case）。switch 语句的语法如下。

```
switch (expression)
  case value: statement;
    break;
  case value: statement;
    break;
  case value: statement;
    break;
  case value: statement;
    break;
...
  case value: statement;
    break;
  default: statement;
```

首先设置表达式 expression（通常是一个变量）。随后将表达式的值与结构中的每个 case 的值做比较，如果存在匹配，则与该 case 关联的代码块会被执行。关键字 break 会使代码跳出 switch 语句。如果没有关键字 break，代码执行就会继续进入下一个 case。关键字 default 说明了表达式的结果不等于任何一种情况时执行的操作。使用 switch 语句主要是为了避免开发者编写下面的代码。

```
if ( i == 10)
        alert("10");
else if ( i == 20 )
        alert("20");
else if ( i == 30 )
        alert("30");
else
        alert("other");
```

与这段代码等价的 switch 语句如下。

```
switch (i) {
  case 20: alert("20");
    break;
  case 30: alert("30");
    break;
  case 40: alert("40");
    break;
  default: alert("other");
}
```

【任务 3-1】使用条件语句

1. 任务介绍

假设学生 A 数学考试成绩为 78 分，请选择合适的条件语句判断学生 A 的成绩等级。（60 分以下为不及格；60 分到 70 分为及格；71 分到 80 分为良好；81 分到 100 分为优秀。）

2. 任务目标

学会 JavaScript 各种条件语句的使用场景。

3. 实现思路

这里要判断的是学生 A 的成绩属于哪个等级，很明显不能用循环语句来实现；switch 语句也不太合适，因为要比较的是几个区间值；那么只有用 if 条件语句才是最恰当的。

4. 实现代码

完整代码如脚本 3-1.html 所示。

脚本 3-1.html

```
<!DOCTYPEHTML>
<html>
  <head>
    <metahttp-equivmetahttp-equiv="Content-Type"
content="text/html;charset=utf-8" />
      <title>if...else</title>
      <script type="text/JavaScript">
        var score =78;        //score 变量存储成绩，初值为 78
        if(score<60){
        document.write("成绩不及格。");
        }else if(score>=60 && score<=70){
        document.write("成绩及格。");
        }else if(score>70 && score<=80){
        document.write("成绩良好。");
        }else{
        document.write("成绩优秀。");
```

```
    }
    </script>
  </head>
 <body>
 </body>
</html>
```

5. 运行结果

运行结果如图 3.5 所示。

成绩良好。

图 3.5　任务 3-1 运行结果

3.2　函数

如果在实际编程中，可以把需要重复使用的同一组语句打包为一段函数并命名，然后在需要使用这组语句的地方调用函数名。所谓函数，通俗地理解就是一组允许人们在代码里随时调用的语句。函数的使用不仅使代码看起来简洁，而且方便了代码的维护。

精讲视频

函数

3.2.1　函数表达式及语法

函数表达式是 JavaScript 中的一个强大但容易使人产生困惑的特性。在 2.5.2 小节已经介绍了两种常用的定义函数方式：第 1 种为使用函数声明语法；第 2 种为使用函数表达式。函数声明语法如下。

```
function sum(num1,num2) {
    // 函数体
}
```

在这种方式下，函数声明后不会立即执行，会在程序中需要的时候通过调用函数名来执行。

函数声明的一个重要特征是函数声明提升，这同前面介绍的变量声明提升类似，意思是在执行代码之前会先读取函数声明。这就意味着可以把函数声明放在调用它的语句后面。如下示例。

```
sum(1,2);
function sum(num1,num2) {
      // 函数体
}
```

这个例子不会抛出错误，因为在代码执行之前会先读取函数声明。第 2 种定义函数的方式是使用函数表达式，语法如下。

```
var sum = function(num1,num2) {
    // 函数体
};
```

这种形式的语句看起来像常规的变量赋值语句，即创建一个函数并将它赋值给变量 sum。这种情况下创建的函数也称为匿名函数，函数关键字 function 后面没有标注函数名。用这种方式创建的函数不同于函数声明，没有函数声明提升。

```
sum(1,2);
var sum = function(num1,num2) {
    // 函数体
};
```

这段代码会抛出错误，函数位于一个初始化语句中，而不是一个函数声明。换句话说，在执行到函数所在的语句之前，变量 sum 中不会保存对函数的引用；而且由于第 1 行代码就会导致 "unexpected identifier"（意外标识符）错误，实际上也不会执行到下一行。

67

3.2.2 函数参数

JavaScript 的函数参数与大多数其他语言的函数参数有所不同。函数不限制传递进来的参数的数量和参数的数据类型，甚至可以不传递参数，如下面的脚本 3-2.html。

脚本 3-2.html

```html
<!DOCTYPE html>
<html>
  <head>
    <title> JavaScript 函数参数</title>
  </head>
  <body>
    <script>
    function sum(x){
    return x+1;
    }
    console.log(sum(1));
    console.log(sum("1"));
    console.log(sum());
    console.log(sum(1,2));
    </script>
  </body>
</html>
```

运行结果如图 3.6 所示。

图 3.6　JavaScript 函数不同实参显示结果

由此可以看出，JavaScript 中的函数定义并未指定函数形参的类型，函数调用也未对传入的实参做任何类型检查，甚至不检查传入的实参个数。

一般情况下，JavaScript 函数调用时可以接收的参数个数为 25，当然不同的浏览器下可能会有差异。当实参比函数声明指定的形参个数要少时，剩下的形参都将设置为 undefined。

```javascript
function sum(x,y){
console.log(x,y);
}
sum(1);
```

运行结果如图 3.7 所示。

当实参比形参的个数要多时，剩下的实参没有办法直接获得，可以使用函数的 arguments 对象。JavaScript 中的函数参数在内部是用一个数组来表示的。函数接收到的始终都是这个数组，而不"关心"数组中包含哪些参数。在函数体内可以通过 arguments 对象来访问这个参数数组，从而获取传递给函数的每一个参数及传入参数的个数。

```javascript
function sum(x){
console.log(arguments[0],arguments[1],arguments[2]);
console.log(arguments.length);
}
sum(1,2,3);
```

运行结果如图 3.8 所示。

图 3.7　JavaScript 函数实参少于形参示例结果　　图 3.8　JavaScript 函数实参多于形参示例结果

　注意　arguments 对象的 length 属性显示的是实参的个数，而函数的 length 属性显示的是形参的个数。

```
function sum(x){
console.log(arguments.length);
}
sum(1,2,3);
console.log(sum.length);
```

运行结果如图 3.9 所示。

当形参与实参的个数相同时，arguments 对象的值和对应形参的值保持同步。

```
function sum(x,y){
console.log(x,arguments[0]);
arguments[0] = 2;
console.log(x,arguments[0]);
x = 10;
console.log(x,arguments[0]);
}
sum(1);
```

运行结果如图 3.10 所示。

图 3.9　JavaScript 函数和对象 length 属性示例结果　　图 3.10　JavaScript 函数实参与形参个数相同示例结果

　注意　虽然命名参数和对应 arguments 对象的值相同，但并不是相同的命名空间。它们的命名空间是独立的，值是同步的。但在严格模式下，arguments 对象的值和形参的值是独立的。

严格模式下的代码如下。

```
function sum(x,y){
'use strict';
console.log(x,arguments[0]);  // 输出 1 1
arguments[0] = 2;
console.log(x,arguments[0]);  // 输出 1 2
x = 10;
console.log(x,arguments[0]);  // 输出 10 2
}
sum(1);
```

运行结果如图 3.11 所示。

函数 arguments 对象的另一个常用属性是 callee，该属性是一个指针，指向拥有这个 arguments 对象的函数。下面是经典的阶乘函数。

```
function factorial(num){
if(num <= 1){
return 1;
}else{
return num*factorial(num-1);
}
}
console.log(factorial(5));
```

但是这个函数的执行与函数名紧紧耦合在了一起，使用 arguments.callee 可以使函数解耦。

```
function factorial(num){
if(num <= 1){
return 1;
}else{
return num*arguments.callee(num-1);
}
}
console.log(factorial(5));
```

运行结果如图 3.12 所示。

图 3.11　严格模式下 arguments 对象值和　　　　图 3.12　arguments.callee 使函数解耦示例结果
　　　　　形参值独立示例结果

但在严格模式下，访问 callee 属性会抛出 TypeError。这时可以使用函数表达式，如下。

```
var factorial = function fn(num){
if(num <= 1){
return 1;
}else{
return num*fn(num-1);
}
}
console.log(factorial(5));  // 输出 120
```

JavaScript 中的参数传递都是按值传递的。也就是说，把函数外部的值复制为函数内部的参数，就和把值从一个变量复制到另一个变量一样。

在向参数传递基本数据类型的值时，被传递的值会被复制给另一个局部变量（命名参数或者 arguments 对象的一个元素）。

```
function sum(num){
num += 10;
return num;
}
var count = 20;
var result = sum(count);
console.log(count);     // 输出 20
console.log(result);    // 输出 30
```

在向参数传递引用数据类型的值时，会把这个值在内存中的地址复制给一个局部变量，因此这个局部变量的变化会反映在函数的外部。

```
function setName(obj){
obj.name = 'test';
}
var person = new Object();
```

```
setName(person);
console.log(person.name);   // 输出 test
```

当在函数内部重写引用数据类型的形参时，这个变量引用的就是一个局部对象了。而这个局部对象会在函数执行完毕后立即被销毁。

```
function setName(obj){
    obj.name = 'test';
console.log(person.name);//'test'
    obj = new Object();
    obj.name = 'white';
    console.log(person.name);//'test'
}
var person = new Object();
setName(person);
```

3.2.3 函数返回值

JavaScript 函数返回值的关键字是 return。一个函数内处理的结果可以使用 return 进行返回，这样在调用函数的地方就可以用变量接收返回结果。return 关键字内任何类型的变量数据或表达式都可以进行返回，甚至什么都不返回也可以。脚本 3-3.html 和脚本 3-4.html 的例子将比较 return 返回和不返回的区别。

脚本 3-3.html

```
<html>
  <head>
    <title>不加 return 验证测试</title>
    <script language="javascript">
    function Login_Click()
    {
    if(document.form1.UsName.value=="")
    {
    alert('用户名为空');
    }
    if(document.form1.UsPwd.value=="")
    {
    alert('密码为空');
    }
    alert('登录成功');
    }
    </script>
  </head>
  <body>
    <form name="form1">
    <input type="text" name="UsName" >用户名
    <input type="password" name="UsPwd">密码
    <input type="button" name="Login" onClick="Login_Click();" >登录
    </form>
  </body>
</html>
```

脚本 3-4.html

```
<html>
  <head>
    <title>return 验证测试</title>
    <script language="javascript">
    function Login_Click()
    {
    if(document.form1.UsName.value=="")
```

```
        {
        alert('用户名为空');
        return;
        }
        if(document.form1.UsPwd.value=="")
        {
        alert('密码为空');
        return;
        }
        alert('登录成功');
        }
    </script>
    </head>
    <body>
        <form name="form1">
            <input type="text" name="UsName" >用户名
            <input type="password" name="UsPwd">密码
            <input type="button" name="Login" onClick="Login_Click();" >登录
        </form>
    </body>
</html>
```

运行脚本 3-3.html，不输入用户名和密码直接单击登录，显示结果如图 3.13、图 3.14 和图 3.15 所示，分别弹出 3 个警告框。

图 3.13　不加 return 显示结果 1　　　　图 3.14　不加 return 显示结果 2

而运行脚本 3-4.html，不输入用户名和密码直接单击登录，显示结果如图 3.16 所示，只弹出一个警告框。

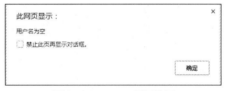

图 3.15　不加 return 显示结果 3　　　　图 3.16　return 显示结果

由此可见，不加 return 的现象是先提示用户名没输入，然后提示密码没输入；加了 return 之后遇到一个没输入就不再检测。

return false 表示返回一个 false 值，也就是说提交是不成功的，不会提交上去。return true 表示返回一个 true 值，也就是提交了，不管有没有输入值，都会提交到 action 指定页面。

JavaScript 在事件中调用函数时用 return 返回值实际上是对 window.event.returnvalue 进行设置。而该值决定了当前操作是否继续。当返回的是 true 时，将继续操作；当返回的是 false 时，将中断操作。而直接执行时（不用 return）将不会对 window.event.returnvalue 进行设置，所以会默认继续执行操作。

3.2.4　函数调用模式

在 JavaScript 中，函数是一种数据类型，而非像 C#或者其他描述性语言中那样仅仅作为一个模块来使用。JavaScript 函数有 4 种调用模式，分别是函数调用模式、方法调用模式、构造器调用模式以及 Apply 调用模式。这 4 种调用模式的区别就在于初始化关键参数 this。

1. 函数调用模式

函数调用模式是十分常见也是十分好理解的，即声明函数后直接调用，如下。

```
function func(){
alert("Hello World! ");
}
func();
```

这里声明一个函数 func 并调用。或者用如下函数表达式定义函数，然后调用。

```
var func = function(){
alert("Hello World! ");
}
func();
```

运行这两段代码都会弹出一个对话框，显示字符串中的文字，这就是函数调用。可见函数调用非常简单。这里的关键是，在函数调用模式中，this 指代的是全局对象，如果在浏览器中指代的就是 window 对象，如下。

```
var func = function(){
alert(this);
}
func();
```

运行这段代码，会弹出对话框，显示[object Window]。

2. 方法调用模式

如果将一个函数赋值给对象的成员，那么这里不再称为函数，而应该叫作方法，如下。

```
var func = function(){      // 定义一个函数 func
alert("Hello World! ");
}
var obj = {};
obj.fn = func;     // 将函数 func 赋值给一个对象 obj，注意这里不加()
obj.fn();          // 调用
```

此时，obj.fn 是方法而不是函数了，实际上 obj.fn 方法的方法体与 func 函数的函数体是一模一样的，但是这里有一个微妙的不同，看下面代码。

```
alert(obj.fn === func);
```

输出结果为 true，表明 obj.fn 方法和 func 函数是一样的。但是再来修改一下 func 函数的代码。

```
var func = function(){
alert(this);
}
var obj = {};
obj.fn = func;
alert(obj.fn === func);
func();
obj.fn();
```

这里运行的结果是，alert()弹窗仍然为 true，但是两者的调用是不一样的，func()函数的调用结果为[object Window]，而 obj.fn()方法的调用结果是[object Object]。这便是函数调用模式和方法调用模式的区别，在函数调用模式中，this 专指全局对象 window，而在方法调用模式中，this 专指当前对象，即 obj.fn()方法中的 this 指的就是对象 obj。

3. 构造器调用模式

使用构造器调用函数的模式即在函数调用前面加上一个 new 关键字，代码如下。

```
var Person = function(){      // 定义一个构造函数
this.name = "World";
this.sayHello = function(){
alert("Hello "+this.name);
```

```
  }
}
var p = new Person();              // 调用构造器，创建对象
p.sayHello();                      // 使用对象
```

在这个示例中，首先会创建一个构造函数 Person，然后使用构造函数创建对象 p，最后使用对象 p 调用 sayHello()方法。此时 this 指的是对象本身，分析如下。

首先定义函数 Person，程序执行到这里并不会执行函数体，因此 JavaScript 解释器并不知道这个函数的内容；接下来执行 new 关键字创建对象，JavaScript 解释器开辟内存，得到对象的引用，将新对象的引用交给函数；紧接着执行函数，将传递过来的对象引用交给 this。也就是说，在构造方法中，this 就是刚刚被 new 关键字创建出来的对象；然后为 this 添加成员，也就是为对象添加成员；最后函数结束，返回 this，将 this 交给左边的变量。所以构造函数中的 this 就是当前对象本身。

4. Apply 调用模式

Apply 调用模式既可以像函数一样使用，也可以像方法一样使用，其语法如下。

```
函数名.apply(对象,参数数组);
```

Apply 调用模式接收两个参数，第 1 个是将被绑定给 this 的值，第 2 个是一个参数数组。

```
var fun1 = function(){
this.name = "Hello";
}
fun1.apply(null);
alert(name);

var fun2 = function(){
this.name = "World";
}
var obj = {};
fun2.apply(obj);
alert(obj.name);
```

分析上面两段代码，可以发现第 1 段代码中的 name 属性已经加载到全局对象 window 中；而第 2 段代码中的 name 属性是在传入的对象 obj 中。即第 1 个相当于函数调用，第 2 个相当于方法调用。所以在 Apply 调用模式下可以任意操作控制 this 的意义。

> **注意** 在 JavaScript 中的函数 4 种调用模式中，this 的含义各不相同。在函数调用模式中 this 是全局对象 window，在方法调用模式中 this 指当前对象，在构造器调用模式中 this 是被创建的对象，在 Apply 调用模式中 this 可以随意地指定。在 Apply 调用模式中如果使用 null，就是函数调用模式，如果使用对象，就是方法调用模式。

【任务 3-2】定义及调用函数

1. 任务介绍

网页中有一按钮（名为"点击我"），当单击按钮后调用函数 contxt()，弹出对话框"调用函数成功！"。

2. 任务目标

学会 function 函数定义以及函数的调用。

3. 实现思路

首先编写一个函数 contxt()，函数内容为弹出 alert()警告框，然后用函数调用的方式在单击按钮时调用即可。

4. 实现代码

完整代码如脚本 3-5.html 所示。

脚本 3-5.html

```
<!DOCTYPE HTML>
<html>
  <head>
    <metahttp-equivmetahttp-equiv="Content-Type" content="text/html;charset=
utf-8" />
      <title>函数调用</title>
      <script type="text/javascript">
      function contxt(){
      alert("调用函数成功!");
      }
      </script>
  </head>
  <body>
    <form>
      <input type="button" value="点击我" onclick="contxt()">
    </form>
  </body>
</html>
```

5. 运行结果

运行结果如图 3.17 所示。

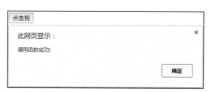

图 3.17　任务 3-2 运行结果

3.2.5　递归调用

递归函数就是在函数体内调用函数本身。JavaScript 递归函数最常用的实例就是递归阶乘函数，如下所示。

```
function factorial(num){
if(num <= 1){
return 1;
}else{
return num * factorial(num-1);
}
}
```

JavaScript 函数有很大的灵活性，这也导致在递归时使用函数名遇到困难，对于上面的变量声明式，factorial 是一个变量，所以它的值很容易被替换。

```
var fn = factorial;
factorial = null;
```

函数是个值，它被赋给 fn，那么 fn(5)理应可以计算出一个数值，但是由于函数内部依然引用的是变量 factorial，所以它并不能正常计算出结果。这里可以使用函数内部对象 arguments 的 callee 属性来解决这个问题。arguments.callee 是一个指向正在执行的函数的指针，因此可以使用此属性来实现对函数的递归调用。

```
function factorial(num){
if(num <= 1){
return 1;
```

```
}else{
return num * arguments.callee(num-1);
}
}
```

使用 arguments.callee 代替函数名，可以确保无论怎样调用函数都不会出现问题。因此，在编写递归函数时，使用 argumens.callee 比使用函数名更保险。但在严格模式下，不能通过脚本访问 arguments.callee，访问这个属性会导致错误。不过，可以使用命名函数表达式来实现相同的效果。

```
var factorial = (function f(num){
if(num <= 1){
return 1;
}else{
return  num * f(num-1);
}
});
```

这段代码创建了一个名为 f() 的命名函数表达式。然后将它赋值给变量 factorial。即便把函数赋值给另一个变量，函数的名字 f() 仍然有效，所以递归调用依然能完成。这种方式在严格模式和非严格模式下都行得通。

【任务 3-3】使用递归函数

1. 任务介绍
编写程序求 100+99+…+2+1 的结果。

2. 任务目标
学会 JavaScript 递归函数的使用。

3. 实现思路
定义一个函数，设置循环变量在函数内部调用自身。

4. 实现代码
完整代码如脚本 3-6.html 所示。

脚本 3-6.html

```
<!DOCTYPE html>
<html lang="en">
  <head>
     </head>
  <body>
   <script>
            var recursion = function(i){
            if(i < 1) return 0;
            return i + recursion(i-1);
            }
            console.log(recursion(100));
    </script>
  </body>
</html>
```

5. 运行结果
运行结果如图 3.18 所示。

图 3.18　任务 3-3 运行结果

3.2.6　作用域

任何程序设计语言都有作用域的概念。作用域就是变量和函数的可访问范围，即作用域控制着变量与函数的可见性和周期性。在 JavaScript 中，函数作用域表示变量在声明它们的函数体以及这个函数体嵌套的任意函数体内都是有定义的，先来看一小段代码。

```
var scope = "global";
function fun(){
console.log(scope);
var scope = "local";
console.log(scope);
}
fun();
```

运行结果如图 3.19 所示。

根据图 3.19 可见，这段代码分别输出了 undefined 和 local。这应该与大多数人的预期结果是不一样的，第 1 个 consloe.log 语句为什么会输出 undefined 呢？因为 JavaScript 的函数作用域与 C 语言等其他语言的不同。JavaScript 没有块级作用域，而有函数作用域。根据函数作用域的含义可以将上段代码重写如下。

图 3.19　JavaScript 作用域运行结果 1

```
var scope = "global";
function fun(){
    var scope;
console.log(scope);
var scope = "local";
console.log(scope);
}
fun();
```

由于函数作用域的特性，局部变量在整个函数体内是有定义的，可以将变量声明提到函数体顶部，同时变量初始化还在原来的位置。那么 JavaScript 为什么没有块级作用域呢？有以下代码为证。

```
var name = "global";
if(true){
var name = "local";
console.log(name);
}
console.log(name);
```

运行结果如图 3.20 所示。

由图 3.20 可见，这段代码输出全是 local。如果有块级作用域，那么 if 条件语句内部将创建局部变量 name，这并不会修改全局变量 name 的值，但结果会相反，所以 JavaScript 没有块级作用域。这样也很好理解前面示例中为什么输出 undefined 了。局部变量 scope

图 3.20　JavaScript 作用域运行结果 2

声明覆盖了全局变量 scope，但是还没有赋值，所以输出 undefined。

3.2.7　异常处理

JavaScript 异常，即 JavaScript 引擎执行 JavaScript 代码时发生错误，会导致程序立即停止。JavaScript 引入 try-catch 语句作为 JavaScript 中处理异常的一种标准方式，其语法结构如下。

```
try{
    // 可能发生错误的代码
}catch(error){
```

```
    // 发生错误时的处理方式
}
```

　　try 块中任何代码发生错误，都会立即退出代码的执行过程，然后接着执行 catch 块中的内容。此时，catch 块会接收到一个包含错误信息的对象。这个对象中包含的实际信息会因为浏览器的不同而不同，但共同的是有一个保存错误消息的 message 属性。因此，在发生错误时，可以像下面代码这样显示浏览器给出的信息。

```
try{
window.someNonexistentFunction();
}catch(error){
alert(error.message);
}
```

　　finally 子句也是 JavaScript 异常处理中常用的。finally 子句一经使用，其代码无论如何都会执行。如果 try 块中的代码全部正常执行，最终 finally 子句也会执行；如果因为出错而执行了 catch 块中的代码，finally 子句还是会执行。只要代码中包含 finally 子句，则无论是 try 块还是 catch 块中的代码，抑或是 return 语句，都不会阻止 finally 子句的执行。

```
function testFinally(){
try{
return 2;
}catch(error){
return 1;
}finally{
return 0;
}
}
```

【任务 3-4】异常捕获与处理

1. 任务介绍
制造一个引用错误并用异常语句进行捕获。

2. 任务目标
学会 JavaScript 异常捕获处理。

3. 实现思路
设置一个变量引用错误示例，用 JavaScript 异常捕获语句 try-catch 来捕获代码中的错误。

4. 实现代码
完整代码如脚本 3-7.html 所示。

脚本 3-7.html

```
<!DOCTYPE HTML>
<html>
  <head>
    <meta http-equiv="Content-Type" content="text/html; charset=utf-8" />
    <title>JavaScript 异常捕获</title>
    <script type="text/javascript">
      function fun(){
      try{
      t;
      }catch(error){
      console.log(error.message);
      console.log(error.name);
      }
      }
      fun();
    </script>
```

```
    </head>
    <body>
    </body>
</html>
```

5. 运行结果

运行结果如图 3.21 所示。

图 3.21　任务 3-4　运行结果

3.2.8　闭包

前文介绍了 JavaScript 变量作用域有全局变量和局部变量两种，在函数内部可以直接读取局部变量，而在函数外部无法读取函数内部的局部变量。然而在实际应用中，有时候需要得到函数内部的局部变量。正常情况下，这无法办到，只有通过变通的方法才能实现，即在函数内部再定义一个函数，如下代码所示。

```
function fun1(){
    var n=999;
    function fun2(){
        alert(n);    // 输出 999
    }
}
```

在这段代码中，fun2()函数被包括在 fun1()函数内部，这时 fun1()函数内部的所有局部变量，对 fun2()函数都是可见的。但是反过来，fun2()函数内部的局部变量，对 fun1()函数是不可见的。这就是 JavaScript 特有的"链式作用域"结构（chain scope），子对象会一级一级地向上寻找所有父对象的变量。所以，父对象的所有变量，对子对象都是可见的，反之，子对象的所有变量并不一定对父对象可见。既然 fun2()函数可以读取 fun1()函数中的局部变量，那么只要把 fun2()函数作为返回值，就可以在 fun1()函数外部读取它的内部变量了，来试一下。

```
function fun1(){
    var n=999;
    function fun2(){
        alert(n);
    }
    return fun2;
}
var result=fun1();
result();
```

运行结果如图 3.22 所示。

这里的 fun2()函数就是闭包。那么闭包就是能够读取其他函数内部变量的函数。由于在 JavaScript 中，只有函数内部的子函数才能读取局部变量，因此可以把闭包简单理解成"定义在一个函数内部的函数"。所以，在本质上，闭包就是将函数内部和函数外部连接起来的一座桥梁。

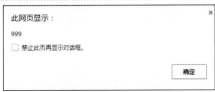

图 3.22　闭包示例结果 1

闭包可以用在许多地方。最常用的是可以读取函数内部的变量，而且可以让这些变量的值始终保存在内存中。

```
function fun1(){
var n=999;
nAdd=function(){n+=1}
function fun2(){
console.log(n);
}
return fun2;
}
var result=fun1();
result();
nAdd();
result();
```

运行结果如图 3.23 所示。

这里，result()实际上就是闭包 fun2()函数。
它一共运行了两次，第 1 次的值是 999，第 2 次
的值是 1000。这证明 fun1()函数中的局部变量 n
一直保存在内存中，并没有在 fun1（）函数调用
后被自动清除。因为 fun1()函数是 fun2()函数的

图3.23　闭包示例结果2

父函数，而 fun2()函数被赋给了一个全局变量，这导致 fun2()函数始终保存在内存中，而 fun2()函
数的存在依赖于 fun1()函数，因此 fun1()函数也始终保存在内存中，不会在调用结束后，被垃圾回
收机制（garbage collection）回收。

> **注意** （1）由于闭包会使得函数中的变量都被保存在内存中，内存消耗很大，所以不能滥用闭
> 包，否则会造成网页的性能问题，在 **IE** 中可能导致内存泄漏。解决方法是，在退出函数
> 之前，将不使用的局部变量全部删除。
> （2）闭包会在父函数外部，改变父函数内部变量的值。所以，如果把父函数当作对象使
> 用，把闭包当作它的公用方法（public method），把内部变量当作它的私有属性
> （private value），这时一定要小心，不要随便改变父函数内部变量的值。

3.2.9　箭头函数

创建函数还有另外一种非常简单的语法，并且这种方法通常比函数表达式更好，它被称为"箭
头函数"，因为它看起来如下。

```
let func = (arg1, arg2, ..., argN) => expression;
```

这里创建了一个函数 func，它接收参数 arg1...argN，然后使用参数对右侧的 expression 求
值并返回其结果。

换句话说，它是下面这段代码的更短的版本。

```
let func = function(arg1, arg2, ..., argN) {
  return expression;
};
```

如果我们只有一个参数，还可以省略参数外的圆括号，使代码更短。

```
let double = n => n * 2;
// 差不多等同于: let double = function(n) { return n * 2 }

alert( double(3) ); // 6
```

如果没有参数，括号则是空的（但括号必须保留）。

```
let sayHi = () => alert("Hello!");

sayHi();
```

箭头函数可以像函数表达式一样使用。例如，动态创建一个函数。

```
let age = prompt("What is your age?", 18);

let welcome = (age < 18) ?
  () => alert('Hello!') :
  () => alert("Greetings!");

welcome();
```

有时我们需要更复杂一点的函数，比如带有多行的表达式或语句。在这种情况下，我们可以使用花括号将它们括起来。主要区别在于，用花括号括起来之后，需要包含 return 才能返回值（就像常规函数一样）。

```
let sum = (a, b) => {  // 花括号表示开始一个多行函数
  let result = a + b;
  return result; // 如果我们使用了花括号，那么我们需要一个显式的 "return"
};

alert( sum(1, 2) ); // 3
```

【任务 3-5】使用箭头函数

1. 任务介绍

用箭头函数重写下面的函数表达式。

```
function ask(question, yes, no) {
  if (confirm(question)) yes();
  else no();
}

ask(
  "Do you agree?",
  function() { alert("You agreed."); },
  function() { alert("You canceled the execution."); }
);
```

2. 任务目标

学会 JavaScript 箭头函数的使用。

3. 实现思路

把 function 改为箭头。

4. 实现代码

完整代码如脚本 3-8.html 所示。

脚本 3-8.html

```
<!DOCTYPE HTML>
<html>
  <head>
    <meta http-equiv="Content-Type" content="text/html; charset=utf-8" />
    <title>JavaScript 异常捕获</title>
    <script type="text/javascript">
        function ask(question, yes, no) {
          if (confirm(question)) yes();
          else no();
        }

        ask(
          "Do you agree?",
          () => alert("You agreed."),
          () => alert("You canceled the execution.")
        );
```

```
        </script>
    </head>
    <body>
    </body>
</html>
```

5. 运行结果

运行结果如图 3.24 所示。

图 3.24　任务 3-5 运行结果

3.3　事件及事件处理

精讲视频

事件及事件处理

3.3.1　什么是 JavaScript 事件

　　JavaScript 与 HTML 之间的交互是通过事件来实现的。事件，就是在文档或浏览器窗口中发生的一些特定的交互瞬间。可以用监听器来预订事件，以便事件发生的时候执行相应的代码。当浏览器检测到一个事件时，比如用鼠标单击或者击键盘上的键，它可以触发与这个事件相关联的 JavaScript 对象。这些对象称为 JavaScript 事件处理程序。

3.3.2　JavaScript 事件处理程序

　　JavaScript 响应事件的函数叫作事件处理程序或者事件监听器。事件处理程序的名称以"on"开头，如 click 事件的事件处理程序就是 onclick，load 事件的事件处理程序就是 onload。为事件指定处理程序的方式有好几种。

1. HTML 事件处理程序

　　某个元素支持的每种事件都可以使用一个与相应事件处理程序同名的 HTML 特性来指定。这个特性的值应该是能够执行的 JavaScript 代码。例如要在单击按钮时执行一些 JavaScript 代码，可以编写代码如下。

```
<input type="button" value="click me" onclick="alert('clicked') ">
```

运行后单击按钮，结果如图 3.25 所示。

　　当单击按钮时会弹出一个警告框。这个操作是通过指定 onclick 特性并将一些 JavaScript 代码作为它的值来定义的。在 HTML 中定义的事件处理程序通常包含要执行的具体动作，也可以调用在页面其他地方定义的脚本，如下面例子所示。

```
<script type="text/javascript">
function show(){
alert("Hello World");
}
</script>
<input type="button" value="click me" onclick="show()">
```

运行后单击按钮，结果如图 3.26 所示。

　　在这个例子中，单击按钮触发 onclick 事件调用函数 show()，这个函数定义在一个独立的 Script 脚本中，当然也可以包含在一个外部文件中。事件处理程序的代码在执行时，有权访问全局作用域中的任何代码。

图 3.25　HTML 事件处理程序示例结果 1 　　　　　　 图 3.26　HTML 事件处理程序示例结果 2

这样指定事件处理程序具有一些独到之处。首先，这样会创建一个封装着元素属性值的函数。这个函数中有一个局部变量 event，也就是事件对象。

```
<input type="button" value="click me" onclick="alert(event.type) ">
```

运行后单击按钮，结果如图 3.27 所示。

通过 event 变量，可以直接访问事件对象，不需要自己定义或者从函数的参数列表中读取。在这个函数内部，this 指向事件的目标元素，如下。

```
<input type="button" value="click me" onclick="alert(this.value) ">
```

运行后单击按钮，结果如图 3.28 所示。

图 3.27　HTML 事件处理程序示例结果 3 　　　　　　 图 3.28　HTML 事件处理程序示例结果 4

关于这个动态创建的函数，另一个有意思的地方是它扩展作用域的方式，在这个函数内部，可以像访问全局变量一样访问 document 以及该元素本身的成员。这个函数使用 with 可以像下面这样扩展作用域。

```
function(){
with(document){
with(this){
// 元素属性值
}
}
}
```

如此一来，事件处理程序要访问自己的属性就简单多了。下面这行代码与前面的例子效果相同。

```
<input type="button" value="click me" onclick="alert(value) "> // 输出 click me
```

如果当前元素是一个表单输入元素，则作用域中还会包含访问表单元素（父元素）的入口，这个函数就会变成如下所示。

```
function(){
with(document){
with(this.form){
with(this){
// 元素属性值
}
}
}
}
<form action="bg.php">
    <input type="text" name="username">
    <input type="password" name="password">
    <input type="button" value="Click Me" onclick="alert(username.value)">
</form>    // 输出 username 中的值
```

在运用 HTML 事件处理程序时，必须了解使用 HTML 事件处理程序的三大缺点。

（1）时差问题：用户可能会在 HTML 元素一出现在页面上时就触发相应的事件，但是当时事件处理程序可能不具备执行条件。

```
<input type="button" value="click me" onclick="clickFun();">
```

假设 clickFun 函数是在页面底部定义的，那么在页面解析该函数之前单击都会引发错误。因此，很多 HTML 事件处理程序都会被封装到 try-catch 之中。

```
<input type="button" value="click me" onclick="try{clickFun();}catch(ex){}">
```

（2）浏览器兼容问题：这样扩展事件处理程序的作用域链在不同浏览器中会导致不同的结果。不同 JavaScript 引擎遵循的标识符解析规则略有差异，很可能会在访问非限定对象成员时出错。

（3）代码耦合：HTML 事件处理程序会导致 HTML 代码和 JavaScript 代码紧密耦合。如果要更改事件处理程序需要同时修改 HTML 代码和 JavaScript 代码。

2. DOM0 级事件处理程序

通过 JavaScript 指定事件处理程序的传统方式，就是将一个函数赋值给一个事件处理程序属性。这样的优势有两个：一是简单，二是可以跨浏览器使用。要使用 JavaScript 指定事件处理程序，首先必须取得一个要操作的对象的引用。

每个元素都有自己的事件处理程序属性，这些属性通常全部小写，例如 onclick。将这种属性的值设置为一个函数，就可以指定事件处理程序，如下所示。

```
var btn = document.getElementById('btn');
btn.onclick = function(){
alert('clicked');
}
```

在这段代码中，通过文档对象取得了一个按钮的引用，然后为它指定了 onclick 事件处理程序。但要注意，在这些代码运行之前不会指定事件处理程序，因此如果这些代码在页面中位于按钮后面，就有可能在一段时间内怎么单击都没有反应。

通过 DOM0 级方式指定的事件处理程序被认为是元素的方法。因此，这时候的事件处理程序是在元素的作用域中运行的；换句话说，程序中的 this 引用的是当前元素。

```
var btn = document.getElementById('btn');
btn.onclick = function(){
alert(this.id);     // 输出 btn
}
```

单击按钮弹出警告框显示 ID，这个 ID 是通过 this.id 获取的。不仅仅是 ID，我们还可以在事件处理程序中，通过 this 访问元素的任何属性和方法。我们也可以删除通过 DOM0 级方法指定的事件处理程序。

```
btn.onclick = null;
```

这样再单击按钮将不会有任何动作发生。

3. DOM2 级事件处理程序

DOM2 级事件定义了两个方法，用于处理指定和删除事件处理程序的操作：addEventListener() 和 removeEventListener()。所有 DOM 节点中都包含这两个方法，并且都接收 3 个参数：要处理的事件名、作为事件处理程序的函数和一个布尔值。如果这个布尔值参数为 true，则表示在捕获阶段调用事件处理函数；如果是 false，则表示在冒泡阶段调用事件处理函数。

```
var btn = document.getElementById('btn');
btn.addEventListener('click',function(){
alert(this.id);
},false);
```

这段代码是指在按钮上为 click 事件添加事件处理程序。与 DOM0 级方式一样，DOM2 级方式添加的事件处理程序也在其依附的元素的作用域中运行，另外，通过这种方式可以添加多个事件处理程序，添加的事件处理程序会按照添加它们的顺序触发。

```
var btn = document.getElementById('btn');
btn.addEventListener('click',function(){
alert(this.id);
},false);
btn.addEventListener('click',function(){
alert(this.type);
},false);
```

这里为按钮添加两个事件处理程序。这两个事件处理程序会按照添加它们的顺序触发，因此首先会显示元素的 ID，接着会显示元素的 type。

通过 addEventListener() 添加的事件处理程序只能使用 removeEventListener() 来移除；移除时传入的参数与添加事件处理程序时使用的参数相同。

```
var btn = document.getElementById('btn');
btn.addEventListener('click',function(){
alert(this.id);
},false);
btn.removeEventListener('click',function(){
alert(this.id);
},false);
```

在上面这个例子中，使用 addEventListener() 添加了一个事件处理程序，然后使用 removeEventListener() 移除事件处理程序。看似 addEventListener() 和 removeEventListener() 传递了完全相同的参数，实际上并不是。传入 removeEventListener() 中的事件处理程序函数必须与 addEventListener() 中的相同，如下例子所示。

```
var btn = document.getElementById('btn');
var handler = function(){
alert(this.id);
}
btn.addEventListener('click',handler,false);
btn.removeEventListener('click',handler,false);
```

这里传入 addEventListener() 和 removeEventListener() 的才是完全相同的参数。

【任务 3-6】使用 JavaScript 事件处理程序

1. 任务介绍

给一个 DOM 同时绑定两个单击事件，一个用捕获，一个用冒泡，那么事件的执行顺序是怎么样的？编写代码并分析。

2. 任务目标

学会使用 JavaScript 事件处理程序，理解捕获事件和冒泡事件的执行顺序。

3. 实现思路

定义 4 个嵌套的 div 元素，给这 4 个元素绑定捕获事件和冒泡事件。

JavaScript 所有事件的顺序是：其他元素捕获阶段事件 > 本元素代码顺序事件 > 其他元素冒泡阶段事件。所以无论是冒泡事件还是捕获事件，元素都会先执行捕获阶段事件。从上往下，如有捕获事件，则先执行捕获事件；一直向下到目标元素后，从目标元素开始向上执行冒泡事件（在向上执行过程中，已经执行过的捕获事件不再执行，只执行冒泡事件）。

addEventListener() 函数的第 3 个参数设置为 false，说明不为捕获事件，即冒泡事件。

4. 实现代码

代码实现过程如脚本 3-9.html 所示。

脚本 3-9.html

```html
<!DOCTYPE html>
<html lang="en">
  <head>
  </head>
  <body>
    <div id='one'>
      <div id='two'>
        <div id='three'>
          <div id='four'>
                          </div>
        </div>
      </div>
    </div>
    <script type='text/javascript'>
                var one = document.getElementById('one');
                var two = document.getElementById('two');
                var three = document.getElementById('three');
                var four = document.getElementById('four');
                one.addEventListener('click',function(){console.log ('one');},
true);
                two.addEventListener('click',function(){console.log ('two');},
false);
                three.addEventListener('click',function(){console.log ('three');},
true);
                four.addEventListener('click',function(){console.log ('four');},
false);
    </script>
  </body>
</html>
```

5. 运行结果

单击 four 元素，four 元素为目标元素，one 为根元素祖先，所以从 one 开始向下判断执行。
one 为捕获事件，输出 one；two 为冒泡事件，忽略；three 为捕获事件，输出 three。
four 为目标元素，开始向上冒泡执行，输出 four。

three 为已执行捕获事件，忽略；two 为冒泡事件，输出 two；one 为已执行捕获事件，忽略。
最终执行结果为 one three four two，如图 3.29 所示。

图 3.29　任务 3-6 运行结果

3.3.3　常用窗口事件

当用户执行某些会影响整个浏览器窗口的操作时，就会发生窗口事件。最常见的窗口事件是通
过打开某个网页来加载窗口；还有在窗口关闭、移动或转到后台时触发事件处理程序的事件。下面
将具体介绍常用的窗口事件。

1. onload 事件

onload 事件即页面所有元素都完成加载后触发的事件。

在实际项目开发过程中，onload 事件有 3 种常用的使用方式。第 1 种方式即在 body 标签上执行 onload 事件，如下所示。

```
<body onload = "alert(123) "></body>
```

第 2 种方式即先定义好函数，在页面完成加载后调用，如下所示。

```
<script type="text/javascript">
function test(){
alert(123);
}
window.onload = test;
</script>
```

第 3 种方式即使用匿名函数，如下所示。

```
<script>window.onload = function(){alert(123);}</script>
```

这 3 种触发 onload 事件的方式都会在页面完成加载后，弹出警告框 123。但这里介绍的都是在页面完成加载后执行单个操作。事实上，经常会需要在加载页面时执行多个操作，而在 JavaScript 中有效执行的 onload 事件有且只有一个，声明多次没有意义，因为后面的声明会将前面的覆盖。那么该怎么实现页面完成加载后执行多个操作呢？下面介绍 3 种实现方法。

方法 1：同时调用多个函数（采用 body 标签方式）。

```
<body onload = "function1();function2();function3();"></body>
```

方法 2：在 JavaScript 语句中同时调用多个函数（适用于函数少的情况）。

```
<script type="text/javascript">
function f1(){alert(123);}
function f2(){alert(234);}
function f3(){alert(345);}
window.onload = function(){
f1();
f2();
f3();
};
</script>
```

方法 3：自定义函数式多次调用（函数多时，推荐使用）。

```
addLoadEvent(testOnload);
addLoadEvent(testOnload2);
function addLoadEvent(func) {
var oldonload = window.onload;
if(typeof oldonload != "function") {
window.onload = func;
} else {
window.onload = function() {
oldonload();
func();
}
}
}
function testOnload() {
alert("hello");
};
function testOnload2() {
alert("world");
}
```

比较一下这 3 种在页面完成加载后执行多个操作的方法，显然第 1 种和第 2 种比较类似，都是同时调用多个函数的方式，这两种方式比较容易理解，都比较适合函数比较少的情况。下面着重来讲解第 3 种方法。

在这个脚本中，首次加载页面完成后，需要发生完全不同的多种操作。设置 window.onload 是不行的，因为后面的设置总是会将前面的设置覆盖。这里调用一个新函数 addLoadEvent()，由它代替处理 onload 事件。对于每次调用，均传递一个参数：在触发 onload 事件时希望运行的函数名。

addLoadEvent(testOnload)调用函数 addLoadEvent()并传入参数为 testOnload(函数名)。

var oldonload = window.onload;这一行声明一个新变量 oldonload，如果已经设置了 window.onload，则将它的值赋给变量 oldonload；如果还没有设置，那也无妨。

if(typeof oldonload != "function") {window.onload = func;}这一行检查变量 oldonload 的类型。如果已经设置了 window.onload，那么它应该是一个函数调用（否则，为空）。如果类型不为函数，即未定义，就在页面加载时执行新函数。

else {window.onload = function() {oldonload(); func; }如果变量 oldonload 为函数调用，则先执行 window.onload 原本应该完成的操作，再执行传入的新函数。

这样，多次调用函数 addLoadEvent()，第一次将自己的函数赋值给 window.onload；后面就会创建匿名函数，让 JavaScript 执行以前设置的操作和新添加的函数。

> **注意** （1）onload 事件在 JavaScript 中有效执行的有且只有一个（声明多次没有意义），因为后面的会将前面的覆盖。
> （2）如果想让一个 onload 事件处理程序执行多个操作，最简单的方法是创建一个执行所有操作的函数，然后让 onload 事件处理程序调用这个函数。但是，要确保每个函数都有返回。
> （3）当 onload 事件在标签上声明时，仅仅声明在 body 标签上时有效，如：在 div 上声明一个 onload 事件，虽然不报错，但是该 onload 事件无效。

2. onunload 事件

onunload 事件称为卸载事件。当用户退出页面时（页面关闭、页面刷新等），触发 onunload 事件，同时执行被调用的程序。

如脚本 3-10.html 所示，当退出页面时，弹出对话框"您确定离开该网页吗？"。

脚本 3-10.html

```html
<!DOCTYPE HTML>
<html>
  <head>
    <meta http-equiv="Content-Type" content="text/html; charset=utf-8">
    <title> 卸载事件 </title>
    <script type="text/javascript">
        window.onunload = onunload_message();
        function onunload_message(){
            alert("您确定离开该网页吗？");
            }
    </script>
  </head>
  <body>
    欢迎学习 JavaScript。
  </body>
</html>
```

运行结果如图 3.30 所示。

此网页显示：	×
您确定离开该网页吗？	
	确定

图 3.30　onunload 事件执行结果

注意 不同的浏览器对 **onunload** 事件的支持区别很大，建议了解下就行，一般 Web 开发中用不到。

3. onresize 事件

当浏览器窗口（显示 web 文档的窗口）或 HTML 对象被改变大小时会触发 onresize 事件。

支持 onresize 事件的 HTML 标签：<a>, <address>, <b>, <big>, <blockquote>, <body>, <button>, <cite>, <code>, <dd>, <dfn>, <div>, <dl>,<dt>, <em>, <fieldset>, <form>, <frame>, <h1> to <h6>, <hr>, <i>, <img>, <input>, <kbd>, <label>,<legend>, <li>, <object>, <ol>, <p>, <pre>, <samp>, <select>, <small>, <span>, <strong>, <sub>, <sup>,<table>, <textarea>, <tt>, <ul>, <var>。

支持 onresize 事件的 JavaScript 对象即 window 对象。

脚本 3-11.html 演示当浏览器窗口被调整大小时，弹出一个消息框。

<div align="center">脚本 <strong>3-11.html</strong></div>

```html
<html>
  <body onresize="alert('浏览器窗口已被改变！')">
  </body>
</html>
```

运行后调整浏览器窗口大小，结果如图 3.31 所示。

<div align="center">图 3.31　改变浏览器窗口大小弹窗</div>

 注意 在 **IE** 和 **Opera** 浏览器中，只要窗口的边框被改变一个像素，**onresize** 事件就会被触发；而在 **Mozilla Firefox** 等其他浏览器中，只有在停止对窗口的大小改变时才触发 **onresize** 事件。显然后者比较接近实际想要的效果。

脚本 3-12.html 利用 setTimeout()方法，在 IE 浏览器中模拟 onresize 事件的触发。

<div align="center">脚本 <strong>3-12.html</strong></div>

```html
<!DOCTYPE html PUBLIC "-//W3C//DTD XHTML 1.0 Transitional//EN" "http://www.w3.org/TR/xhtml1/DTD/xhtml1-transitional.dtd">
<html>
    <script type="text/javascript">
    var resizeTimer = null;
    alert("宽度:"+document.documentElement.clientWidth+
    "高度:"+document.documentElement.clientHeight);

    function doResize(){
    alert("新宽度:"+document.documentElement.clientWidth+
    "新高度:"+document.documentElement.clientHeight);
    resizeTimer = null;
    }
    window.onresize = function(){
```

```
        if( resizeTimer == null) {
        resizeTimer = setTimeout("doResize()",1000);
        }
        }
    </script>
  <body>
  </body>
</html>
```

在 IE 浏览器上运行这段代码，结果如图 3.32 所示。

改变浏览器窗口大小时，结果如图 3.33 所示。

图 3.32　IE 浏览器中模拟 onresize 事件结果 1　　　图 3.33　IE 浏览器中模拟 onresize 事件结果 2

这段代码的页面加载完毕弹出浏览器窗口的宽度和高度，当改变浏览器窗口大小时立即触发 onresize 事件，onresize 事件通过 setTimeout()方法延缓 1 s 对 doResize()函数的调用，doResize()函数弹出浏览器窗口的新宽度和高度。

注意　必须设定 DOCTYPE 类型，才能在 IE 中利用 document.documentElement 来取得窗口的宽度和高度。

4. onmove 事件

onmove 事件称为移动事件，是当浏览器的窗口发生移动时触发的事件，支持 IE、N4 和 Opera 浏览器。

5. onabort 事件

onabort 事件可理解为中断触发事件，会在图像加载被中断时触发。

当用户在图像加载完成之前放弃图像的加载（如单击 stop 按钮）时，就会调用该事件。

支持该事件的 HTML 标签为<img>标签；支持该事件的 JavaScript 对象为 image 对象。

在下面的例子中，如果图像的加载被中断，则会显示一个对话框。

```
<img src="image_w3default.gif"
onabort="alert('Error: Loading of the image was aborted')" />
```

在本例中，如果图像的加载中断，我们将调用一个函数。代码如脚本 3-13.html 所示。

脚本 3-13.html

```
<html>
  <head>
    <script type="text/javascript">
    function abortImage(){
    alert('Error: Loading of the image was aborted')
    }
    </script>
  </head>
  <body>
    <img src="image_default.gif" onabort="abortImage()" />
  </body>
</html>
```

6. onerror 事件

onerror 事件是一种老式的、标准的、在网页中捕获 JavaScript 错误的方法。

前面讲到可以使用 try-catch 声明来捕获网页中的错误。这里介绍如何使用 onerror 事件来达到相同的目的。只要页面中出现脚本错误，就会触发 onerror 事件。

如果需要使用 onerror 事件来捕获网页错误，就必须创建一个处理错误的函数。这个函数叫作 onerror 事件处理器（onerror event handler）。这个事件处理器使用 3 个参数来调用：msg（错误消息）、url（发生错误的页面的 url）、line（发生错误的代码行）。浏览器是否显示标准的错误消息，取决于 onerror 事件的返回值。如果返回值为 false，则在控制台（JavaScript console）中显示错误消息，否则不会。

脚本 3-14.html 展示如何使用 onerror 事件来捕获错误。

脚本 3-14.html

```html
<html>
  <head>
    <script type="text/javascript">
    onerror=handleErr
    var txt=""
    function handleErr(msg,url,l){
    txt="There was an error on this page.\n\n"
    txt+="Error: " + msg + "\n"
    txt+="URL: " + url + "\n"
    txt+="Line: " + l + "\n\n"
    txt+="Click OK to continue.\n\n"
    alert(txt)
    return true
    }
    function message(){
    adddlert("Welcome guest!")
    }
    </script>
  </head>
  <body>
    <input type="button" value="View message" onclick="message()" />
  </body>
</html>
```

运行上面这段代码，结果如图 3.34 所示。

图 3.34　onerror 事件执行结果

 注意　在 Web 上的复杂页面中，设置 onerror = null 会比较好。这样某些错误消息将不会向用户显示，用户就会少受干扰。但是，究竟隐藏哪些错误信息取决于浏览器。

7. onfocus 事件

onfocus 事件为获得焦点事件。页面元素获得焦点时会触发此事件，该事件与 onblur 事件刚好相反。下面的脚本演示了当文本框获得焦点时，自动清除文本框的内容，获得焦点的标志是该文本框内出现输入光标。代码如脚本 3-15.html 所示。

脚本 3-15.html

```
<html>
  <body>
    手机号码: <input type="text" value="请输入登录账号" onfocus="this.value=''" />
  </body>
</html>
```

input 文本框获得焦点后的显示结果如图 3.35 所示。

图 3.35　onfocus 事件获得焦点显示结果

8. onblur 事件

onblur 事件为失去焦点事件。

在实际项目中经常会检测文本框是否已经被正确输入，检测工作通常在用户单击了提交按钮之后进行。事实上，利用控件失去焦点的时候，就可以实时进行这个检测工作。这样的话，onblur 事件就派上用场了。

以下例子有 4 个文本框。如果还没有单击它们当中的任意一个的操作，那么什么事情也不会发生；但是，当单击了其中的任何一个使其拥有了焦点（输入光标在里面），如果什么都没有输入并且又单击了别的地方令其失去焦点，就会弹出一个警告。代码如脚本 3-16.html 所示。

脚本 3-16.html

```
<form name="blur_test">
  <p>姓名 <input type="text" name="name"value="" size="30"onblur="chkvalue
(this)"><br>
    性别 <input type="text" name="sex" value=""size="30" onblur="chkvalue
(this)"><br>
    年龄 <input type="text" name="age" value=""size="30" onblur="chkvalue
(this)"><br>
    住址 <input type="text" name="addr" value=""size="30" onblur="chkvalue
(this)"></p>
  </form>
  <script language="JavaScript">
  function chkvalue(txt) {
    if(txt.value=="") alert("文本框里必须填写内容!");
}
</script>
```

单击"姓名"文本框，显示结果后，再单击别的地方，如图 3.36 所示。

图 3.36　onblur 事件示例显示结果

表单代码里，每一个文本框的代码都触发一个 onblur 事件。它们都调用后面的 JavaScript 代码中的自定义函数 chkvalue(this)。意思是，当文本框失去焦点时就调用 chkvalue()函数；chkvalue() 函数检测文本框是否为空，如果是就弹出警告对话框。该函数有一个参数（txt），对应前面文本框调用该函数的参数（this），即自身。

3.3.4　常用鼠标事件

用户与页面的许多交互都是通过鼠标移动或者单击进行的。JavaScript 为这类事件提供了一组强健的处理程序。

1. onclick 事件

onclick 是单击事件。当在网页上单击时，就会触发该事件；同时 onclick 事件调用的程序块就会被执行。onclick 事件通常与按钮一起配合使用以实现一些单击效果。

比如，单击按钮时，触发 onclick 事件，并调用两个数的求和函数。完整代码如脚本 3-17.html 所示。

脚本 3-17.html

```
<html>
  <head>
    <script type="text/javascript">
     function add(){
       var numa,numb,sum;
       numa=6;
       numb=8;
       sum=numa+numb;
       document.write("两数和为:"+sum);   }
    </script>
  </head>
  <body>
    <form>
      <input name="button" type="button" value="单击提交" onclick="add()" />
    </form>
  </body>
</html>
```

单击按钮"单击提交"，显示结果如图 3.37 所示。

两数和为:14

图 3.37　onclick 事件示例结果

 注意　在网页中如果要使用 onclick 事件，可以直接在对应元素上设置事件属性。

2. ondbclick 事件

当双击页面上某个对象时，会触发 ondbclick 事件，如脚本 3-18.html 所示。

脚本 3-18.html

```
<html>
  <body>
    Field1: <input type="text" id="field1" value="Hello World!"><br />
    Field2: <input type="text" id="field2" ondblclick="this.value=''"><br /><br />
    双击下面的按钮，把 Field1 的内容复制到 Field2 中: <br />
    <button ondblclick="document.getElementById('field2').value=
    document.getElementById('field1').value">Copy Text</button>
  </body>
</html>
```

双击按钮，显示结果如图 3.38 所示。

由图 3.38 可知，这段代码中分别对 Field2 文本框和 button 按钮设置了 ondbclick 事件属性。当双击 Field2 文本框时，清空文本框内容；双击 button 按钮时，将 Field1 文本框内容复制至 Field2 文本框中。

图 3.38　ondbclick 事件示例结果

>
> **注意**　一般只是对特定或刻意要强调的操作设定 ondbclick 事件，普通的操作设定 onclick 事件即可完成。

3. onmousedown 事件

当鼠标按键（任何一个按键）被按下时，会触发 onmousedown 事件，如脚本 3-19.html 所示。

脚本 3-19.html

```html
<html>
  <body>
    <p>
      <img
      src="http://img14.3lian.com/201604/15/bdc5b6a5d7d552bf6d396a1468a4ab0a.jpg"
      onmousedown="alert('您单击了这幅图片！')" />
    </p>
  </body>
</html>
```

将鼠标指针放在图片上，当按下鼠标任何一个按键时，就会弹出提示窗口"您单击了这幅图片！"，如图 3.39 所示。

比较 onmousedown 事件与 onclick 事件的区别如下。

onmousedown 事件与 onclick 事件看起来非常相似，其实 onclick 事件是由 onmousedown 事件（确切来说是鼠标左键被按下）和下面即将介绍的 onmouseup 事件组成的。onclick 事件通常要求按

图 3.39　onmousedown 事件示例结果

下鼠标按键并松开才能触发。而我们在按下鼠标按键触发 onmousedown 事件之后，会不自觉地将鼠标按键松开，因此感觉 onmousedown 事件与 onclick 事件非常相似。

4. onmouseup 事件

当鼠标按键（任何一个按键）被松开时，会触发 onmouseup 事件，如脚本 3-20.html 所示。

脚本 3-20.html

```html
<html>
  <body>
    <p>
      <img src="http://img14.3lian.com/201604/15/bdc5b6a5d7d552bf6d396a1468a4ab0a.jpg"
      onmouseup="alert('您单击了这幅图片！')" />
    </p>
  </body>
</html>
```

在这个例子中，将鼠标指针放在图片上，当按下任何一个鼠标按键后松开时，就会弹出提示窗口"您单击了这幅图片！"，如图 3.40 所示。

与 onmousedown 事件非常类似，但不同的是，onmousedown 事件只需要按下鼠标按键即可触发，而 onmouseup 事件则需要按下鼠标按键并松开时才能触发。适当延长按下鼠标按键后释放鼠标按键的时间，能感觉得到 onmouseup 事件是在鼠标按键释放的时候触发的。

图 3.40　onmouseup 事件示例结果

5. onmouseover 事件和 onmouseout 事件

onmouseover 事件为用户鼠标指针移入元素时触发的事件，并执行 onmouseover 调用的函数。

onmouseout 事件为用户鼠标指针移出元素时触发的事件，并执行 onmouseout 调用的函数。二者非常相似，只是具体的触发动作正好相反。

看下面的脚本 3-21.html，将鼠标指针移动到图像上时，图像放大，鼠标指针移出图像恢复原尺寸。

脚本 3-21.html

```html
<!DOCTYPE html>
<html>
  <head>
    <script>
      function bigImg(x){
      x.style.height="180px";
      x.style.width="180px";
      }
      function normalImg(x){
      x.style.height="128px";
      x.style.width="128px";
      }
    </script>
  </head>
  <body>
    <img onmousemove="bigImg(this)" onmouseout="normalImg(this)"
    border="0" src="image_default.jpg" alt="Smiley" >
    <p>函数 bigImg() 在鼠标指针移动到图像上时触发。此函数放大图像。</p>
    <p>函数 normalImg() 在鼠标指针移出图像时触发。此函数把图像的高度和宽度重置为原始尺寸。</p>

  </body>
</html>
```

将鼠标指针移动到图像上和移出图像的显示结果分别如图 3.41 和图 3.42 所示。

图 3.41　鼠标指针移入图像显示结果

图 3.42　鼠标指针移出图像显示结果

6. onmousemove 事件

onmousemove 事件会在鼠标指针移动时发生。下面的例子中，当用户把鼠标指针移动到图像上时，将显示一个对话框。

```
<img src="/i/eg_mouse2.jpg" alt="mouse"onmousemove="alert('您的鼠标指针刚才经过了
图片！')" />
```

 注意 每当用户把鼠标指针移动一个像素，就会发生一个 onmousemove 事件。这会耗费系统资源去处理所有这些 onmousemove 事件。因此请审慎地使用该事件。

3.3.5 常用表单事件

1. onblur 事件

页面元素失去焦点时会触发 onblur 事件。

onblur 事件可以用于浏览器窗口（如前面所示），也经常用于表单上。

下面验证用户输入的内容是否为符合要求的 11 位手机号码。示例代码如脚本 3-22.html 所示。

脚本 3-22.html

```html
<html>
  <head>
    <script language="JavaScript">
      function checkMobile(input) {
          var mobile_number = input.value;
          var mobile_rule = /^(((13[0-9]{1})|(15[0-9]{1})|(18[0-9]{1}))+\d{8})$/;
          var tip = document.getElementById("tip");
          if(mobile_number.match(mobile_rule) == null){
              tip.innerHTML = "请输入 11 位正确的手机号码！";
              return false;
          } else {
              tip.innerHTML = "输入正确";
          }
      }
    </script>
  </head>
  <body>
    手机号码: <input type="text" onblur="checkMobile(this)" />
    <span id="tip"></span>
  </body>
</html>
```

input 文本框获得焦点后不输入任何值，文本框失去焦点后，显示结果如图 3.43 所示。

手机号码：[   ] **请输入11位正确的手机号码！**

图 3.43　onblur 表单事件示例结果 1

input 文本框输入一个正确的手机号码，文本框失去焦点后，显示结果如图 3.44 所示。

手机号码：1871509　　　　　　**输入正确**

图 3.44　onblur 表单事件示例结果 2

在这段代码中，在文本框输入手机号码后，文本框失去焦点会触发 onblur 事件调用 checkMobile() 函数检验输入的手机号码是否正确。

JavaScript 的 onblur 事件常用于表单的验证。上面的例子仅仅演示了 onblur 事件最简单的实现原理。更复杂的情况是结合表单提交按钮以及 AJAX 数据验证（如上例中除了验证手机号码是否输入正确外，还要通过 AJAX 验证是否已被使用）等。

2. onchange 事件

表单文本框或选择域发生改变时会触发 onchange 事件，该事件常用于下拉框联动操作中。下面演示 select 下拉选择列表，当列表内无合适选择项而让用户自定义选择项的效果。完整代码如脚本 3-23.html 所示。

脚本 3-23.html

```html
<html>
  <head>
    <script type="text/javascript">
      function checkArea(x){
          var other_area = document.getElementById( "other_area" );
          if(x.value == "other"){
              other_area.style.display = "inline";
          } else {
              other_area.style.display = "none";
          }
      }
    </script>
  </head>
  <body>
    <form>
      <p>
        请选择所在地区: <select name="area" onchange="checkArea(this);">
        <option value="bj"> 北京 </option>
        <option value="tj"> 天津 </option>
        <option value="sh"> 上海 </option>
        <option value="other"> 其他 </option>
        </select>
      </p>
      <p id="other_area" style="display:none;">
        请填写地区: <input type="text" />
      </p>
    </form>
  </body>
</html>
```

选择地区为"其他"，显示结果如图 3.45 所示。

3. onfocus 事件

当表单元素获得焦点时会触发 onfocus 事件，该事件与 onblur 事件刚好相反。示例代码如脚本 3-24.html 所示。

图 3.45　onchange 表单事件示例结果

脚本 3-24.html

```html
<html>
  <head>
    <title>对 KKKKK 的评论</title>
    <script type="text/JavaScript" language="javascript">
     var gFlag=true;//全局变量,用于判断是否允许清除文本框内容
     //用于清除文本框中提示信息的方法
     function clearTip(){
     var oTxt=document.getElementById("textfield");
             if(gFlag==true){
                 oTxt.value="";
                 gFlag=false;
             }
     }
    </script>
  </head>
```

```
<body>
  <form>
    <label>
      <textarea id="textfield" cols="40" rows="5" onfocus="clearTip()">请输入
评论......</textarea>
      </label>
      <p>
        <label>
          <input type="submit" name="Submit" value="提交">
        </label>
      </p>
  </form>
</body>
</html>
```

运行上面的示例代码，光标在文本框内时显示结果如图 3.46 所示。

可以看到当焦点定位在文本框时，提示信息"请输入评论......"将会自动消失。这里需要注意的是用户可能中途去做其他事情，使得文本框失去焦点，当他重新回来输入的时候，文本框又获得了焦点，这时会再次触发 onfocus 事件，调用 clearTip() 方法，把前面输入的内容清除了。这不是期望的结果。所以可以设置一个全局变量 gFlag 作为标志位，当清除过一次文本框的内容之后就改变标志位，不再允许通过 clearTip()方法清除文本框的内容。

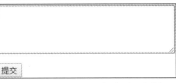

图 3.46 onfocus 表单事件示例结果

4. onreset 事件

表单被重置（重置按钮被单击）时会触发 onreset 事件。如果表单具有在加载页面时设置的默认值，那么用户单击重置按钮时，就会动态地重新设置默认值。

下面的例子演示在用户单击重置按钮时，弹出消息确认框进行确认，如果单击"否"，则不重置表单。示例代码如脚本 3-25.html 所示。

脚本 3-25.html

```
<html>
  <head>
    <script type="text/javascript">
      function checkReset(){
        if ( !confirm("确认重置表单吗？")){
          return false;
        }
      }
    </script>
  </head>
  <body>
    <form name="testform" onreset="return checkReset();">
      <p>
        您的名字: <input type="text" name="your_name" value="输入您的姓名"
onfocus="this.value=''" />
        <input type="reset" value="重置表单" />
      </p>
    </form>
  </body>
</html>
```

文本框获得焦点和确定重置表单的显示结果分别如图 3.47 和图 3.48 所示。

您的名字：[   ] [重置表单]

图 3.47 onreset 表单事件文本框获得焦点显示结果

您的名字：[输入您的姓名] [重置表单]

图 3.48 onreset 表单事件文本框重置显示结果

在这段代码中，input 文本框的默认值是"输入您的姓名"。当单击 input 文本框时，获得焦点触发 onfocus 事件将文本框置空。当单击"重置表单"时，input 文本框的内容恢复为默认值。

5. onsubmit 事件

表单被提交时会触发 onsubmit 事件。单击 submit 提交按钮后，onsubmit 事件是先于表单提交发生的，因此可以利用 onsubmit 事件执行一些代码，如表单内容检测等。

下面的例子演示了在提交表单时，弹出消息确认框进行确认，如果单击"取消"，就不提交表单。示例代码如脚本 3-26.html 所示。

脚本 3-26.html

```html
<html>
  <head>
    <script type="text/javascript">
      function checkSubmit(){
          if ( confirm("确认提交表单吗? ")){
              var your_name = testform.your_name.value;
              if( your_name == "" ){
                 alert("请填写您的名字! ");
                 testform.your_name.focus();
                  return false;
                }
              alert("您好" + your_name + "! ");
          } else {
              return false;
          }
      }
    </script>
  </head>
<body>
  <form name="testform" onsubmit="return checkSubmit();">
    <p>
       您的名字: <input type="text" name="your_name" />
       <input type="submit" value=" 提交 " />
    </p>
  </form>
</body>
</html>
```

单击提交表单，显示结果如图 3.49 所示。

图 3.49 onsubmit 表单事件提交表单显示结果

3.3.6 常用键盘事件

1. onkeypress 事件

用户按下或按住一个键盘按键时会触发 onkeypress 事件。onkeypress 事件在不同的浏览器上使用会有点差异：IE 浏览器使用 event.keyCode 取回被按下的字符，而 Netscape/Firefox/Opera 浏览器使用 event.which。

下面是一个利用 onkeypress 事件只允许用户在表单域输入数字的例子。示例代码如脚本 3-27.html 所示。

脚本 3-27.html

```html
<html>
  <head>
    <script>
      function checkNumber(e){
          var keynum = window.event ? e.keyCode : e.which;
          //alert(keynum);
          var tip = document.getElementById("tip");
          if( (48<=keynum && keynum<=57) || keynum == 8 ){
              tip.innerHTML = "";
              return true;
          }else {
              tip.innerHTML = "提示: 只能输入数字! ";
              return false;
          }
      }
    </script>
  </head>
  <body>
    <div>请输入数字: <input type="text" onkeypress="return checkNumber(event);" />
      <span id="tip"></span>
    </div>
  </body>
</html>
```

试着在文本框中输入英文字符，按 Enter 键显示结果，如图 3.50 所示。

请输入数字：[　　　　　　　　] 提示：只能输入数字！

图 3.50　onkeypress 键盘事件示例结果

使用 event.keyCode/event.which 得到的是一个按键对应的数字值（Unicode 编码），本例对 8 的值做特殊处理，是为了在文本框中支持退格（Backspace 键）。

2. onkeydown 事件

用户按下一个键盘按键时会触发 onkeydown 事件。与 onkeypress 事件不同的是，onkeydown 事件是响应任意键按下后的处理（包括功能键），onkeypress 事件只响应字符键按下后的处理。与 onkeypress 事件一样，使用 onkeydown 事件时，IE 浏览器使用 event.keyCode 取回被按下的字符，而 Netscape/Firefox/Opera 等浏览器使用 event.which。

下面的脚本 3-28.html 就是一个利用 onkeydown 事件获取用户按下键盘按键信息的例子。

脚本 3-28.html

```html
<html>
  <body>
    <script type="text/javascript">
      function noNumbers(e){
          var keynum;
          var keychar;
          keynum = window.event ? e.keyCode : e.which;
          keychar = String.fromCharCode(keynum);
          alert(keynum+':'+keychar);
      }
    </script>
    <input type="text" onkeydown="return noNumbers(event)" />
  </body>
</html>
```

在文本框获得焦点后，在键盘按 Enter 键显示结果，如图 3.51 所示。

图 3.51　onkeydown 键盘事件示例结果

如上面例子所示，event.keyCode/event.which 得到的是一个按键对应的数字值（Unicode 编码），常用键值对应情况如表 3.1 所示。

表 3.1　常用键值对应情况

数字值	实际键值
48～57	0～9
65～90	a～z（A～Z）
112～135	F1～F24
8	BackSpace（退格）
9	Tab
13	Enter（回车）
20	Caps_Lock（大写锁定）
32	Space（空格）
37	Left（左箭头）
38	Up（上箭头）
39	Right（右箭头）
40	Down（下箭头）

在 Web 应用中，常常可以看到利用 onkeydown 事件的 event.keyCode/event.which 来获取用户的一些键盘操作，从而运行某些应用的例子。如在用户登录时，如果按下了大写锁定键（20），则加以提示大写锁定；在有翻页的时候，如果用户按下左、右箭头，触发上下翻页等。

获得 Unicode 编码值之后，如果需要得到实际键值，可以通过 Srting 对象的 fromCharCode() 方法（String.fromCharCode()）获得。

3. onkeyup 事件

键盘按键被松开时会触发 onkeyup 事件。

下面的例子演示了在文本框中输入文字，将输入的文字同时显示在其他标签中（如本例中的 <p> 标签）。

示例代码如脚本 3-29.html 所示。

脚本 3-29.html

```
<html>
  <head>
    <script language="JavaScript">
      function copy(input) {
          document.getElementById("display").innerHTML = input.value;
      }
    </script>
  </head>
<body>
  <input type="text" onkeyup="copy(this)" />
```

```
    <p id="display"></p>
  </body>
</html>
```

在文本框里输入文字然后松开键盘按键，显示结果如图 3.52 所示。

JavaScript
JavaScript

图 3.52　onkeyup 键盘事件示例结果

 注意　onkeyup 事件是在按键被松开时触发的，因此在输入字符时如果按住按键不放，那么输入的字符不会立即显示在下面。

3.4　项目实战

【项目 3-1】用循环实现 Bingo 卡片游戏

精讲视频

实战：Bingo 卡片
游戏

1.　项目描述

Bingo 卡片是 5×5 的方形，5 个列上标着 B-I-N-G-O，格子里包含 1～75 的数字。正中间通常是一个空的格子，印着单词 free。每列可以包含的数字的范围：B 列包含数字 1～15；I 列包含数字 16～30；N 列包含数字 31～45；G 列包含数字 46～60；O 列包含数字 61～75。

2.　实现思路

Bingo 卡片内总共有 24 个空格需要填充数字，且每个数字互不重复；每列数字有固定的取值范围。这样首先需要创建一个 for 循环，用 i 作为循环变量，循环 24 次；每次循环调用函数依次往 Bingo 卡片中的空格插入数字。

3.　实现代码

完整代码如脚本 3-30.html、脚本 css01.css、脚本 script01.js 所示。

脚本 3-30.html

```
<!DOCTYPE html>
<html>
  <head>
    <title>Make Your Own Bingo Card</title>
    <link rel="stylesheet" href="css01.css">
    <script src="script01.js"></script>
  </head>
  <body>
    <h1>Create A Bingo Card</h1>
    <table>
      <tr>
        <th>B</th>
        <th>I</th>
        <th>N</th>
        <th>G</th>
        <th>O</th>
      </tr>
      <tr>
        <td id="square0"> </td>
        <td id="square5"> </td>
        <td id="square10"> </td>
```

```
            <td id="square14"> </td>
            <td id="square19"> </td>
        </tr>
        <tr>
            <td id="square1"> </td>
            <td id="square6"> </td>
            <td id="square11"> </td>
            <td id="square15"> </td>
            <td id="square20"> </td>
        </tr>
        <tr>
            <td id="square2"> </td>
            <td id="square7"> </td>
            <td id="free">Free</td>
            <td id="square16"> </td>
            <td id="square21"> </td>
        </tr>
        <tr>
            <td id="square3"> </td>
            <td id="square8"> </td>
            <td id="square12"> </td>
            <td id="square17"> </td>
            <td id="square22"> </td>
        </tr>
        <tr>
            <td id="square4"> </td>
            <td id="square9"> </td>
            <td id="square13"> </td>
            <td id="square18"> </td>
            <td id="square23"> </td>
        </tr>
    </table>
    <p><a href="脚本 3-29.html" id="reload">Click here</a> to create a new card</p>
  </body>
</html>
```

脚本 css01.css

```css
body{
    background-color:white;
    color:black;
    font-size:20px;
    font-family:"Lucida Grande",Verdana,Arial,Helvetica,sans-serif;
}
h1,th{
    font-family:Georgia,"Times New Roman",Times,serif;
}
h1{
    font-size:28px;
}
table{
    border-collapse:collapse;
}
th,td{
    padding:10px;
    border:2px #666b solid;
    text-align:center;
    width:20%;
}
#free{
    background-color:#f66;
}
```

脚本 script01.js

```
window.onload = bingocard;
var nums = new Array(76);

function bingocard(){
    if(document.getElementById){
        for(var i=0; i<24; i++){
            setSquare(i);
        }
    }else{
        alert("Sorry,your browser doesn't support this script");
    }
}
function setSquare(thisSquare){
    var currSquare = "square" + thisSquare;
    var colPlace = new Array(0,0,0,0,0,1,1,1,1,1,2,2,2,2,2,3,3,3,3,3,4,4,4,4,4);
    var colBasis = colPlace[thisSquare] * 15;
    var newnum;

    do{
        newnum = colBasis + getNewNum() + 1;
    }
    while(nums[newnum]);

    nums[newnum] = true;
    document.getElementById(currSquare).innerHTML = newnum;
}
function getNewNum(){
    return Math.floor(Math.random() * 15);
}
```

运行结果如图 3.53 所示。

从运行结果可看出，最终 B 列的数值范围为 1～15；I 列的数值范围为 16～30；N 列的数值范围为 31～45；G 列的数值范围为 46～60；O 列的数值范围为 61～75。脚本 3-29.html 和 css01.css 用于搭建 Bingo 卡片的框架，脚本 script01.js 用于最终实现 Bingo 卡片填充数值。

window.onload=bingocard；即当窗口完成加载时调用 bingocard()函数。var nums=new Array(76)；即将变量 nums 声明为一个包含 76 个对象的数组。在函数 bingocard()中，先用 if 条件语句 if(document.getElementById)判断对象是否存在，如果存在则继续脚

Create A Bingo Card

B	I	N	G	O
14	20	34	56	70
11	19	40	57	72
3	25	Free	51	75
12	26	43	60	69
8	17	37	47	63

Click here to create a new card

图 3.53　案例 3-1 运行结果

本的执行。这里定义一个 for 循环，用 i 作为循环变量循环 24 次，目的是调用函数 setSquare()生成随机数填充 Bingo 卡片的 24 个空格。setSquare()函数中定义数组 colPlace，用来限制哪些随机数可以放在哪一列，定义 B、I、N、G、O 列编号分别为 0、1、2、3、4，这样每一列数字可以这样来计算：（列号×15）+（1～15 的随机数）。setSquare()函数中 do...while 循环用来判断生成的随机数是否已经在 Bingo 卡片中使用过，以避免生成的 Bingo 卡片出现重复数字。

【项目 3-2】利用递归函数求阶乘相加

1. 项目描述

利用递归函数编写求 s=1!+2!+3!+…+9!+10!结果的程序。

2. 实现思路

s=1!+2!+3!+…+9!+10!，这里可以用两个递归函数来实现，递归函数一用来计算每个数的阶

乘，递归函数二用来将每个数的阶乘相加起来。

3. 实现代码

完整代码如脚本 3-31.html 所示。

脚本 3-31.html

```html
<!DOCTYPE html>
<html lang="en">
  <head>
  </head>
  <body>
    <script>
            var recursion = function(num){
                if(num <= 1){
                return 1;
                }else{
                return num * recursion(num-1);
                }
            };
            var addsion = function(i){
                if(i <= 1){
                return 1;
                }else{
                return recursion(i)+addsion(i-1);
                }
            };
            var result = addsion(10);
            console.log("10!+9!+…+1!运算结果为: "+result);
    </script>
  </body>
</html>
```

运行结果如图 3.54 所示。

图 3.54　案例 3-2 运行结果

在脚本 3-31.html 中，函数 recursion 用来递归求每个数的阶乘。函数 addsion 用来调用递归函数 recursion 和自身。当 addsion 函数传入参数为 10 时，返回 recursion(10)+addsion(9)，而 addsion(9)返回 recursion(9)+addsion(8)，这样依次调用下去最终变为求 recursion(10)+recursion(9)+recursion(8)+...+recursion(1)，即实现了求 10!+9!+8!+...+1!。

3.5　小结

本单元介绍了 JavaScript 程序构成的相关内容，3.1 节主要介绍了 JavaScript 中各种程序控制流语句，包括条件、循环等语句；3.2 节中介绍了函数的书写方式，包括函数参数、函数调用模式以及函数返回值等书写方式；3.3 节中介绍了 JavaScript 的事件处理程序，包括页面监听事件以及如何触发事件等；最后通过实战案例进一步介绍事件循环的用法以及如何解决实际问题。

JavaScript 程序控制流为实际应用中的重复、选择分支等操作提供了很好的解决方案，控制着程序的流程向正确的方向进行。函数的存在使代码看起来更加简洁，大大地方便了代码的维护。而 JavaScript 事件使创建的 HTML 页面动态性更强，用户体验和交互性更好。

课后习题

一、选择题

1. 下面哪一项不是 JavaScript 的程序控制流语句（　　）。
   - A. if 条件语句
   - B. for...in 条件语句
   - C. any 语句
   - D. label 语句

2. 函数调用模式不包括以下哪个模式（　　）。
   - A. 方法调用模式
   - B. 构造器调用模式
   - C. apply 调用模式
   - D. 集成调用模式

3. for(var i=0;i<10;i++){sum+=i;}console.log(i)输出以下哪一个结果（　　）。
   - A. 8
   - B. 9
   - C. 10
   - D. 11

4. 关于函数，以下说法错误的是（　　）。
   - A. 函数类似方法，是执行特定任务的语句块
   - B. 可以直接使用函数名来调用函数
   - C. 函数可以提高代码的重用率
   - D. 函数不能有返回值

二、填空题

1. JavaScript 调用模式有：＿＿＿＿、＿＿＿＿、＿＿＿＿以及＿＿＿＿。

2. 获取焦点的事件是＿＿＿＿，失去焦点的事件是＿＿＿＿。

三、简答题

列举常用鼠标事件，并说明其区别。

单元 4
JavaScript 对象

04

情景引入

在动物园里有很多动物，每一种动物都有共性，比如它们都有一个身体、有腿、有头，它们会奔跑、休息和进食等，也有一些不同点。我们可以把动物抽象为animal对象，属性表示动物的习性或者其具体是哪一种动物，方法表示动物的某种行为，对象是JavaScript的核心概念，也是非常重要的数据类型。JavaScript的所有数据都可以被视为对象。

学习目标

知识目标
1. 理解JavaScript的对象的概念
2. 理解JavaScript的对象的特性
3. 掌握JavaScript的内置对象

能力目标
1. 能够创建和复制对象
2. 能够运用单体对象里内置的方法
3. 能够进行对象的遍历和查找

素质目标
强化对象概念的理解和实践应用，提高将理论知识转化为实际技能的能力。

思维导图

4.1 对象简介

所谓对象，就是一种无序的数据集合，由若干个键值对（key-value）构成，如下。

精讲视频

对象简介

```
var o = {
    p: "Hello World"
};
```

在上面的代码中，花括号就定义了一个对象，它被赋值给变量 o。这个对象内部包含一个键值对（又称为"成员"），p 是键名（"成员"的名称），字符串"Hello World"是键值（"成员"的值）。键名与键值用冒号分隔。如果对象内部包含多个键值对，每个键值对之间均用逗号分隔。

可以从以下两个层次来理解对象。

（1）对象是单个实物的抽象。

一本书、一辆汽车、一个人都可以是对象，一个数据库、一张网页、一个与远程服务器的连接也可以是对象。当实物被抽象成对象，实物之间的关系就变成对象之间的关系，从而就可以模拟现实情况，针对对象进行编程。

（2）对象是一个容器，封装了属性和方法。

所谓属性，就是对象的状态；所谓方法，就是对象的行为（完成某种任务）。比如，我们可以把动物抽象为 animal 对象，属性记录具体是哪一种动物，方法表示动物的某种行为（奔跑、捕猎、休息等）。对象属性可以是任何类型的值，甚至包括其他对象或者函数，当函数作为对象属性时也被叫作方法。在 JavaScript 中，每个属性都可以没有特性或者拥有多种不同的特性，如表 4.1 所示。

表 4.1　属性的特性

特性	描述
只读	属性为只读。无法改变属性值
无法枚举	不能使用 for...in 循环枚举属性，即使属性值为对象类型
无法删除	无法使用 delete 删除

JavaScript 为对象定义了很多内部属性，虽然这些属性只是针对语言的开发者定义的，它们无法通过代码访问，只能被运行代码的系统访问，但了解这些属性可以更清晰地明白代码的含义，如表 4.2 所示。

表 4.2　对象的属性

属性	属性类型	描述
prototype	对象	对象的原型，用来实现继承功能的关键对象
class	字符串	描述对象类型的字符串值，使用 typeof 操作符返回结果
get	函数	返回属性值，获取指定属性名的值
put	函数	设置指定的属性值，为指定的属性赋值
canPut	函数	返回指定属性是否可通过 put 操作设置值
hasProperty	函数	返回对象是否有指定的属性
delete	函数	从对象中删除指定属性
defaultValue	函数	返回对象的默认值，只能是原始值，不能是引用类型
construct	函数	通过 new 操作符创建一个对象，实现了这个内部属性的对象叫作构造函数（可以理解为类）

续表

属性	属性类型	描述
call	函数	执行关联在对象上的代码，通过函数表达式调用（也就是通过函数名调用函数），实现了这个内部方法的对象叫作函数
hasInstance	函数	返回给定的值是否扩展了当前对象的属性和行为（可以理解为给定的对象是否为本类创建的对象），在 JavaScript 本地对象中，只有 Function 对象实现了这个属性
scope	对象	作用域链定义了一个函数的执行环境

4.2 创建对象

精讲视频

创建对象

JavaScript 是一门面向对象的语言，但 JavaScript 没有类的概念，一切都是对象。任意一个对象都是某种引用类型的实例，都是通过已有的引用类型创建。引用类型可以是原生的，也可以是自定义的。JavaScript 提供了 6 种创建对象模式。

1. 对象字面量模式

```
var person = {
    name : 'Nicholas';
    age : '22';
    job :"software Engineer";
    sayName: function() {
      alter(this.name);
    }
}
```

这里的代码创建了一个名为 person 的对象，并为它添加了 3 个属性（name，age，job）和一个方法（sayName()），其中，sayName()方法用于显示 this.name（被解析为 person.name）的值。

对象字面量模式可以用来创建单个对象，但这个方法有一个明显的缺点：使用同一个接口创建很多对象时，会产生大量重复的代码。

2. 工厂模式

工厂模式是软件工程领域中一种广为人知的设计模式，工厂模式抽象了创建具体对象的过程，用函数来封装以特定的接口创建对象的细节。

```
function createPerson(name,age,job){
    var o = new Object();
    o.name = name;
    o.age = age;
    o.job = job;
    o.sayName = function(){
        alert(this.name);
    };
    return o;
}
var person1 = createPerson("Nicholas",22,"software Engineer");
var person2 = createPerson("Greg",24,"student");
```

函数 createPerson()根据接收的参数构建一个包含所有必要信息的 Person 对象。可以无数次地调用这个函数，每次都会返回一个包含 3 个属性（name，age，job）和 1 个方法 sayName()的对象。

工厂模式虽然解决了创建多个相似对象的问题，却没有解决对象识别的问题（即怎么知道一个对象的类型），因为创建对象都是使用 Object 类型的原生构造函数来完成的。就如上面的代码里调用函数 createPerson()得到的 o 对象，对象的类型都是 Object。

> **注意** （1）在函数中定义对象，并定义对象的各种属性，虽然属性值可以为方法，但是建议将值为方法的属性定义到函数之外，这样可以避免重复创建该方法。将上面的代码改写如下。
>
> ```javascript
> var sayName = function(){
>     return this.name;
> }
> function createPerson(name,age,job){
>     var o = new Object();
>     o.name = name;
>     o.age = age;
>     o.job = job;
>     o.sayName = sayName;
>     return o;
> }
> var person1 = createPerson("Nicholas",22,"software Engineer");
> alert(person1.sayName());
> var person2 = createPerson("Greg",24,"student");
> alert(person2.sayName());
> ```
>
> （2）引用该对象的时候，这里使用的是 var person1=createPerson()而不是 var person1=new createPerson()；因为后者可能会出现很多问题（前者也称为工厂经典方式，后者称为混合工厂方式），不推荐以 new 的方式使用该对象。
> （3）工厂模式在函数的最后返回该对象。

3. 构造函数模式

所谓构造函数，其实就是一个普通函数，但是内部使用了 this 变量。对构造函数使用 new 操作符，就能生成实例，并且 this 变量会绑定在实例对象上，如下。

```javascript
function Person(name,age,job) {
    this.name = name;
    this.age = age;
    this.job = job;
    this.sayName = function() {
        alert(this.name);
    }
}
//通过 new 操作符创建 Person 的实例
var person1 = new Person("Nicholas",22,"software Engineer");
var person2 = new Person("Greg",24,"student");
person1.sayName();
person2.sayName();
```

与工厂模式相比，使用构造函数模式创建对象，无须在函数内部重新创建对象，而使用 this 变量指代，没有 return 语句。构造函数模式创建对象的新实例，必须使用 new 操作符。调用构造函数有 4 个步骤：创建一个新对象；将构造函数的作用域赋给新对象（this 变量指向了这个新对象）；执行构造函数中的代码；返回新对象。

这个例子中创建的所有对象既是 Object 实例，也是 Person 实例。可以通过 instanceof 操作符验证。

```javascript
alert(person1 instanceof Object);    // 输出 true
```

构造函数模式也有自己的问题，实际上，sayName()方法在每个实例上都会被重新创建一次，需要注意的是，通过实例化创建的方法并不相等，以下代码可以证明。

```javascript
alert(person1.sayName == person2.sayName);  // 输出 false
```

可以将方法移到构造器的外部作为全局函数来解决这个问题。

```
function Person(name,age,job) {
    this.name = name;
    this.age = age;
    this.job = job;
}
function sayName() {
    alert(this.name);
}
```

在全局下创建的全局函数实际上只能被经由 Person 创建的实例调用，这就有点名不副实了；如果对象需要定义很多方法，就要定义很多个全局函数，缺少封装性。

4. 原型模式

JavaScript 中创建的每个函数都有一个 prototype（原型）属性，它是一个指针，指向一个对象，包含可以由特定类型的所有实例共享的属性和方法（让所有的对象实例共享它的属性和方法）。

```
function Person() {}
Person.prototype.name ="Nicholas";
Person.prototype.age = 22;
Person.prototype.job = "software Engineer";
Person.prototype.sayName(){
    alert(this.name);
};
var person1 = new Person();
person1.sayName();   //Nicholas
alert(person1.sayName == person2.sayName);//true
```

这里定义了一个构造函数 Person，Person 函数自动获得一个 prototype 属性，该属性默认只包含一个指向 Person 的 constructor 属性。通过 Person.prototype 添加 3 个属性和 1 个方法。创建一个 Person 实例，随后在实例上调用了 sayName()方法。

sayName()方法的调用过程如下。

在 person1 实例上查找 sayName()方法，发现没有这个方法，于是追溯到 person1 的原型；在 person1 的原型上查找 sayName()方法，有这个方法，于是调用该方法。

基于这样一个查找过程，我们可以通过在实例上定义原型中的同名属性，来阻止该实例访问原型上的同名属性，需要注意的是，这样做并不会删除原型上的同名属性，仅仅是阻止实例访问。

```
function Person() {}
Person.prototype.name ="Nicholas";
Person.prototype.age = 22;
Person.prototype.job = "software Engineer";
Person.prototype.sayName(){
    alert(this.name);
};
var person1 = new Person();
var person2 = new Person();
person1.name="Greg";
alert(person1.name) //Greg 来自实例
alert(person2.name) //Nicholas 来自原型
```

原型模式实际上也是构造函数模式。与构造函数模式的区别在于：构造函数模式将所有属性值不是方法的属性定义在函数中；而原型模式将所有属性值为方法的属性利用 prototype 在函数之外定义。

5. 组合使用构造函数模式和原型模式

组合使用构造函数模式和原型模式中，构造函数用于定义实例属性，原型模式用于定义方法和共享的属性。这样每个实例都会有自己的一份实例属性的副本，同时也可以共享对方法的引用，最大限度地节省内存。

```
function Person(name,age,job) {
    this.name = name;
    this.age = age;
    this.job = job;
    this.friends = ["Shelby","Court"];
}
Person.prototype = {
    constructor: Person,
    sayName: function(){
        alert(this.name);
    }
}
var person1 = new Person("Nicholas",22,"software Engineer");
var person2 = new Person("Greg",24,"student");
person1.friend.push("Van");
alert(person1.friends);          //"Shelby,Court,Van"
alert(person2.friends);          //"Shelby,Court"
alert(person1.friends == person2.friends);    //false
alert(person1.sayName == person2.sayName);   //true, 共享原型中定义的 sayName() 方法
```

6. 动态原型模式

动态原型模式将需要的所有信息都封装到构造函数中，通过 if 条件语句判断原型中的某个属性是否存在，若不存在（在第一次调用这个构造函数的时候），执行 if 条件语句内部的原型初始化代码。

```
function Person(name,age) {
    this.name = name;
    this.age = age;
    this.job =job;
    //方法
    if(typeof this.sayName != 'function') {
        Person.prototype.sayName = function() {
            alert(this.name);
        };
    }
}
var friend = new Person('Nicholas','22','Software Engineer'); //初次调用构造函
数, 此时修改了原型
var person2 = new Person('amy','21');   //此时 sayName() 方法已经存在, 不会再修改原型
```

4.2.1　构造器与 new 操作符

常规的 {...} 语法允许创建一个对象。但是我们经常需要创建很多类似的对象，例如多个用户或菜单项等。这可以使用构造函数和 new 操作符来实现。构造函数在技术上是常规函数。不过有两个约定：

- 它们的名称以大写字母开头。
- 它们只能由 new 操作符来执行。

如下。

```
function User(name) {
  this.name = name;
  this.isAdmin = false;
}

let user = new User("Jack");

alert(user.name); // Jack
alert(user.isAdmin); // false
```

当一个函数使用 new 操作符执行时，按照以下步骤。

- 一个新的空对象被创建并分配给 this。
- 函数体执行。通常它会修改 this，为其添加新的属性。
- 返回 this 的值。

new User("Jack")的结果是相同的对象。

```
let user = {
  name: "Jack",
  isAdmin: false
};
```

如果我们想创建其他用户，可以调用 new User("Ann")，new User("Alice")等，比每次都使用字面量创建要短得多，而且更易于阅读。

这是构造器的主要目的——实现可重用的对象创建代码。

4.2.2 对象方法和 this

1. 对象方法

通常创建对象来表示真实世界中的实体，如用户和订单等，在现实世界中，用户可以进行操作：从购物车中挑选某物、登录和注销等。在 JavaScript 中，行为（action）由属性中的函数来表示。

例如我们来教 user 说"Hello"。

```
let user = {
  name: "John",
  age: 30
};

user.sayHi = function() {
  alert("Hello!");
};

user.sayHi(); // Hello!
```

这里我们使用函数表达式创建了一个函数，并将其指定给对象的 user.sayHi 属性。随后我们像这样 user.sayHi()调用它。作为对象属性的函数被称为方法。所以，在这里我们得到了 user 对象的 sayHi 方法。当然，我们也可以使用预先声明的函数作为方法，如下。

```
let user = {
  // ...
};

// 首先，声明函数
function sayHi() {
  alert("Hello!");
}

// 然后将其作为一个方法添加
user.sayHi = sayHi;

user.sayHi(); // Hello!
```

在对象字面量中，有一种更短的（声明）方法的语法。

```
// 这些对象作用一样
user = {
  sayHi: function() {
    alert("Hello");
  }
};

// 方法简写看起来更好，对吧?
```

```
let user = {
  sayHi() { // 与 "sayHi: function(){...}" 一样
    alert("Hello");
  }
};
```

2. 方法中的 this

通常，对象方法需要访问对象中存储的信息才能完成其工作。例如，user.sayHi()中的代码可能需要用到 user 的 name 属性。为了访问该对象，方法中可以使用 this 关键字。this 的值就是在点之前的这个对象，即调用该方法的对象。

```
let user = {
  name: "John",
  age: 30,

  sayHi() {
    // "this" 指的是"当前的对象"
    alert(this.name);
  }

};

user.sayHi(); // John
```

在 user.sayHi()的执行过程中，this 的值是 user。在 JavaScript 中，this 关键字与其他大多数编程语言中的不同。JavaScript 中的 this 可以用于任何函数，即使它不是对象的方法。下面这样的代码没有语法错误。

```
function sayHi() {
  alert( this.name );
}
```

this 的值是在代码运行时计算出来的，它取决于代码上下文。箭头函数有些特别：它们没有自己的 this。如果我们在这样的函数中引用 this，this 值取决于外部"正常的"函数。

举个例子，这里的 arrow()使用的 this 来自外部的 user.sayHi()方法：

```
let user = {
  firstName: "Ilya",
  sayHi() {
    let arrow = () => alert(this.firstName);
    arrow();
  }
};

user.sayHi(); // Ilya
```

【任务 4-1】创建对象，理解存执机制

1. 任务介绍
定义一个 Person 对象，对象包括姓名属性，并获取实例化对象 Person 的姓名信息。

2. 任务目标
学会 JavaScript 几种创建对象模式及全局变量的存储机制。

3. 实现思路
（1）选用构造函数模式创建对象，并且将属性值为方法的属性定义到函数之外。
（2）全局变量是绑定在 Window 对象上的，是 Window 对象的属性。

4. 实现代码
完整代码如脚本 4-1.html 所示。

脚本 4-1.html

```html
<html>
 <head><title>JavaScript 对象创建</title></head>
 <script>
      var myName = function(){
          for (var name in this.global) {
              if (this.global[name] === this) {
                  return name;
              }
          }
      }
      function Person() {
          this.myName = myName;
      }
      Person.prototype.global = this;
      var nick = new Person();
      console.log(nick.myName());
 </script>
</html>
```

分析如下。

Person.prototype.global=this;这里，将 window 对象的引用，存到 Person 原型的 global 中；var nick=new Person();实例化对象 Person；Person 包含属性 myName，这个属性为方法定义在函数 Person 外；myName 方法中运用 for 循环查找 window 对象中的姓名属性，然后判断是否为 Person 类，如果是则返回姓名信息。

5. 运行结果

运行结果如图 4.1 所示。

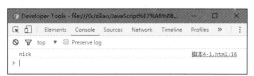

图 4.1　任务 4-1 运行结果

4.3　对象特性

同 C++、Java 等大多数面向对象语言一样，JavaScript 存在抽象、封装、继承和多态四大特性。

精讲视频

对象特性

1. 抽象性

面向对象的分析首先会抽象问题，找出问题的本质属性，即最不容易发生改变的特性。比如，要设计一款汽车展示软件，软件中应该会有很多种类的汽车，它们拥有各种外形和性能。怎样设计出既能满足需求又能减少修改量的软件呢？

不管这些汽车是什么样子、什么牌子、多大排量的，它们都有一些通性，例如有 4 个轮子、1 台发动机这些属性，还有换挡、刹车这些行为（也就是方法）。在最初的需求未明确之前，我们能做的就是创建一个类，用来描述具有相似性的一类事物。即使需求变了，通性也不会变，这就是抽象。

2. 封装性

封装就是把抽象出来的数据和对数据的操作封装在一起，数据被保护在内部，程序的其他部分只有通过被授权的操作（成员方法），才能对数据进行操作。

3. 继承性

继承性也可以理解为扩展性。汽车有 4 轮的，当然还有比 4 轮多的，在描述多轮汽车时，我们就可以派生出一个新的类（子类）来描述这一类汽车，新类继承了原有类（父类）的其他特性。当然，派生什么类取决于设计人员对需求的分析，可以按用途分类，也可以按其他方面分类。继承可以实现代码复用，让编程更加接近人类思维。当多个类存在相同的属性（变量）和方法时，可以从这些类中抽象出父类，在父类中定义这些相同的属性和方法，所有的子类均不需要重新定义这些属性和方法，只需要继承父类中的属性和方法。

JavaScript 中实现继承的方式有两种。第一种实现继承的方法是对象冒充，如脚本 4-2.html 所示。

脚本 4-2.html

```html
<html>
  <head>
    <script type="text/javascript">
            function Stu(name, age){
                this.name = name;
                this.age = age;
                this.show = function(){
                    window.alert(this.name + " " + this.age);
                }
            }
            function MidStu(name, age) {
                this.stu = Stu;
                this.stu(name, age);
            }
            var midStu = new MidStu("王先生", 28);
            midStu.show();
    </script>
  </head>
  <body>
  </body>
</html>
```

函数 MidStu 中 this.stu=Stu；通过对象冒充将函数 Stu 赋值给 this.stu；这样函数 MidStu 的成员 stu 就拥有了函数 Stu 的所有成员。脚本运行结果如图 4.2 所示。

第二种实现继承的方法是通过 call 或者 apply 来实现，见脚本 4-3.html。

图 4.2　对象冒充示例结果

脚本 4-3.html

```html
<html>
  <head>
    <script type="text/javascript">
        function Stu(name,age){
            this.name=name;
            this.age=age;
            this.show=function(){
                window.alert(this.name+" "+this.age);
            }
        }
        function MidStu(name,age){
            Stu.call(this,name,age);
        }
        var midstu=new MidStu("王先生",28);
        midstu.show();
    </script>
</html>
```

函数 MidStu 中使用语句 Stu.call(this,name,age)，通过 call 方法修改了 Stu 构造函数的 this 指向，使它指向了调用者本身。如果这里使用 apply 方法，则可以这样更改代码：Stu.apply(this,[name,age])。使用这种方式实现继承可获得同样的结果，如图 4.3 所示。

图 4.3　call 方法实现继承示例结果

4. 多态性

多态性是指相同操作方式带来不同的结果。从形式上来说，有两种多态，分别为重载和覆盖。覆盖是指子类对父类的行为做了修改，虽然行为相同，但结果不同。例如改进性能的某系列汽车就比原版车的某些方面的性能更优越。重载是指某一对象的相同行为导致了不同的结果。多态一方面加强了程序的灵活性和适应性，另一方面也可以减少编码的工作量。

JavaScript 实现重载的方式与 Java 等其他面向对象语言不同。JavaScript 需要利用 arguments 属性来实现方法重载，如脚本 4-4.html 所示。

脚本 4-4.html

```html
<html>
  <head></head>
    <script type="text/javascript">
        function Person(){
            this.test1=function (){
                if(arguments.length==1){
                    this.show1(arguments[0]);
                }else if(arguments.length==2){
                    this.show2(arguments[0],arguments[1]);
                }else if(arguments.length ==3){
                    this.show3(arguments[0],arguments[1],arguments[2]);
                }
            }
            this.show1=function(a){
                console.log("show1()被调用");
            }
            this.show2=function(a,b){
                console.log("show2()被调用");
            }
            this.show3=function(a,b,c){
                console.log("show3()被调用");
            }
        }
        var p1=new Person();
        p1.test1("a","b","c");
        p1.test1("a","b");
        p1.test1("a");
    </script>
</html>
```

这里实例化对象 Person，随后依次调用 Person 的 test1 方法。第 1 次调用传入 3 个参数"a""b""c"，运用 arguments 属性判断 arguments.length 为 3，则调用 show3 方法；同理第 2 次调用会跳转到 show2 方法中；第 3 次调用会跳转到 show1 方法中。最终浏览器控制台依次输出"show3()被调用""show2()被调用""show1()被调用"，运行结果如图 4.4 所示。

图 4.4　多态性示例运行结果

4.3.1　对象引用与复制

1. 对象引用

对象与原始类型的根本区别之一是，对象是通过"引用"存储和复制的，而原始类型的字符串、数字、布尔值等——总是"作为一个整体"复制。赋值了对象的变量存储的不是对象本身，而是该对象"在内存中的地址"，换句话说就是对该对象的"引用"。例如我们有一个 user 对象。

```
let user = {
  name: "John"
};
```

当我们对对象执行操作时，例如获取一个属性 user.name，JavaScript 引擎会查看该地址中的内容，并在实际对象上执行操作。当一个对象变量被复制则引用被复制，而该对象自身并没有被复制。

```
let user = { name: "John" };

let admin = user; // 复制引用
```

现在我们有了两个变量，它们保存的都是对同一个对象的引用，我们可以通过其中任意一个变量来访问该对象并修改它的内容。

```
let user = { name: 'John' };
let admin = user;

admin.name = 'Pete'; // 通过 admin 引用来修改
alert(user.name); // 'Pete'，修改能通过 user 引用看到
```

仅当两个对象为同一对象时，两者才相等。例如，这里 a 和 b 两个变量都引用同一个对象，所以它们相等。

```
let a = {};
let b = a; // 复制引用

alert( a == b ); // true，都引用同一对象
alert( a === b ); // true
```

而这里两个独立的对象则并不相等，即使它们看起来很像（都为空）。

```
let a = {};
let b = {}; // 两个独立的对象

alert( a == b ); // false
```

2. 对象复制

我们可以创建一个新对象，通过遍历已有对象的属性，并在原始类型值的层面复制它们，以实现对已有对象结构的复制。如下。

```
let user = {
  name: "John",
  age: 30
};

let clone = {}; // 新的空对象

// 将 user 中所有的属性复制到其中
for (let key in user) {
  clone[key] = user[key];
}

// 现在 clone 是带有相同内容的完全独立的对象
clone.name = "Pete"; // 改变了其中的数据
```

```
alert( user.name ); // 原来的对象中的 name 属性依然是 John
```

我们也可以使用 Object.assign 方法来达成同样的效果。语法如下。

```
Object.assign(dest, [src1, src2, src3...])
```

* 第一个参数 dest 是目标对象。
* 更后面的参数 src1,...,src*n*（可按需传递多个参数）是源对象。
* 该方法将所有源对象的属性复制到目标对象 dest 中。换句话说，从第二个开始的所有参数的属性都被复制到第一个参数的对象中。
* 调用结果返回 dest。

例如，我们可以用它来合并多个对象。

```
let user = { name: "John" };

let permissions1 = { canView: true };
let permissions2 = { canEdit: true };

// 将 permissions1 和 permissions2 中的所有属性都复制到 user 中
Object.assign(user, permissions1, permissions2);

// 现在 user = { name: "John", canView: true, canEdit: true }
```

如果被复制的属性名已经存在，那么它会被覆盖。

```
let user = { name: "John" };

Object.assign(user, { name: "Pete" });

alert(user.name); // 现在 user = { name: "Pete" }
```

我们也可以用 Object.assign 方法代替 for...in 循环来进行简单复制。

```
let user = {
  name: "John",
  age: 30
};

let clone = Object.assign({}, user);
```

它将 user 中的所有属性复制到一个空对象中，并返回这个新的对象。到现在为止，我们都假设 user 的所有属性均为原始类型。但属性可以是对其他对象的引用。如下。

```
let user = {
  name: "John",
  sizes: {
    height: 182,
    width: 50
  }
};

alert( user.sizes.height ); // 182
```

现在这样复制 clone.sizes=user.sizes 已经不足够了，因为 user.sizes 是一个对象，它会以引用形式被复制。因此 clone 和 user 会共用一个 sizes。

```
let user = {
  name: "John",
  sizes: {
    height: 182,
    width: 50
  }
};

let clone = Object.assign({}, user);
```

```
alert( user.sizes === clone.sizes ); // true, 同一个对象

// user 和 clone 分享同一个 sizes
user.sizes.width++;        // 通过其中一个改变属性值
alert(clone.sizes.width); // 51, 能从另外一个获取到变更后的结果
```

为了解决这个问题，并让 user 和 clone 成为两个真正独立的对象，我们应该使用一个复制循环来检查 user[key]的每个值，如果它是一个对象，那么也复制它的结构。这就是所谓的"深复制"。

我们可以使用递归来实现它。或者为了不重复造轮子，采用现有的实现，例如 lodash 库的 _.cloneDeep(obj)。

4.3.2　可选链 "?."

可选链?.是一种访问嵌套对象属性的安全的方式。即使中间的属性不存在，也不会出现错误。假设我们有很多个 user 对象，其中存储了我们的用户数据。我们大多数用户的地址都存储在 user.address 中，街道地址存储在 user.address.street 中，但有些用户没有提供这些信息。在这种情况下，当我们尝试获取 user.address.street，而该用户恰好没提供地址信息时，我们会收到一个错误。

```
let user = {}; // 一个没有 "address" 属性的 user 对象

alert(user.address.street); // Error!
```

JavaScript 的工作原理就是这样的。因为 user.address 为 undefined，尝试读取 user.address.street 会失败，并收到一个错误。但是在很多实际场景中，我们更希望得到的是 undefined（表示没有 street 属性）而不是一个错误。这个时候我们可以通过 if 条件语句判断来避免这个错误，但是不够优雅，可选链成了最好的替代方案。如果可选链?.前面的值为 undefined 或者 null，它会停止运算并返回 undefined。例如 value?.prop。

- 如果 value 存在，则结果与 value.prop 相同。
- 否则（当 value 为 undefined/null 时）返回 undefined。

下面是一种使用?.安全地访问 user.address.street 的方式：

```
let user = {}; // user 没有 address 属性

alert( user?.address?.street ); // undefined（不报错）
```

如果?.左边部分不存在，就会立即停止运算（"短路效应"）。因此，如果在?.的右侧有任何进一步的函数调用或操作，它们均不会执行。

```
let user = null;
let x = 0;

user?.sayHi(x++); // 没有 "user"，因此代码执行没有到达 sayHi 调用和 x++

alert(x); // 0，值没有增加
```

4.3.3　垃圾回收

对于开发者来说，JavaScript 的内存管理是自动的、无形的。我们创建的原始值、对象、函数……这一切都会占用内存。JavaScript 中主要的内存管理概念是可达性。简而言之，可达值是那些以某种方式可访问或可用的值。它们一定是存储在内存中的。这里列出固有的可达值的基本集合，这些值明显不能被释放。比方说：当前执行的函数；它的局部变量和参数、当前嵌套调用链上的其他函数、它们的局部变量和参数；全局变量。

如果一个值可以通过引用链从根访问任何其他值，则认为该值是可达的。比方说，如果全局变量中有一个对象，并且该对象有一个属性引用了另一个对象，则该对象被认为是可达的。而且它引用的内容也是可达的。在 JavaScript 引擎中有一个被称作"垃圾回收器"的东西在后台执行。它监控着所有对象的状态，并删除那些已经不可达的。

例如我们定义了一个 user 对象，里面有一个 name 属性，全局变量 user 引用了对象{name: "John"}：

```
// user 具有对这个对象的引用
let user = {
  name: "John"
};
```

如果 user 的值被重写了，这个引用就没了。

```
user = null;
```

现在 John 变成不可达的了。因为没有引用，就不能访问它。"垃圾回收器"会认为它是垃圾数据并进行回收，然后释放内存。我们把 user 的引用复制给 admin。

```
// user 具有对这个对象的引用
let user = {
  name: "John"
};

let admin = user;
```

此时如果执行 user=null，对象仍然可以被 admin 这个全局变量访问，因此它必须被保留在内存中。如果我们又重写了 admin，对象就会被删除。

"垃圾回收"的基本算法被称为"mark-and-sweep"。定期执行以下"垃圾回收"步骤。

- "垃圾回收器"找到所有的根，并标记它们。
- 它遍历并标记来自它们的所有引用。
- 它遍历标记的对象并标记它们的引用。所有被遍历到的对象都会被记住，以免将来再次遍历到同一个对象。
- ……如此操作，直到所有（从根部）可达的引用都被访问。
- 没有被标记的对象都会被删除。

4.3.4 解构赋值

JavaScript 中常用的两种数据结构是 Object 和 Array。

- 对象是一种根据键存储数据的实体。
- 数组是一种直接存储数据的有序列表。

解构赋值是一种特殊的语法，它使我们可以将数组或对象"拆包"至一系列变量中。有时这样做更方便。下面是一个将数组解构到变量中的例子。

```
// 我们有一个存放了名字和姓氏的数组
let arr = ["John", "Smith"]

// 解构赋值
// 设置 firstName = arr[0]
// 以及 surname = arr[1]
let [firstName, surname] = arr;

alert(firstName); // John
alert(surname);  // Smith
```

我们可以使用这些变量而非原来的数组项了。当与 split()函数（或其他返回值为数组的函数）

结合使用时，看起来更优雅。

```
let [firstName, surname] = "John Smith".split(' ');
alert(firstName); // John
alert(surname);  // Smith
```

这种语法被叫作"解构赋值"，是因为它"拆开"了数组或对象，将其中的各元素复制给一些变量。原来的数组或对象自身没有被修改。可以通过添加额外的逗号来丢弃数组中不想要的元素。

```
// 不需要第二个元素
let [firstName, , title] = ["Julius", "Caesar", "Consul", "of the Roman
Republic"];

alert( title ); // Consul
```

如果我们还想收集其余的数组项，我们可以使用 3 个点"..."再加 1 个参数以获取其余数组项。

```
let [name1, name2, ...rest] = ["Julius", "Caesar", "Consul", "of the Roman
Republic"];

// rest 是包含从第 3 项开始的其余数组项的数组
alert(rest[0]); // Consul
alert(rest[1]); // of the Roman Republic
alert(rest.length); // 2
```

rest 的值就是数组中剩下的元素组成的数组。不一定要使用变量名 rest，我们也可以使用任何其他的变量名。只要确保它前面有 3 个点，并且在解构赋值的最后一个参数位置上就行了。解构赋值同样适用于对象。基本语法如下。

```
let {var1, var2} = {var1:…, var2:…}
```

在等号右侧是一个已经存在的对象，我们想把它拆分到变量中。等号左侧包含了对象相应属性的一个类对象模式（pattern）。在最简单的情况下，等号左侧的就是{...}中的变量名列表。如下所示。

```
let options = {
  title: "Menu",
  width: 100,
  height: 200
};

let {title, width, height} = options;

alert(title); // Menu
alert(width); // 100
alert(height); // 200
```

属性 options.title、options.width 和 options.height 值被赋给了对应的变量。如果我们想把一个属性赋值给另一个名字的变量，比如把 options.width 属性赋值给名为 w 的变量，那么我们可以使用冒号来设置变量名。

```
let options = {
  title: "Menu",
  width: 100,
  height: 200
};

// { sourceProperty: targetVariable }
let {width: w, height: h, title} = options;

// width -> w
// height -> h
// title -> title

alert(title);  // Menu
```

```
alert(w);     // 100
alert(h);     // 200
```

对于可能缺失的属性，我们可以使用"="设置默认值，如下所示。

```
let options = {
  title: "Menu"
};

let {width = 100, height = 200, title} = options;

alert(title);  // Menu
alert(width);  // 100
alert(height); // 200
```

如果一个对象或数组嵌套了其他的对象和数组，我们可以在等号左侧使用更复杂的模式来提取更深层的数据。在下面的代码中，options 的属性 size 是另一个对象，属性 items 是另一个数组。赋值语句中等号左侧的模式具有相同的结构以从中提取值。

```
let options = {
  size: {
    width: 100,
    height: 200
  },
  items: ["Cake", "Donut"],
  extra: true
};

// 为了清晰起见，解构赋值语句被写成多行的形式
let {
  size: { // 把 size 赋值到这里
    width,
    height
  },
  items: [item1, item2], // 把 items 赋值到这里
  title = "Menu" // 在对象中不存在（使用默认值）
} = options;

alert(title);  // Menu
alert(width);  // 100
alert(height); // 200
alert(item1);  // Cake
alert(item2);  // Donut
```

4.3.5 Object.keys、Object.values 及 Object.entrise 的用法

遍历对象时我们一般使用 for...in，其实对象原型上面提供了几个方法，可以帮助我们快速获取对象的 key 和 value，然后进行遍历，对于普通对象，下列这些方法是可用的。

- Object.keys(obj)——返回一个包含该对象所有的键的数组。
- Object.values(obj)——返回一个包含该对象所有的值的数组。
- Object.entries(obj)——返回一个包含该对象所有[key,value]键值对的数组。

Object.*方法返回的是真正的数组对象，而不只是一个可迭代对象，例如有一个 user 对象。

```
let user = {
  name: "John",
  age: 30
};
Object.keys(user) = ["name", "age"]
Object.values(user) = ["John", 30]
Object.entries(user) = [ ["name","John"], ["age",30] ]
```

【任务 4-2】计算最高薪资

1. 任务介绍

定义一个对象，里面有每个人的姓名和薪资，新建一个函数 topSalary(salaries)，返回薪资最高的人的姓名。

```
let salaries = {
  "John": 100,
  "Pete": 300,
  "Mary": 250
};
```

2. 任务目标

理解 JavaScript 中 Object.entries 和结构赋值的使用方法。

3. 实现思路

（1）通过 Object.entries 拿到对象的 key 和 value 的数组集合。

（2）然后分别进行比较，把最高的薪资和对应的人名存在变量中。

4. 实现代码

完整代码如脚本 4-5.html 所示。

脚本 4-5.html

```
<html>
  <head><title>JavaScript 面向对象特性</title></head>
    <script>
        function Person(firstName) {
            this.firstName = firstName;
        }
        Person.prototype.walk = function(){
            console.log("I am walking!");
        };
        Person.prototype.sayHello = function(){
            console.log("Hello, I'm " + this.firstName);
        };

        function Student(firstName, subject) {
            Person.call(this, firstName);
            this.subject = subject;
        };
        Student.prototype = Object.create(Person.prototype);
        Student.prototype.constructor = Student;
        Student.prototype.sayHello = function(){
        console.log("Hello, I'm " + this.firstName + ". I'm studying " +
this.subject + ".");
        };
        Student.prototype.sayGoodBye = function(){
          console.log("Goodbye!");
        };

        var student1 = new Student("Janet", "Applied Physics");
        student1.sayHello();
        student1.walk();
        student1.sayGoodBye();

        console.log(student1 instanceof Person);
        console.log(student1 instanceof Student);
    </script>
</html>
```

5. 运行结果

运行结果如图 4.5 所示。

图 4.5 任务 4-2 运行结果

4.4 单体内置对象

精讲视频

单体内置对象

ECMA-262 对内置对象的定义是由 JavaScript 实现提供的、不依赖于宿主环境的对象，这些对象在 JavaScript 程序执行之前就已经存在了。意思就是说，开发人员不必显式地实例化内置对象，因为它们已经实例化了。前文已经介绍了大多数内置对象，例如 Object、Array 和 String。ECMA-262 还定义了两个单体内置对象：Global 和 Math。

4.4.1 Global 对象

Global 对象是 JavaScript 中最特别的对象，因为实际上它根本不存在。Global 对象在某种意义上是作为一个终极的"兜底儿对象"来定义的。换句话说，不属于任何其他对象的属性和方法，最终都属于它的属性和方法。所有在全局作用域中定义的属性和函数，都是 Global 对象的属性和方法。本书前面介绍过的那些函数，诸如 isNaN()、isFinite()、parseInt()以及 parseFloat()，实际上全都是 Global 对象的方法。除此之外，Global 对象还包含一些其他方法。

1. URI 编码方法

使用 Global 对象的 encodeURI()和 encodeURIComponent()方法可以对 URI（Uniform Resource Identifier，通用资源标识符）进行编码，以便发送给浏览器。有效的 URI 中不能包含某些字符，例如空格。这两个 URI 编码方法用特殊的 UTF-8 编码替换所有无效的字符，从而让浏览器能够接收和理解。

其中，encodeURI()方法主要用于整个 URI，而 encodeURIComponent()主要用于对 URI 中的某一段进行编码。它们的主要区别在于，encodeURI()方法不会对本身属于 URI 的特殊字符进行编码，例如冒号、正斜杠、问号和井字号；encodeURIComponent()方法则会对它发现的任何非标准字符进行编码。示例代码见脚本 4-6.html。

脚本 4-6.html

```html
<html>
  <head>
    <script type="text/javascript">
        var uri = "http://ptpress.com.cn/#start";
        console.log(encodeURI(uri));
        console.log(encodeURIComponent(uri));
    </script>
  </head>
</html>
```

运行结果如图 4.6 所示。

使用 encodeURI()方法编码后的结果是除了空格之外的其他字符都原封不动，只有空格被替换成%20。而 encodeURIComponent()方法则会使用对应的编码替换所有非字母数字字符。这也正是不可以对整个 URI 使用 encodeURI()方法，而只能对附加在现有 URI 后面的字符串使用 encodeURIComponent()方法的原因所在。

图 4.6　URI 编码方法示例结果 1

一般来说，使用 encodeURIComponent()方法的时候要比使用 encodeURI()方法的更多，因为在实践中更常见的是对查询字符串参数而不是对基础 URI 进行编码。

与 encodeURI()和 encodeURIComponent()方法对应的两个方法分别是 decodeURI()和 decodeURIComponent()。其中，decodeURI()只能对使用 encodeURI()替换的字符进行解码。例如，它可将%20 替换成一个空格，但不会对%23 做任何处理，因为%23 表示井字号#，而井字号不是使用 encodeURI()替换的。同样地，decodeURIComponent()能够解码使用 encodeURIComponent()编码的所有字符，即它可以解码任何特殊字符的编码。仍然以脚本 4-6.html 中的 URI 为例，来看decodeURI()和 decodeURIComponent()的解码结果，如脚本 4-7.html 所示。

脚本 4-7.html

```html
<html>
  <head>
    <script type="text/javascript">
        var uri = "http%3A%2F%2Fptpress.com.cn%2F%23start";
        console.log(decodeURI(uri));
        console.log(decodeURIComponent(uri));
    </script>
</html>
```

运行结果如图 4.7 所示。

图 4.7　URL 编码方法示例结果 2

这里，变量 uri 包含一个由 encodeURIComponent()编码的字符串。在第 1 次调用 decodeURI()输出的结果中，只有%20 被替换成空格。而在第 2 次调用 decodeURIComponent()输出的结果中，所有特殊字符的编码都被替换成原来的字符，得到了一个未经转义的字符串（但这个字符串并不是一个有效的 URI）。

2. eval()方法

eval()方法就像一个完整的 JavaScript 解析器，它只接收一个参数，即要执行的 JavaScript字符串。用法如下。

```
eval("console.log('hi')");
```

这行代码的作用等价于下面这行代码。

```
console.log("hi");
```

当解析器发现代码中调用 eval()方法时，它会将传入的参数当作实际的 JavaScript 语句来解析，然后把执行结果插入原位置。通过 eval()执行的代码被认为是包含该次调用的执行环境的一部分，因此被执行的代码具有与该执行环境相同的作用域链。这意味着通过 eval()执行的代码可以引用在包含环境中定义的变量，见如下代码。

```
var msg = "hello world";
eval("console.log(msg)");   // "hello world"
```

这里输出变量 msg 的内容。可见，变量 msg 是在 eval()调用的环境之外定义的，但其中调用的 console.log()仍然能够显示"hello world"。这是因为上面第 2 行代码最终被替换成一行真正的代码。同样，我们也可以在 eval()调用中定义一个函数，然后在该调用的外部代码中引用这个函数。

```
eval("function sayHi() { console.log('hi'); }");
sayHi(); // "hi"
```

显然，函数 sayHi()是在 eval()内部定义的。但由于对 eval()的调用最终会被替换成定义函数的实际代码，因此可以在下一行调用 sayHi()，对于变量来说也一样。

```
eval("var msg = 'hello world';");
console.log(msg); // "hello world"
```

在 eval()中创建的任何变量或函数都不会被提升，因为在解析代码的时候，它们被包含在一个字符串中，它们只在 eval()执行的时候创建。

严格模式下，在外部访问不到 eval()中创建的任何变量或函数，因此前面两个例子都会导致错误。同样，在严格模式下，为 eval()赋值也会导致错误。

```
"use strict";
eval = "hi"; // causes error
```

eval()解释代码字符串的能力非常强大，但也非常危险。因此在使用 eval()时必须极为谨慎，特别是在用它执行用户输入数据的情况下。否则，可能会有恶意用户输入威胁站点或应用程序安全的代码（即所谓的代码注入）。

3. Global 对象的属性

Global 对象还包含一些属性，其中一部分属性已经在前文介绍过了。例如，特殊的值 undefined、NaN 以及 Infinity 都是 Global 对象的属性。此外，所有原生引用类型的构造函数，如 Object 和 Function，也都是 Global 对象的属性。表 4.3 列出了 Global 对象的属性。

表 4.3　Global 对象属性

属性	释义
undefined	特殊值 undefined
NaN	特殊值 NaN
Infinity	特殊值 Infinity
Object	构造函数 Object
Array	构造函数 Array
Function	构造函数 Function
Boolean	构造函数 Boolean
String	构造函数 String
Number	构造函数 Number
Date	构造函数 Date
RegExp	构造函数 RegExp
Error	构造函数 Error
EvalError	构造函数 EvalError
RangeError	构造函数 RangeError
ReferenceError	构造函数 ReferenceError
SyntaxError	构造函数 SyntaxError
TypeError	构造函数 TypeError
URIError	构造函数 URIError

4.4.2　Math 对象

JavaScript 还为保存数学公式和信息提供了一个公共位置，即 Math 对象。与用 JavaScript 直接编写的计算功能相比，Math 对象提供的计算功能执行起来要快得多。Math 对象中还提供了辅助完成这些计算的属性和方法。

1. Math 对象属性

Math 对象包含的属性大多是数学计算中可能会用到的一些特殊值。表 4.4 列出了这些属性。

表 4.4　Math 对象属性

属性	释义
Math.E	自然对数的底数，即常量 e
Math.LN10	10 的自然对数
Math.LN2	2 的自然对数
Math.LOG2E	以 2 为底 e 的对数
Math.LOG10E	以 10 为底 e 的对数
Math.PI	π 的值
Math.SQRT1_2	1/2 的平方根（即 2 的平方根的倒数）
Math.SQRT2	2 的平方根

2. min()和 max()方法

Math 对象还包含许多方法，用于辅助完成简单和复杂的数学计算。其中，min()和 max()方法分别用于确定一组数值中的最小值和最大值。这两个方法都可以接收任意多个数值参数，如下面的例子所示。

```
var max = Math.max(3, 54, 32, 16);
console.log(max); // 54
var min = Math.min(3, 54, 32, 16);
console.log(min); // 3
```

要找到数组中的最大值或最小值，可以像下面这样使用 apply()方法。

```
var values = [1, 2, 3, 4, 5, 6, 7, 8];
var max = Math.max.apply(Math, values);
console.log(max); // 8
```

这个技巧的关键是把 Math 对象作为 apply()方法的第 1 个参数，然后，可以将任何数组作为第 2 个参数。

3. 舍入方法

JavaScript 将小数值舍入为整数的 3 个方法为 Math.ceil()、Math.floor()和 Math.round()。这 3 个方法分别遵循下列舍入规则：

（1）Math.ceil()执行向上舍入，即它总是将数值向上舍入为最接近的整数。

（2）Math.floor()执行向下舍入，即它总是将数值向下舍入为最接近的整数。

（3）Math.round()执行标准舍入，即它总是将数值四舍五入为最接近的整数。

4. random()方法

Math.random()方法返回 0 到 1 之间的一个随机数，不包括 0 和 1。对于某些站点来说，这个方法非常实用，因为可以利用它来随机显示一些名人名言和新闻事件。套用下面的公式，就可以利用 Math.random()方法从某个整数范围内随机选择一个值。

```
值 = Math.floor(Math.random() * 可能值的总数 + 第一个可能的值)
```

公式中用到了 Math.floor()方法，这是因为 Math.random()方法总返回一个小数值。而用这个小数值乘一个整数，然后加上一个整数，最终结果仍然是一个小数。举例来说，如果想选择一个 1 到 10 之间的数值，可以像下面这样编写代码。

```
var num = Math.floor(Math.random() * 10 + 1);
```

上述代码中的 num 总共有 10 个可能的值（1 到 10），而第 1 个可能的值是 1。如果想要选择一个 2 到 10 之间的值，就应该将上面的代码改成如下。

```
var num = Math.floor(Math.random() * 9 + 2);
```

从 2 数到 10 要数 9 个数，因此可能值的总数就是 9，而第 1 个可能的值就是 2。多数情况下，其实都可以通过一个函数来计算可能值的总数和第 1 个可能的值，如下。

```
function selectFrom(lowerValue, upperValue) {
    var choices = upperValue - lowerValue + 1;
    return Math.floor(Math.random() * choices + lowerValue);
}
var num = selectFrom(2, 10);
console.log(num);   // 介于 2 到 10 之间（包括 2 和 10）的一个数值
```

函数 selectFrom() 接收两个参数：应该返回的最小值和最大值。该函数用最大值减最小值再加 1 得到可能值的总数，然后把这些数值套用到前面的公式中。这样，通过调用 selectFrom(2,10) 就可以得到一个 2 到 10 之间（包括 2 和 10）的数值。利用这个函数，可以方便地从数组中随机取出一项，如下。

```
var colors = ["red", "green", "blue", "yellow", "black", "purple", "brown"];
var color = colors[selectFrom(0, colors.length-1)];
console.log(color); // 可能是数组中包含的任何一个字符串
```

5. 其他方法

Math 对象中还包含一些其他与完成各种简单或复杂计算有关的方法，如表 4.5 所示，本书不做过多展开。

表 4.5 Math 对象其他方法

方法	释义
Math.abs(num)	返回 num 的绝对值
Math.asin(x)	返回 x 的反正弦值
Math.exp(num)	返回 Math.E 的 num 次幂
Math.atan(x)	返回 x 的反正切值
Math.log(num)	返回 num 的自然对数
Math.atan2(y,x)	返回 y/x 的反正切值
Math.pow(num,power)	返回 num 的 power 次幂
Math.cos(x)	返回 x 的余弦值
Math.sqrt(num)	返回 num 的平方根
Math.sin(x)	返回 x 的正弦值
Math.acos(x)	返回 x 的反余弦值
Math.tan(x)	返回 x 的正切值

虽然 JavaScript 定义了这些方法，但不同的实现方式可能会对这些方法采用不同的算法。毕竟，计算某个值的正弦、余弦和正切的方式多种多样。也正因为如此，这些方法在不同的实现中可能会有不同的精度。

4.4.3 Symbol 类型

"symbol" 值表示唯一的标识符。可以使用 Symbol() 来创建这种类型的值。

```
let id = Symbol();
```

创建时，我们可以给 symbol 一个描述（也称为 symbol 名），这在代码调试时非常有用。

```
// id 是描述为 "id" 的 symbol
let id = Symbol("id");
```

symbol 保证是唯一的。即使我们创建了许多具有相同描述的 symbol，它们的值也不同。描述只是一个标签，不影响任何东西。例如，这里有两个描述相同的 symbol——它们不相等。

```
let id1 = Symbol("id");
let id2 = Symbol("id");

alert(id1 == id2); // false
```

symbol 允许我们创建对象的"隐藏"属性，代码的任何其他部分都不能意外访问或重写这些属性。例如，如果我们使用的是属于第三方代码的 user 对象，我们想要给它们添加一些标识符。我们可以给它们使用 symbol 键。

```
let user = { // 属于另一个代码
  name: "John"
};

let id = Symbol("id");

user[id] = 1;

alert( user[id] ); // 我们可以使用 symbol 作为键来访问数据
```

由于 user 对象属于另一个代码库，所以向它们添加字段是不安全的，因为我们可能会影响代码库中的其他预定义行为。但 symbol 属性不会被意外访问。第三方代码不会知道新定义的 symbol，因此将 symbol 添加到 user 对象是安全的。

我们的标识符和它们的标识符之间不会有冲突，因为 symbol 总是不同的，即使它们有相同的名字。

如果我们要在对象字面量{...}中使用 symbol，则需要使用方括号把它括起来。

```
let id = Symbol("id");

let user = {
  name: "John",
  [id]: 123 // 而不是 "id": 123
};
```

这是因为我们需要将变量 id 的值作为键，而不是字符串"id"。

symbol 属性不参与 for...in 循环。

```
let id = Symbol("id");
let user = {
  name: "John",
  age: 30,
  [id]: 123
};

for (let key in user) alert(key); // name, age（没有 symbol）

// 使用 symbol 任务直接访问
alert("Direct: " + user[id]); // Direct: 123
```

Object.keys(user)也会忽略它们。这是一般"隐藏符号属性"原则的一部分。如果另一个脚本或库遍历我们的对象，它不会意外地访问符号属性。相反，Object.assign()会同时复制字符串和 symbol 属性。

```
let id = Symbol("id");
let user = {
  [id]: 123
};
```

```
let clone = Object.assign({}, user);

alert( clone[id] ); // 123
```

通常所有的 symbol 都是不同的，即使它们有相同的名字。但有时我们想要名字相同的 symbol 具有相同的实体。例如，应用程序的不同部分想要访问的 symbol "id"指的是完全相同的属性。

为了实现这一点，这里有一个全局 symbol 注册表。我们可以在其中创建 symbol 并在稍后访问它们，它可以确保每次访问相同名字的 symbol 时，返回的都是相同的 symbol。要从注册表中读取（不存在则创建）symbol，请使用 Symbol.for(key)。

该调用会检查全局注册表，如果有一个描述为 key 的 symbol，则返回该 symbol，否则将创建一个新 symbol（Symbol(key)），并通过给定的 key 将其存储在注册表中。

```
// 从全局注册表中读取
let id = Symbol.for("id"); // 如果该 symbol 不存在，则创建它

// 再次读取（可能是在代码中的另一个位置）
let idAgain = Symbol.for("id");

// 相同的 symbol
alert( id === idAgain ); // true
```

注册表内的 symbol 被称为全局 symbol。如果我们想要一个应用程序范围内的 symbol，可以在代码中随处访问——这就是它们的用途。

4.4.4　可迭代对象

可迭代对象是数组的泛化。这个概念是说任何对象都可以被定制为可在 for...of 循环中使用的对象。数组是可迭代的，但不仅是数组，很多其他内建对象也都是可迭代的，例如字符串也是可迭代的。

例如，我们有一个对象，它并不是数组，但是看上去很适合使用 for...of 循环。比如一个 range 对象，它代表了一个数字区间。

```
let range = {
  from: 1,
  to: 5
};

// 我们希望 for...of 这样运行:
// for(let num of range) ... num=1,2,3,4,5
```

为了让 range 对象可迭代（也就是让 for...of 循环可以运行），我们需要为对象添加一个名为 Symbol.iterator 的方法（一个专门用于使对象可迭代的内建 symbol）。

（1）当 for...of 循环启动时，它会调用这个方法（如果没找到，就会报错）。这个方法必须返回一个迭代器（iterator）——一个有 next()方法的对象。

（2）从此 for...of 循环仅适用于这个被返回的对象。

（3）当 for...of 循环希望取得下一个数值时，它就调用这个对象的 next()方法。

（4）next()方法返回的结果的格式必须是{done: Boolean,value:any}，当 done=true 时，表示循环结束，否则 value 是下一个值。以下是带有注释的 range 的完整实现。

```
let range = {
  from: 1,
  to: 5
};

// 1. for...of 调用首先会调用这个
range[Symbol.iterator] = function() {
```

```
// ……它返回迭代器对象（iterator object）:
// 2. 接下来，for…of 仅与下面的迭代器对象一起工作，要求它提供下一个值
return {
  current: this.from,
  last: this.to,

  // 3. next() 在 for…of 的每一轮循环迭代中被调用
  next() {
    // 4. 它将会返回 {done:…, value :…} 格式的对象
    if (this.current <= this.last) {
      return { done: false, value: this.current++ };
    } else {
      return { done: true };
    }
  }
};
};

// 现在它可以运行了
for (let num of range) {
  alert(num); // 1，然后是 2, 3, 4, 5
}
```

- range 对象自身没有 next()方法。
- 相反，是通过调用 range[Symbol.iterator]()创建了另一个对象，即所谓的迭代器对象，并且它的 next()会为迭代生成值。

有一个全局方法 Array.from()可以接收一个可迭代或类数组的值，并从中获取一个"真正的"数组。然后我们就可以对其调用数组方法了。

```
let arrayLike = {
  0: "Hello",
  1: "World",
  length: 2
};

let arr = Array.from(arrayLike); // (*)
alert(arr.pop()); // World（pop()方法有效）
```

Array.from()的完整语法允许我们提供一个可选的"映射"（mapping）函数：

```
Array.from(obj[, mapFn, thisArg])
```

可选的第二个参数 mapFn 可以是一个函数，该函数会在对象中的元素被添加到数组前，被应用于每个元素，此外 thisArg 允许我们为该函数设置 this。

```
let range = {
  from: 1,
  to: 5
};

// 求每个数的平方
let arr = Array.from(range, num => num * num);

alert(arr); // 1,4,9,16,25
```

4.4.5　Map 和 Set（映射和集合）

1. Map

Map 是一个带键的数据项的集合，就像一个 Object 一样。但是它们最大的差别是 Map 允许任

何类型的键。它的方法和属性如下。

- new Map()——创建 Map。
- map.set(key,value)——根据键存储值。
- map.get(key)——根据键返回值，如果 Map 中不存在对应的 key，则返回 undefined。
- map.has(key)——如果 key 存在则返回 true，否则返回 false。
- map.delete(key)——删除指定键的值。
- map.clear()——清空 Map。
- map.size——返回当前元素个数。

举一个例子。

```
let map = new Map();
map.set('1', 'str1');   // 字符串键
map.set(1, 'num1');     // 数字键
map.set(true, 'bool1'); // 布尔值键
// 还记得普通的 Object 吗？它会将键转化为字符串
// Map 则会保留键的类型，所以以下面这两个结果不同：
alert( map.get(1)   ); // 'num1'
alert( map.get('1') ); // 'str1'
alert( map.size ); //
```

与对象不同，键不会被转换成字符串。键可以是任何类型。Map 还可以使用对象作为键。

```
let john = { name: "John" };
// 存储每个用户的来访次数
let visitsCountMap = new Map();
// john 是 Map 中的键
visitsCountMap.set(john, 123);
alert( visitsCountMap.get(john) ); // 123
```

使用对象作为键是 Map 值得注意和重要的功能之一。在 Object 中，我们则无法使用对象作为键。在 Object 中使用字符串作为键是可以的，但我们无法使用另一个 Object 作为 Object 中的键。

如果要在 Map 里使用循环，可以使用以下 3 个方法：

- map.keys()——遍历并返回一个包含所有键的可迭代对象。
- map.values()——遍历并返回一个包含所有值的可迭代对象。
- map.entries()——遍历并返回一个包含所有实体[key,value]的可迭代对象，for...of 在默认情况下使用的就是这个。

例如：

```
let recipeMap = new Map([
  ['cucumber', 500],
  ['tomatoes', 350],
  ['onion',    50]
]);
// 遍历所有的键（vegetables）
for (let vegetable of recipeMap.keys()) {
  alert(vegetable); // cucumber, tomatoes, onion
}
// 遍历所有的值（amounts）
for (let amount of recipeMap.values()) {
  alert(amount); // 500, 350, 50
}
// 遍历所有的实体 [key, value]
for (let entry of recipeMap) { // 与 recipeMap.entries() 相同
  alert(entry); // cucumber,500 (and so on)
}
```

除此之外，Map 有内建的 forEach()方法，与 Array.form 方法类似。

```
// 对每个键值对 (key, value) 运行 forEach()方法
recipeMap.forEach( (value, key, map) => {
  alert(`${key}: ${value}`); // cucumber: 500 etc
});
```

当创建一个 Map 后，我们可以传入一个带有键值对的数组（或其他可迭代对象）来进行初始化，如下所示。

```
// 键值对 [key, value] 数组
let map = new Map([
  ['1', 'str1'],
  [1,   'num1'],
  [true, 'bool1']
]);
alert( map.get('1') ); // str1
```

如果我们想从一个已有的普通对象（plain object）来创建一个 Map，那么可以使用内建方法 Object.entries(obj)，该方法返回对象的键值对数组，该数组格式完全按照 Map 所需的格式。

```
let obj = {
  name: "John",
  age: 30
};
let map = new Map(Object.entries(obj));
alert( map.get('name') ); // John
```

这里，Object.entries 返回键值对数组：[["name","John"],["age",30]]。这就是 Map 所需要的格式。

Object.fromEntries 方法的作用是相反的：给定一个具有[key,value]键值对的数组，它会根据给定数组创建一个对象，我们可以使用 Object.fromEntries 从 Map 得到一个普通对象。

```
let prices = Object.fromEntries([
  ['banana', 1],
  ['orange', 2],
  ['meat', 4]
]);

// 现在 prices = { banana: 1, orange: 2, meat: 4 }
alert(prices.orange); // 2
```

2. Set

Set 是一个特殊的类型集合——值的集合（没有键），它的每一个值只能出现一次。它的主要方法如下。

* new Set(iterable)——创建一个 Set，如果提供了一个 iterable 对象（通常是数组），将会从数组里面复制值到 Set 中。
* set.add(value)——添加一个值，返回 Set 本身。
* set.delete(value)——删除值，如果 value 在这个方法调用的时候存在则返回 true，否则返回 false。
* set.has(value)——如果 value 在 Set 中，返回 true，否则返回 false。
* set.clear()——清空 Set。
* set.size——返回元素个数。

它的主要特点是，重复使用同一个值调用 set.add(value)并不会发生什么改变。这就是 Set 里面的每一个值只出现一次的原因。

例如，我们有客人来访，我们想记住他们每一个人。但是已经来访过的客人再次来访，不应造成重复记录。每个访客必须只被计数一次。

```
let set = new Set();
let john = { name: "John" };
let pete = { name: "Pete" };
let mary = { name: "Mary" };
// visits, 一些访客来访好几次
set.add(john);
set.add(pete);
set.add(mary);
set.add(john);
set.add(mary);
// set 只保留不重复的值
alert( set.size ); // 3
for (let user of set) {
  alert(user.name); // John (然后 Pete 和 Mary)
}
```

Set 的替代方法可以是一个用户数组，用 arr.find() 在每次插入值时检查是否重复。但是这样性能会很差，因为这个方法会遍历整个数组来检查每个元素。Set 内部对唯一性检查进行了更好的优化。我们可以使用 for...of 或 forEach() 来遍历 Set。

```
let set = new Set(["oranges", "apples", "bananas"]);
for (let value of set) alert(value);
// 与 forEach() 相同:
set.forEach((value, valueAgain, set) => {
  alert(value);
});
```

forEach() 的回调函数有 3 个参数，是为了与 Map 兼容。当然，这看起来确实有些奇怪。但是这对在特定情况下轻松地用 Set 代替 Map 很有帮助。

Map 中用于迭代的方法在 Set 中也同样支持：

- set.keys()——遍历并返回一个包含所有值的可迭代对象；
- set.values()——与 set.keys() 作用相同，这是为了兼容 Map；
- set.entries()——遍历并返回一个包含所有的实体[value,value]的可迭代对象，它的存在也是为了兼容 Map。

4.5 项目实战

【项目 4-1】生成 n 个不重复随机数

1. 项目描述

用 JavaScript 生成 n 个[min,max]区间内的不重复随机数。

2. 实现思路

（1）运用 Math 对象的 random() 方法生成一个[min,max]区间内的随机数，代码片段如下。

```
var ran=parseInt(Math.random()*(max-min+1)+min);
```

精讲视频

项目实战：生成 n 个
不重复随机数

（2）生成 n 个[min,max]区间内的不重复随机数，生成第 i 个[min,max]区间的随机数时，与之前 $i-1$ 个数比较，如有重复，令 $i=i-1$;重复生成第 i 个随机数。确保每次生成的随机数都不重复。

```
function myRan(n,min,max){
    var arr=[];
    for(i=0;i<n;i++){
        arr[i]=parseInt(Math.random()*(max-min+1)+min);
        for(j=0;j<i;j++){
```

```
                    if(arr[i]==arr[j]){
                            i=i-1;
                            break;
                    }
                }
        }
        return arr;
}
```

（3）调用函数 myRan。

3. 实现代码

完整代码如脚本 4-8.html 所示。

脚本 4-8.html

```html
<html>
  <head><title>JavaScript 产生 n 个[min,max]区间内的不重复随机数</title></head>
    <script>
        function myRan(n,min,max){
            var arr=[];
            for(i=0;i<n;i++){
                arr[i]=parseInt(Math.random()*(max-min+1)+min);
                for(j=0;j<i;j++){
                    if(arr[i]==arr[j]){
                            i=i-1;
                             break;
                    }
                }
            }
            return arr;
        }
        var str_ran = myRan(10,20,100); // 产生 10 个 20 到 100 之间的不重复随机数
         console.log(str_ran.toString());
    </script>
</html>
```

运行结果如图 4.8 所示。

图 4.8　案例 4-1 运行结果

4.6　小结

本单元主要介绍了 JavaScript 中对象的概念和使用方法，4.1 节介绍了对象的基本概念；4.2 节介绍了创建对象的几种方式，以及对象的方法和 this 的使用；4.3 节介绍了对象的特性、对象的引用和复制以及对象的解构赋值和垃圾回收机制；4.4 节介绍了内置对象的常用方法，Math 和 Global 对象以及 Symbol 类型的使用。最后通过一个实战生成随机数来加深读者对对象的理解。

JavaScript 还可以基于已有对象编程，包含 ECMAScript 的本地对象、内置对象和宿主对象。本单元着重介绍了两种单体内置对象，即全局对象和数学对象。全局对象 Global 包含一系列全局的

属性和全局的函数，这些属性和函数可不引用任何对象直接使用。数学对象 Math 包含一组静态只读属性用于表示一些数学常数，另包含一组静态方法用于实现常用的数学运算。

课后习题

一、选择题

1. 创建对象的方法不包括以下哪一项（　　）。
   A. 使用工厂模式来创建　　　　　　　　B. 使用原型模式来创建
   C. 使用数组模式来创建　　　　　　　　D. 使用构造函数模式来创建

2. 对象的特性不包括以下哪一项（　　）。
   A. 抽象性　　　　　　B. 封装性　　　　　　C. 继承性　　　　　　D. 有序性

3. 关于对象原型的表述错误的是（　　）。
   A. 通过 new Array()创建的对象的原型就是 Array.prototype
   B. 通过 new Date()创建的对象的原型就是 Date.prototype
   C. 不能通过 Object.prototype 获得对原型对象的引用
   D. 通过关键字 new 和构造函数调用创建的对象的原型就是构造函数的 prototype 属性的值

4. 创建对象直接量正确的语法是（　　）。
   A. var point = { x:0; y:0 };　　　　　　B. var point = [x:0; y:0];
   C. var point = {x:0,y:0};　　　　　　　D. var point =[x:0,y:0];

二、填空题

1. JavaScript 对象的特性是＿＿＿＿、＿＿＿＿、＿＿＿＿和＿＿＿＿。
2. JavaScript 有两种引用数据类型：＿＿＿＿和＿＿＿＿。

三、简答题

创建 new 对象的时候 new 操作符具体干了什么？

单元 5
JavaScript 数组

情景引入

　　平时在生活中我们往往会把相同的东西放在一起，方便统计和使用，比如我们在收拾衣服时会把裤子放在柜子里，袜子放在抽屉里，衣服挂在橱柜里，这样会显得整洁，也方便我们查找。

　　在程序语言中我们把这些存放衣物的柜子称为数组，数组里面放的是同一类数据的有序集合。数组的重要性不言而喻，在JavaScript中数组也是常使用的对象之一。由于弱类型的原因，JavaScript中数组十分灵活强大，不像Java等强类型语言中数组只能存放同一类型及其子类型的元素，JavaScript在同一个数组中可以存放多种类型的元素，而且其长度是可以动态调整的，可以随着数据的增加或减少自动对数组长度做更改。

学习目标

知识目标
1. 理解JavaScript的数组的概念
2. 掌握操作数组元素的方法
3. 理解二维数组及多维数组

能力目标
1. 能够实现数组排序和合并
2. 能够运用一维数组和多维数组
3. 能够增加和删除数组元素

素质目标
1. 通过学习数据的基本操作，增强数据管理能力。
2. 通过运用数组，提升分析能和解决实际问题的能力。

思维导图

5.1 数组及数组元素

假设有这样一个需求：统计全校高一 6 个班的学生的数学成绩，存储每个班学生的成绩并计算出每个班的最高成绩和最低成绩。按照最原始的方法可以这样来做，将每个班每个学生的成绩分别存入一个变量，然后一一比较得出每个班的最高成绩和最低成绩，代码如下所示。

精讲视频

数组及数组元素

```
var class1_stu1 = 95;
var class1_stu2 = 45;
var class1_stu3 = 60;
...
var class1_stun= 99;
var class1_max = class1_stu1;
var class1_min = class1_stu1;
if(class1_max < (class1_stu2)){
    class1_max = class1_stu2;
}
if(class1_min > (class1_stu2)){
    class1_min = class1_stu2;
}
if(class1_max < (class1_stu3)){
    class1_max = class1_stu3;
}
if(class1_min > (class1_stu3)){
    class1_min = class1_stu3;
}
...
if(class1_max < (class1_stun)){
    class1_max = class1_stun;
}
if(class1_min > (class1_stun)){
    class1_min = class1_stun;
}
var class1_max_grade = class1_max;
var class1_min_grade = class1_min;
```

再用同样的方法计算出其他 5 个班的最高成绩和最低成绩。

显然这种方法太烦琐，不但需要存储的变量太多，而且比较起来也很复杂。如果班级更多，那么要计算的成绩会更多，计算过程也会加倍烦琐。这时数组就显示出它的优势了，利用数组可以更加简洁地呈现和计算同样的信息。我们定义 6 个数组，分别存储 6 个班级的学生成绩。

```
var class1_array = new Array(95,89,60,...,100);
var class2_array = new Array(45,89,90,...,88);
var class3_array = new Array(91,85,62,...,79);
var class4_array = new Array(65,80,90,...,100);
var class5_array = new Array(90,80,69,...,100);
var class6_array = new Array(99,89,67,...,100);
```

这样我们只需要管理 6 个变量，再利用 JavaScript 数组函数即可计算最高成绩和最低成绩。

```
<script type="text/JavaScript" language="javascript">
    var class1_array = new Array(95,89,60,...,100);
    var class2_array = new Array(45,89,90,...,88);
    var class3_array = new Array(91,85,62,...,79);
    var class4_array = new Array(65,80,90,...,100);
    var class5_array = new Array(90,80,69,...,100);
    var class6_array = new Array(99,89,67,...,100);
    class1_array.sort(function(class1_array,b) {
        return class1_array - b;
    });
    class2_array.sort(function(class2_array,b) {
        return class2_array - b;
    });
    class3_array.sort(function(class3_array,b) {
        return class3_array - b;
    });
    class4_array.sort(function(class4_array,b) {
        return class4_array - b;
    });
    class5_array.sort(function(class5_array,b) {
        return class5_array - b;
    });
    class6_array.sort(function(class6_array,b) {
        return class6_array - b;
    });
    var class1_max_grade = class1_array.pop();
    var class1_min_grade = class1_array.shift();
    var class2_max_grade = class2_array.pop();
    var class2_min_grade = class2_array.shift();
    var class3_max_grade = class3_array.pop();
    var class3_min_grade = class3_array.shift();
    var class4_max_grade = class4_array.pop();
    var class4_min_grade = class4_array.shift();
    var class5_max_grade = class5_array.pop();
    var class5_min_grade = class5_array.shift();
    var class6_max_grade = class6_array.pop();
    var class6_min_grade = class6_array.shift();
</script>
```

数组是一种数据类型，它包含或者存储了编码的值。每个编码的值称作该数组的一个元素，每个元素的编码被称作下标。由于 JavaScript 是一种无类型语言，所以一个数组的元素可以具有任意的数据类型，同一数组的不同元素可以具有不同的数据类型。数组的元素甚至可以包含其他数组，这样就可以创建一个复杂的数据结构，即以数组为元素的数组。

1. 数组创建

关于 JavaScript 数组的创建在前文已经介绍过两种常用的方法，第 1 种是使用 array 构造函数。

（1）使用无参构造函数，创建一个空数组。

```
var array1 = new Array();
```

（2）使用一个数字参数构造函数，指定数组长度（由于数组长度可以动态调整，作用并不大），创建指定长度的数组。

```
var array2 = new Array(5);
```
（3）使用带有初始化数据的构造函数，创建数组并初始化参数数据。
```
var array3=new Array(4,'hello',new Date());
```
第 2 种是使用字面量法创建数组。

（1）使用方括号，创建空数组，等同于调用无参构造函数。
```
var array4 = [];
```
（2）使用方括号，并传入初始化数据，等同于调用带有初始化数据的构造函数。
```
var array5 = [5];
```

> **注意**（1）在使用构造函数创建数组时，如果传入一个数字参数，则会创建一个长度为参数的数组，如果传入多个参数，则创建一个数组，参数作为初始化数据加到数组中。
>
> ```
> var a1=new Array(5);
> console.log(a1.length);  //5
> console.log(a1);         //[] ,数组是空的
> var a2=new Array(5,6);
> console.log(a2.length);  //2
> console.log(a2);         //[5,6]
> ```
> 但是使用字面量法，无论传入几个参数，都会把参数当作初始化内容。
> ```
> var a1=[5];
> console.log(a1.length);  //1
> console.log(a1);         //[5]
> var a2=[5,6];
> console.log(a2.length);  //2
> console.log(a2);         //[5,6]
> ```
> （2）使用带初始化参数的方式创建数组的时候，最好最后不要带多余的"，"，在不同的浏览器下对此处理方式不一样。
> ```
>           var a1=[1,2,3,];
> console.log(a1.length);
> console.log(a1);
> ```
> 这段脚本在现版本浏览器上的运行结果和我们设想的一样，长度是 3，但是在低版本 IE 浏览器下为长度为 4 的数组，最后一条数据是 undefined。

2. 数组元素的读写

可以使用[]运算符来存取数组元素。在方括号左边应该是对数组的引用。方括号之中是具有非负整数值的任意表达式。既可以使用这一语法来读一个数组元素，也可以用它来写一个数组元素。下面列出的都是合法的 JavaScript 数组读写语句。
```
value = array[9];
array[0] = 3.14;
i = 2;
array[i] = 3;
array[i+1] = 'hello';
array[array[i]] = array[0];
```
在某些语言中，数组第一个元素的下标为 1。但是在 JavaScript（和 C、C++与 Java 一样）中数组第一个元素的下标是 0。

数组的下标必须是大于等于 0 并且小于 $2^{32}-1$ 的整数。如果使用的数字太大，或者使用了负数、浮点数（或布尔值、对象及其他值），JavaScript 会将它转换为一个字符串，用生成的字符串作为对象属性的名字，而不是作为数组的下标。因此，下面的代码创建了一个名为"-1.23"的属性，而不是定义了一个新的数组元素。
```
array[-1.23] = true;
```

5.2 添加和删除数组元素

在 C 和 Java 及其他编程语言中，数组是具有固定的元素个数的，必须在创建数组时就指定数组元素个数。在 JavaScript 中则不同，它的数组可以具有任意个数的元素，可以在任何时刻通过添加和删除数组元素来改变数组元素的个数。定义一个数组如下。

精讲视频

添加和删除数组元素

```
var numbers = [0,1,2,3,4,5,6,7,8,9];
```

现在需要在这个数组末尾添加一个元素 10，可以如下实现。

（1）直接把值赋给数组中最后一个空位上的元素即可。数组下标从 0 开始，所以数组最后一个元素下标为数组长度减 1 即 numbers.length-1，那么在数组末尾再添加一个元素下标为 numbers.length。

```
numbers[numbers.length] = 10;
```

（2）使用数组 push()方法，把元素添加到数组末尾。通过 push()方法，能添加任意个元素。

```
numbers.push(10);
numbers.push(11,12);
```

如果希望在数组首位添加一个元素，而不是像上面那样在数组末尾添加元素。这个添加元素的需求会比较复杂一点。按照常规操作，需要腾出数组中第一个元素的位置，把所有的元素都向后移动一位。

```
for( var i=numbers.length; i>=0; i--){
    numbers[i] = numbers[i-1];
}
numbers[0] = -1;
```

循环数组中的元素，从最后一位+1（数组长度）开始，将其对应的前一个元素的值赋给它，依次处理，最后把需要插入的值-1 赋给数组第一个位置。

在 JavaScript 中，数组有一个方法叫 unshift()，可以用于直接把数值插入数组的首位。

```
numbers.unshift(-2);
numbers.unshift(-4,-3);
```

那么用 unshift()方法，就可以在数组的开始处添加值-2，然后添加-3、-4 等。这样数组就会输出数字-4 到 13。

如果想删除数组里最后一个元素，JavaScript 也提供了对应的删除数组最后一个元素的方法 pop()。

```
numbers.pop();
console.log(numbers); // 输出[-4,-3,-2,-1,0,1,2,3,4,5,6,7,8,9,10,11,12]
```

如果想删除数组中第一个元素呢？同在数组首位添加元素一样，首先可以用循环来实现。

```
for( var i = 0; i < numbers.length; i++){
    numbers[i] = numbers[i+1];
}
```

即把数组中所有元素都向左移动一位。但数组长度依旧不变。这就意味着数组最后一个元素变为 undefined。从代码中可以看出，把数组第一位的值用第二位的值覆盖了，并没有真正删除元素。要真正删除第一个元素，可以使用数组的 shift()方法。

```
numbers.shift();
```

这样数组长度就会减少 1。

如何添加元素到数组的开头和结尾处以及怎样删除数组开头和结尾位置上的元素已经介绍完毕。那么如何在数组的任意位置上添加或删除元素呢？JavaScript 提供了 splice()方法来实现。

使用 splice()方法从一个数组中删除一个或多个元素，也在所删除元素的位置上添加新元素，返回所删除的元素，语法如下。

```
arrayObj.splice(start, deleteCount, [item1[, item2[, . . . [,itemN]]]])
```

arrayObj，必选项。一个 Array 对象。

start，必选项。指定从数组中删除元素的开始位置，这个位置是从 0 开始计算的。

deleteCount，必选项。要删除的元素的个数。

item1,item2,…,itemN，必选项。要在所删除元素的位置上添加新元素。

使用 splice()方法可以删除从 start 位置开始的指定个数的元素并添加新元素，从而修改 arrayObj。返回值是一个由所删除的元素组成的新 Array 对象，示例如下。

```
numbers.splice(5,3);
```

这句代码删除了从数组 numbers 索引 5 开始的 3 个元素，即 numbers[5]、number[6]和 numbers[7]从数组中删除了。新的数组变为[-3,-2,-1,0,1,5,6,7,8,9,10,11,12]。如果需要把数字 2、3、4 插入数组之前的位置上，可以再次使用 splice()方法。

```
numbers.splice(5,0,2,3,4);
```

这里从数组索引 5 开始删除 0 个元素，并且添加元素 2、3、4。这样数组变为[-3,-2,-1,0,1,2,3,4,5,6,7,8,9,10,11,12]。

综合 splice()方法的添加和删除用法，可以用下面这句代码一步实现同样的效果。

```
numbers.splice(5,3,2,3,4);
```

从数组索引 5 开始删除 3 个元素后，添加 2、3、4 这 3 个元素，最后输出的数组依旧为 [-3,-2,-1,0,1,2,3,4,5,6,7,8,9,10,11,12]。

5.3 二维数组及多维数组

在本单元开始的例子中统计全校高一 6 个班的学生数学成绩，我们定义了 6 个数组，分别存储 6 个班的学生数学成绩。

精讲视频

二维数组及多维数组

```
var class1_array = new Array(95,89,60,...,100);
var class2_array = new Array(45,89,90,...,88);
var class3_array = new Array(91,85,62,...,79);
var class4_array = new Array(65,80,90,...,100);
var class5_array = new Array(90,80,69,...,100);
var class6_array = new Array(99,89,67,...,100);
```

这是 JavaScript 的一维数组模式，那么 JavaScript 有没有类似 C 或 Java 的二维数组及多维数组呢？答案是否定的。JavaScript 只支持一维数组的定义，不能通过直接定义实现多维数组。

如果这个例子中还需要统计每个班的学生语文成绩，毫无疑问，使用矩阵（二维数组）来存储这些信息是最好的方法。如何在 JavaScript 中实现这个需求呢？实际上，可以用数组套数组的方式来实现矩阵或任一个多维数组。

将每个班的数学成绩定义如下。

```
// 1 班数学成绩
var class1_array[0] = [];
var class1_array[0][0] = 95;
var class1_array[0][1] = 89;
var class1_array[0][2] = 60;
…
var class1_array[0][n] = 100;
// 再将每个班语文成绩定义如下
// 1 班语文成绩
var class1_array[1] = [];
var class1_array[1][0] = 95;
var class1_array[1][1] = 89;
var class1_array[1][2] = 60;
…
var class1_array[1][n] = 100;
```

其他几个班的成绩也用同样的方式存储。这样需要管理的变量仍然只有 6 个。class1_array[0]
中存储的是 1 班每个学生的数学成绩，class1_array[1]中存储的是 1 班每个学生的语文成绩。如
果想看这个矩阵的输出，可以创建一个通用函数，如下。

```javascript
function printMatrix(myarray){
        for(var i = 0; i<myarray.length; i++){
                for(var j = 0; j<myarray[i].length; j++){
                        console.log(myarray[i][j]);
                }
        }
}
printMatrix(class1_array);
```

以此类推，也可以用这种方式来处理多维数组。假如要创建一个 3 行 3 列的矩阵，每个元素包
含矩阵的 i（行）、j（列）及 z（深度）之和。

```javascript
var matrix3x3x3 = [];
for( var i = 0; i<3; i++){
        matrix3x3x3[i] = [];
        for( var j = 0; j<3; j++){
                matrix3x3x3[i][j] = [];
                for( var z = 0; z<3; z++){
                        matrix3x3x3[i][j][z] = i+j+z;
                }
        }
}
```

再用以下的代码输出这个 3 行 3 列矩阵的内容。

```javascript
for( var i = 0; i< matrix3x3x3.length; i++ ){
        for( var j = 0; j < matrix3x3x3[i].length; j++){
                for( var z = 0; z< matrix3x3x3[i][j].length; z++){
                        console.log(matrix3x3x3[i][j][z]);
                }
        }
}
```

【任务 5-1】使用多维数组

1. 任务介绍
运用二维数组统计文本框中输入的各字符个数。

2. 任务目标
学会 JavaScript 多维数组的使用方法。

3. 实现思路
（1）定义一个文本框接收输入字符。

（2）文本框失去焦点时触发函数 countString()，统计输入的各字符个数。

（3）函数 countString()首先定义数组 result 用于接收字符统计结果。result 为二维数组，
result[0][0]存储第 1 个字符，result[0][1]存储第 1 个字符出现的次数；result[1][0]存储第 2 个字符，
result[1][1]存储第 2 个字符出现的次数……

（4）函数 countString()嵌套两层循环，外层循环直接循环传入的字符长度，用 charAt()函数
得到当前循环的字符，然后声明一个标志变量 isHas，isHas 默认值为 false；内层循环针对每一
次外层循环得到的字符，判断字符是否存在于 result 数组中，如果存在则将标识符 isHas 设为
true，并将 result 数组中存入的该字符个数加 1；如果不存在则将该字符加入数组 result，并设
置个数为 1。

（5）最后输出数组 result。

4. 实现代码

完整代码如脚本 5-1.html 所示。

脚本 5-1.html

```html
<html>
  <head>
    <title>二维数组</title>
    <script type="text/javascript">
        function countString(str) {
            var result = new Array();
            for ( var i = 0; i < str.length; i++) {//直接循环 str
                var curChar = str.charAt(i);//得到当前字符
                var isHas = false;//声明一个变量，标识 char 在结果中是否出现过
                for ( var j = 0; j < result.length; j++) { //循环判断当前字符是否在 result 中出现过
                //如果出现过，则设置标识为 true，并增加数量，最后跳出循环
                    if (curChar == result[j][0]) {
                        isHas = true;
                        result[j][1]++;
                        break;
                    }
                }
                if (!isHas)//循环 result 完毕，没有出现过，则加入 result
                    result.push(new Array(curChar, 1));
            }
            printMatrix(result);
        }
        function printMatrix(result){
            for(var i = 0; i<result.length; i++){
                for(var j = 0; j<result[i].length; j++){
                    console.log(result[i][j]);
                }
            }
        }

    </script>
  </head>
  <body>
    <h2>统计文本框中录入的各字符的个数</h2>
    <input type="text" onblur="countString(this.value);" />
  </body>
</html>
```

5. 运行结果

在文本框输入字符"安徽省安徽"，运行结果如图 5.1 所示。

图 5.1 任务 5-1 运行结果

5.4 数组常用方法

精讲视频

数组常用方法

在 JavaScript 中，数组是可以修改的对象，这意味着创建的每个数组都有一些可用的方法。数组很强大，相比其他开发语言中的数组，JavaScript 中有许多很好用的方法。表 5.1 详述数组的一些核心方法。其中的一些在本单元已经学习过了。

表 5.1　JavaScrip 数组核心方法

方法	描述
concat()	连接两个或更多数组，并返回结果
every()	对数组中的每一项运行给定函数，如果该函数对每一项都返回 true，则返回 true
filter()	对数组中的每一项运行给定函数，返回该函数会返回 true 的项组成的数组
forEach()	对数组中的每一项运行给定函数，这个方法没有返回值
join()	将所有的数组元素连接成一个字符串
indexOf()	返回第一个与给定参数相等的数组元素的索引，没有找到则返回-1
lastIndexOf()	返回在数组中搜索到的与给定参数相等的元素的索引里最大的值
map()	对数组中的每一项运行给定函数，返回每次函数调用的结果组成的数组
reverse()	颠倒数组中元素的顺序，原先第一个元素变成现在最后一个，同样原先的最后一个元素变成现在的第一个
slice()	传入索引值，将数组里对应索引范围内的元素作为新数组返回
some()	对数组中的每一项运行给定函数，如果任一项返回 true，则返回 true
sort()	按照字母顺序对数组排序，支持传入指定排序方法的函数作为参数
toString()	将数组作为字符串返回
valueOf()	和 toString()类似，将数组作为字符串返回

1. 数组合并和截取

考虑以下场景：有多个数组，需要将其合并起来成为一个数组。按常规方法，我们需要迭代各个数组，然后把每个元素加入最终的数组。若将这个合并后的数组从中间某个位置截取一部分出来，同样需要迭代这个数组。幸运的是，JavaScript 已经为我们提供了更简洁的方法 concat()和 slice()，使我们可以毫不费力地处理数组合并和截取问题。

```
var colors=["red","green","blue"];
var color1=["white","purple"];
var color2=colors.concat(color1);
var color3=colors.concat();
var color4=colors.concat("yellow",["black","brown"]);
alert(color2);
alert(color3);
alert(color4);
```

concat()方法可以基于当前数组中的所有项创建一个新数组。在没有给 concat()方法传递参数的情况下，它只是复制当前数组并返回副本。如果传递给 concat()方法的是一个或多个数组，则该方法会将这些数组中的每一项都添加到结果数组中，如果传递的值不是数组，这些值就会被简单地添加到结果数组的末尾。在这个例子中，数组 color1 被合并到数组 colors 中变为数组 color2，所以数组 color2 中的元素为 "red,green,blue,white,purple"；数组 color3 是数组 colors 的一个副本数组；数组 color4 是数组 colors 合并上一个元素加一个数组的结果，所以数组 color4 中的元素为 "red,green,blue,yellow,black,brown"。

```
var colors=["red","green","blue","yellow","black"];
colors.slice (1);       //green,blue,yellow,black
colors.slice(1,4)       //green,blue,yellow
```

slice()方法基于当前数组中的一个或多个元素创建一个新数组。slice()方法可以接收一个或两个参数，即要返回的起始和结束位置。

在只有一个参数的情况下，slice()方法返回从该参数指定位置开始到当前数组末尾的所有项。如果有两个参数，该方法返回起始和结束位置之间的项——但不包括结束位置的项。slice()方法不会影响原始数组。在这个例子中，colors.slice(1)传入一个参数，即返回 colors 数组从索引位置 1 开始往后的所有元素；colors.slice(1,4)传入两个参数，返回 colors 数组从索引位置 1 到索引位置 4 之间的所有元素。

2. 数组迭代

前面已经介绍过数组的迭代用 for 循环来处理。其实，JavaScript 内置了数组可用的许多迭代方法，如 every()、some()、forEach()以及 filter()等。我们先来定义一个函数，判断数组中的元素是否可以被 2 整除，返回 true 或 false。然后逐一使用这些内置的迭代函数。

```
var isEven = function(x){
    // 如果是 2 的倍数，就返回 true
    console.log(x);
    return(x % 2 == 0) ? true:false;
    // 也可以写成 return(x % 2 == 0)
}
var numbers = [1,2,3,4,5,6,7,8,9,10,11,12,13,14,15];
```

（1）every()方法。

every()方法会迭代数组中的每个元素，直到返回 false。

```
numbers.every(isEven);
```

在数组 numbers 中，第 1 个数组元素是 1，它不是 2 的倍数，因此 isEven 函数返回 false，every()方法也随即执行结束。

（2）some()方法。

some()方法和 every()方法的行为类似，不同的是 some()方法会迭代数组的每个元素，直到函数返回 true。

```
numbers.some(isEven);
```

numbers 数组中第 1 个偶数是 2（第 2 个元素）。第 1 个被迭代的元素是 1，isEven 函数会返回 false。第 2 个被迭代的元素是 2，isEven 函数返回 true，some()方法迭代结束。

（3）forEach()方法。

every()和 some()方法都只迭代了数组部分元素就停止了。如果要迭代整个数组，可以使用 forEach()方法。它和 for 循环的结果相同。

```
numbers.forEach(function(x){
    console.log( x%2 ==0)
});
```

（4）map()方法。

map()方法的使用方法如下。

```
var myMap = numbers.map(isEven);
```

数组 myMap 里的值：[false,true,false,true,false,true,false,true,false,true,false,true,false,true,false]。它保存了传入 map()方法的 isEven 函数的运行结果。这样很容易知道一个元素是否是偶数。比如，myMap[0]是 false，因为 1 不是偶数；而 myMap[1]是 true，因为 2 是偶数。

（5）filter()方法。

它返回的新数组由使函数返回 true 的元素组成。

```
var evenNumbers = numbers.filter(isEven);
```

147

evenNumbers 数组中元素全是偶数：[2,4,6,8,10,12,14]。

（6）reduce()方法。

reduce()方法接收一个函数作为参数，这个函数有 4 个参数：previousValue、currentValue、index 和 array。这个函数会返回一个将被叠加到累加器的值，reduce()方法停止执行后会返回这个累加器。如果要对一个数组中的所有元素求和，这就很有用，如下。

```
numbers.reduce(function(previous,current,index){
    return previous + current;
});
```

输出值为 120。

3. 数组搜索和排序

JavaScript 数组排序方法有两种，即 reverse()和 sort()。

reverse()方法会反转数组项的顺序，如下。

```
var values = [1, 2, 3, 4, 5];
values.reverse();
alert(values);  //5,4,3,2,1
```

这里数组的初始值及顺序是 1、2、3、4、5。而调用数组的 reverse()方法后，其值的顺序变成 5、4、3、2、1。

sort()方法按升序排列数组，即最小的值位于最前面，最大的值排在最后面。为了实现排序，sort()方法会调用每个数组项的 toString()转型方法，然后比较得到的字符串，以确定如何排序。即使数组中的每一项都是数组，sort()方法比较的也是字符串，如下所示。

```
var values = [0, 1, 5, 10, 15];
values.sort();
alert(values);  //0,1,10,15,5
```

上例中这种排序方式在很多情况下都不是最佳方案。因此 sort()方法可以接收一个比较函数作为参数，以便我们指定哪个值位于哪个值的前面。

比较函数接收两个参数，如果第 1 个参数位于第 2 个参数之前则返回一个负数，如果两个参数相等则返回 0，如果第 1 个参数位于第 2 个参数之后则返回一个正数。以下就是一个简单的比较函数。

```
function compare(value1, value2) {
    if (value1 < value2) {
        return -1;
    } else if (value1 > value2) {
        return 1;
    } else {
        return 0;
    }
}
```

这个比较函数可以用于大多数数据类型，只要将其作为参数传递给 sort()方法即可，如下面这个例子所示。

```
var values = [0, 1, 2, 5, 10, 15];
values.sort(compare);
alert(values);  //0,1,5,10,15
```

在将比较函数传递到 sort()方法之后，数值仍然保持正确的升序。当然，也可以通过比较函数产生降序排序的结果，只要交换比较函数返回的值即可。

```
function compare(value1, value2) {
    if (value1 < value2) {
        return 1;
    } else if (value1 > value2) {
        return -1;
    } else {
        return 0;
    }
```

```
    }
var values = [0, 1, 2, 5, 10, 15];
values.sort(compare);
alert(values);  //15,10,5,1,0
```

reverse()和 sort()方法的返回值都是经过排序之后的数组。

JavaScript 的搜索方法也有两个，indexOf()和 lastIndexOf()。indexOf()方法返回与参数匹配的第一个元素的索引；lastIndexOf()方法返回与参数匹配的最后一个元素的索引。仍然利用前面定义的 numbers 数组，我们来运用这两个方法。

```
console.log(numbers.indexOf(10));
console.log(numbers.indexOf(100));
```

在这个示例中，第 1 行的输出是 9，第 2 行的输出是-1（因为 100 不在数组里）。下面的代码会返回同样的结果。

```
numbers.push(10);
console.log(numbers. indexOf (10));
console.log(numbers. indexOf (100));
```

通过 push()方法向数组中加入了一个新的元素 10，因此第 2 行会输出 15（数组中的元素是 1 到 15，还有 10），第 3 行会输出-1（因为 100 不在数组里）。

toString()和 join()方法可以输出数组为字符串。如果想把数组里的所有元素输出为一个字符串，可以用 toString()方法。

```
console.log(numbers.toString());
```

在控制台会输出"1、2、3、4、5、6、7、8、9、10、11、12、13、14、15、10"。

如果想用一个不同的分隔符（比如-）把元素隔开，可以用 join()方法。

```
var numbersString = numbers.join('- ');
console.log(numbersString);
```

这样会输出"1-2-3-4-5-6-7-8-9-10-11-12-13-14-15-10"。

【任务 5-2】实现数组倒转、文本排序及数值排序

1. 任务介绍
定义一个一维数组，分别实现该数组的倒转、文本排序及数值排序。

2. 任务目标
学会 JavaScript 常用的数组处理方法。

3. 实现思路
（1）利用数组的 reverse()方法实现数组倒转。

（2）利用数组的 sort()方法实现数组的文本排序，利用 sort()方法接收一个比较函数实现数组的数值排序。

4. 实现代码
完整代码如脚本 5-2.html 所示。

脚本 5-2.html

```
<html>
  <head>
   <title>数组倒转与排序</title>
   <script type="text/javascript">
        function operateArray(t){
            var array = document.getElementById("txtNumbers").value.split(",");
            switch (t){
                case 1:array.reverse();break;
                case 2:array.sort();break;
                case 3:array.sort(sortFunc);break;
```

```
                }
                alert(array.toString());
            }
            function sortFunc(a, b) {
                return a - b;
            }
    </script>
  </head>
  <body>
    <input type="text" id="txtNumbers" value="12,4,3,123,51" />
    <input type="button" value="数组倒转" onclick="operateArray(1);" />
    <input type="button" value="数组排序（文本）" onclick="operateArray(2);" />
    <input type="button" value="数组排序（数值）" onclick="operateArray(3);" />
  </body>
</html>
```

5. 运行结果

运行结果如图 5.2、图 5.3 和图 5.4 所示。

图 5.2　任务 5-2 数组倒转运行结果

图 5.3　任务 5-2 数组文本排序运行结果

图 5.4　任务 5-2 数组数值排序运行结果

5.5　项目实战

【项目 5-1】计算产品销售额

精讲视频

项目实战：计算产品
销售额

1. 项目描述

随机生成某产品一年中每天的销售额，并计算某一个月的日平均销售额以及某一周的日平均销售额。

2. 实现思路

（1）假设该产品日销售额区间为(0,10000)，首先运用 Math 对象的 random()方法随机生成区间内的随机数，代码片段如下。

```
var sales = parseInt(Math.random()*10000;
```

（2）创建三维数组 month 用于存放每个月、每一周、每一天的日销售额数据。如 month[i]表示第 i+1 个月的销售额数据；month[i][j]表示第 i+1 个月中第 j+1 周的销售额数据；month[i][j][k] 表示第 i+1 个月第 j+1 周第 k+1 天的销售额数据；并用随机生成的销售额填充这个三维数组，代码片段如下。

```
var init = function (month) {
    var i = 0,j = 0,k = 0;
    for (i = 0; i < month; i++) {
            this.month[ i ] = [];
```

```
                for (k = 0; k < 4; k++) {
                    this.month[ i ][ k ] = [];
                    for(j = 0; j < 7; j++) {
                        this.month[ i ][ k ][ j ] = parseInt(Math.random()*10000);
                    }
                }
            }
        }
    };
```

（3）创建函数 getAverageSomeMonth 用来计算某个月的日平均销售额，传入参数为整数月份。运用数组的 reduce() 方法返回该月中每周的日销售额之和，并用数组的 map() 方法接收结果，再运用 reduce() 方法将该月每周销售额相加得到该月的总销售额，最后将结果除以 28 即得到该月的日平均销售额，代码片段如下。

```
function getAverageSomeMonth(month) {
    month = month || 12;
    console.log(month + "月的日平均销售额是:" + this.month[ month - 1 ].map
(function(arr) {
        return arr.reduce(function(a, b){return a + b;});
    }).reduce(function(a, b){return a + b;}) / 28);
}
```

（4）创建函数 getAverageSomeWeek 用来计算某一周的日平均销售额，传入参数为整数月份和整数周。运用数组的 reduce() 方法返回该月中当前计算周的日销售额之和，最后将结果除以 7 即得到该月该周的日平均销售额。代码片段如下。

```
function getAverageSomeWeek(month, week) {
    month = month || 12;
    week = week || 1;
    console.log(month + "月第" + week + "周的日平均销售额是:" + this.month[ month
- 1 ][ week - 1 ].reduce(function(a, b){return a + b;}) / 7);
}
```

（5）最后创建对象数组并调用函数传入参数即可。

3. 实现代码

完整代码如脚本 5-3.html 所示。

脚本 5-3.html

```
<!DOCTYPE html>
<html>
  <head>
    <meta charset="utf-8">
    <title>某产品的日平均销售额计算</title>
  </head>
  <body>
    <script type="text/javascript">
            var WeekSales = function () {
                this.month = [];
                this.init = init;
                this.getAverageSomeMonth = getAverageSomeMonth;
                this.getAverageSomeWeek = getAverageSomeWeek;
            };

            var init = function (month) {
                var i = 0,j = 0,k = 0;
                for (i = 0; i < month; i++) {
                    this.month[ i ] = [];
                    for (k = 0; k < 4; k++) {
                        this.month[ i ][ k ] = [];
                        for(j = 0; j < 7; j++) {
                            this.month[ i ][ k ][ j ] = parseInt(Math.
```

```
random()*10000);
                                }
                                //console.log((i+1)+"月"+(k+1)+"周: "+
(this.month[ i ][ k ]).toString());
                                }
                            }
                        }
                };

                function getAverageSomeMonth(month) {
                    month = month || 12;
                    console.log(month + "月的日平均销售额是:" + this.month[ month
- 1 ].map(function(arr) {
                        return arr.reduce(function(a, b){return a + b;});
                    }).reduce(function(a, b){return a + b;}) / 28);
                }

                function getAverageSomeWeek(month,week) {
                    month = month || 12;
                    week = week || 1;
                    console.log(month + "月第" + week + "周的日平均销售额是:" + this.
month[ month - 1 ][ week - 1 ].reduce(function(a, b){return a + b;}) / 7);
                }

                var newWeekSales = new WeekSales();
                newWeekSales.init(12);
                newWeekSales.getAverageSomeMonth(12);
                newWeekSales.getAverageSomeWeek(12,4);
        </script>
    </body>
</html>
```

运行结果如图 5.5 所示。

图 5.5 案例 5-1 运行结果

5.6 小结

本单元主要介绍了 JavaScript 中的数组，5.1 节介绍了创建数组和数组元素的读写方式；5.2 节介绍了添加和删除数组元素的方法；5.3 节主要介绍了二维数组和多维数组的使用方式；5.4 节介绍了数组的使用方式，包括使用 forEach() 方法遍历数组，使用 sort() 方法来排序数组；最后通过实战练习计算产品销售额来进一步介绍多维数组和操作数组的使用方法。

JavaScript 中数组是处理批量数据时所使用到的、重要的数据格式，通过数组我们可以进行遍历、分类、排序、增删改查等操作，方便我们应对各种复杂场景的数据处理。

课后习题

一、选择题

1. 创建数组的方法不包括以下哪一项（   ）。

　　A．var array3 ={}　　　　　　　　　　　　　　B．var array2=[]

    C．var array1=new Array()   D．var array4=[].concat([])

2．操作数组元素的方法不包括以下哪一项（   ）。

    A．for()   B．filter()   C．join()   D．every()

3．在 JavaScript 中（   ）方法可以对数组元素进行排序。

    A．add()   B．join()   C．sort()   D．length()

4．以下哪一个可以修改数组里的第一个元素（   ）。

```
var a = new Array(4)
```

    A．a.splice(1);   B．a[1]=1;   C．a[0]=1;   D．a.slice(1);

二、填空题

1．Javascript 的基本数据类型不包括_____。

2．Javascript 里取字符串的长度是_____，取数组的长度是_____。

三、简答题

数组对象有哪些原生方法，列举一下。

第三篇

JavaScript 技能提升

单元 6
窗口和框架

06

情景引入

我们平时在浏览器中进行搜索的时候，会搜出很多内容，同时单击某一个内容链接会打开一个新的浏览器窗口去展示内容。这些操作都需要在浏览器中进行。浏览器就是网页内容的窗口和载体，浏览器可以暴露一些特性给浏览器呈现的内容去调用，比如我想让浏览器跳转到另一个网址或者打开新的浏览器窗口去加载其他页面。

JavaScript中的窗口即Window对象，是浏览器窗口给文档提供的一个显示的容器，是每一个加载文档的父对象。除此之外，Window对象还是其他所有对象的顶级对象。通过对Window对象的子对象进行操作，可以实现更多动态效果。

实际上，每个浏览器窗口以及窗口中的框架都是由Window对象来表示的。Window对象定义了许多属性和方法。这些属性和方法在客户端JavaScript程序设计中非常重要。

学习目标

知识目标

1. 理解JavaScript的Window对象的概念
2. 掌握窗口的相关操作
3. 理解窗口框架的控制与设置
4. 掌握窗口之间的链接

能力目标

1. 能够运用Window对象的属性和方法
2. 能够对窗口框架进行控制
3. 能够设置子窗口iframe的属性

素质目标

通过解决跨窗口和框架通信的问题，锻炼逻辑思维和问题解决技巧。

思维导图

6.1 Window 对象概述

6.1.1 什么是 Window 对象

在 JavaScript 中，一个浏览器窗口就是一个 Window 对象。Window 对象主要用来控制由窗口弹出的对话框、打开窗口或关闭窗口、控制窗口的大小和位置等。一句话，Window 对象就是用来操作浏览器窗口的对象。

6.1.2 Window 对象的属性和方法

Window 对象是全局对象，它的属性可作为全局变量来使用，它的方法可当作函数来使用，也就是说，引用 Window 对象的属性和方法时，可以省略对象名。表 6.1 列出了 Window 对象的属性，表 6.2 列出了 Window 对象的方法。

表 6.1 Window 对象属性

属性	描述
closed	返回窗口是否已被关闭
defaultStatus	设置或返回窗口状态栏中的默认文本
document	对 document 对象的只读引用
history	对 history 对象的只读引用
innerheight	返回窗口的文档显示区的高度
innerwidth	返回窗口的文档显示区的宽度
length	设置或返回窗口中的框架数量
location	用于窗口或框架的 location 对象
name	设置或返回窗口的名称
navigator	对 navigator 对象的只读引用
outheight	返回窗口的外部高度
outwidth	返回窗口的外部宽度
pageXOffset	设置或返回当前页面相对于窗口显示区左上角的 x 位置
pageYOffset	设置或返回当前页面相对于窗口显示区左上角的 y 位置
parent	返回父窗口

续表

属性	描述
screen	对 screen 对象的只读引用
self	返回对当前窗口的引用，等价于 Window 属性
status	设置窗口状态栏的文本
top	返回顶层的窗口
window	window 属性等价于 self 属性，它包含对窗口自身的引用
screenLeft screenTop screenX screenY	只读整数。声明了窗口左上角在屏幕上的 x 和 y 坐标。IE、Safari 和 Opera 浏览器支持 screenLeft 和 screenTop，而 Firefox 和 Safari 浏览器支持 screenX 和 screenY

表 6.2　Window 对象方法

方法	描述
alert()	显示一段带有消息和一个确认按钮的警告框
blur()	把键盘焦点从顶层窗口移开
clearInterval()	取消由 setInterval() 设置的 timeout
clearTimeout()	取消由 setTimeout() 设置的 timeout
close()	关闭浏览器窗口
confirm()	显示带有一段消息以及确认按钮和取消按钮的对话框
createPopup()	创建一个 pop-up 窗口
focus()	把键盘焦点给予一个窗口
moveBy()	可相对窗口的当前坐标把它移动到指定的像素
moveTo()	把窗口的左上角移动到一个指定的坐标
open()	打开一个新的浏览器窗口或查找一个已命名的窗口
print()	输出当前窗口内容
prompt()	显示可提示用户输入的对话框
resizeBy()	按照指定的像素调整窗口的大小
resizeTo()	把窗口的大小调整到指定的宽度和高度
scrollBy()	按照指定的像素来滚动内容
scrollTo()	把内容滚动到指定的坐标
setInterval()	按照指定的周期（以毫秒计）来调用函数或计算表达式
setTimeout()	在指定的毫秒数后调用函数或计算表达式

具体应用表 6.1 和表 6.2 的 Window 属性和方法如下。

1. 简单对话框

JavaScript 提供了 3 种 Window 方法来实现对话框。它们分别为 alert()、confirm() 和 prompt()。alert() 为警告对话框，是一个带感叹图标的小窗口，显示文本信息并且使扬声器发出"咣"的声音，通常用来输出一些简单的文本信息。confirm() 是询问对话框，询问对话框是能进行双向交互的信息框，系统在该对话框上放置按钮，根据用户的选择返回不同的值。设计程序时可以根据不同的值予以不同的响应，实现互动的效果。它通常放在网页中，对用户进行询问并根据其选择而选择不同的流程。prompt() 是输入对话框。很多情况下需要向网页中的程序输入数据，简单的鼠标交互显然不能满足此需求，此时就可以使用 Window 对象提供的输入对话框 prompt()，通过该对话框可以输入数据。下面通过脚本 6-1.html 的示例来介绍这 3 种对话框的效果。

脚本 6-1.html

```html
<!Doctype html>
<html lang="en">
  <head>
    <meta charset="UTF-8">
    <title>Window 对象的 3 种对话框</title>
  </head>
  <body>
    <script type="text/javascript">
      var yourname = prompt("您的姓名是: ","小王");
      if(confirm("您确定吗? ") == true){
          alert(yourname+"先生，您好! ")
      }
    </script>
  </body>
</html>
```

运行脚本 6-1.html，3 种方法生成的对话框分别如图 6.1、图 6.2 和图 6.3 所示。

图 6.1　prompt()方法生成的对话框

图 6.2　confirm()方法生成的对话框

图 6.3　alert()方法生成的对话框

注意　（1）对话框中显示的文本都是纯文本，而非 HTML 格式的文本。只能使用空格、换行符和各种标点符号来格式化这些对话框。

（2）方法 confirm()和 prompt()都会产生阻塞，也就是说，在用户关掉它们所显示的对话框之前，它们不会返回。这就意味着在弹出一个对话框时，代码就会停止运行。如果当前正在装载文档，文档也会停止装载，直到用户用要求的输入进行了响应为止。没有方法可以阻止产生阻塞，因为这些方法的返回值是用户的输入，所以在返回之前必须等待用户进行输入。在大多数浏览器中，alert()方法也会产生阻塞，等待用户关闭警告框。但在某些浏览器（尤其是 UNIX 平台上的 Netscape 3 和 Netscape 4）中，alert()方法并不产生阻塞。

（3）alert()方法没有返回值；confirm()方法返回值为 true 或 false；prompt()方法返回值为输入的字符串。

2. 状态栏

状态栏由 Window 对象的 status 属性和 defaultStatus 属性控制。浏览器的状态栏通常位于窗口的底部，用于显示一些任务状态信息等。默认情况下，状态栏里的信息是空的，只有在加载网页或将鼠标指针放在超链接上时，状态栏中才会显示与任务目标相关的瞬间信息。Window 对象的

defaultStatus 属性可以用来设置在状态栏中的默认文本，当不显示瞬间信息时，状态栏可以显示这个默认文本。下面实现一个在状态栏中显示当前时间的功能，示例代码如脚本 6-2.html 所示。

脚本 6-2.html

```
<!Doctype html>
<html lang="en">
  <head>
    <meta charset="UTF-8">
    <title>Window 对象状态栏信息</title>
  </head>
  <body>
    <script type="text/javascript">
      function setStatus(){
          var d = new Date();
          status = d.getHours()+":"+d.getMinutes()+":"+d.getSeconds();
          return true;
      }
    </script>
    <input type="button" onmouseover="return setStatus()" value="请观察状态栏">
  </body>
</html>
```

> **注意** 不少浏览器已经关闭了脚本化它们的状态栏功能，即不再允许改变状态栏信息。这是一项安全措施，防止隐藏了超链接真正目的的钓鱼攻击。

3. 定时设定和时间间隔

Window 对象的 setTimeout()方法可以用来延迟代码的执行时间，也可以用来指定代码的执行时间。clearTimeout()方法则用于取消代码的执行。setTimeout()方法常用于执行一个动画或其他重复的动作。如果运行了一个函数，使用 setTimeout()方法进行调度，使自己再次被调用，这样就得到了一个无须用户干涉就可以反复执行的进程。JavaScript 还提供了 setInterval()和clearInterval()方法，它们的功能与 setTimeout()和 clearTimeout()方法的相似，只不过它们会自动地重新调度要反复运行的代码，无须代码自己进行再调度。下面通过脚本 6-3.html 运用 setInterval()和 clearInterval()方法实现一个在线时钟的功能。

脚本 6-3.html

```
<!Doctype html>
<html lang="en">
  <head>
    <meta charset="UTF-8">
    <title>Window 对象定时设定和时间间隔</title>
  </head>
  <body>
    <script type="text/javascript">
      function display(){
          var content = document.getElementById("text");
          content.value = new Date().toLocaleString();
      }
      window.onload = function(){
          var timer;
          document.getElementById("start").onclick = function(){
              timer = setInterval('display()',1000);
          };
          document.getElementById("stop").onclick = function(){
              clearInterval(timer);
          };
      }
```

```
    </script>
    <input type="text" value="" id="text" size="30">
    <input type="button" value="开始" id="start">
    <input type="button" value="结束" id="stop">
  </body>
</html>
```

运行脚本，单击"开始"按钮，文本框显示当前时间并开始按秒计时；单击"结束"按钮，文本框停止计时。显示结果如图 6.4 所示。

```
2017/4/15 下午5:30:14          开始  结束
```

图 6.4　在线时钟功能显示结果

4. navigator 对象

navigator 对象是 Window 对象的属性，通常用于获取浏览器和操作系统的信息。

navigator 没有统一的标准，各个浏览器都有自己不同的 navigator 版本。表 6.3 列出的是 navigator 对象常用属性。

表 6.3　navigator 对象常用属性

属性	描述
appCodeName	返回浏览器的代码名
appMinorVersion	返回浏览器的次级版本
appName	返回浏览器的名称
appVersion	返回浏览器的平台和版本信息
browserLanguage	返回当前浏览器语言
cookieEnabled	返回指明浏览器中是否启用 cookie 的布尔值
cpuClass	返回浏览器系统的 CPU 等级
onLine	返回指明系统是否处于脱机模式的布尔值
platform	返回运行浏览器的操作系统平台
systemLanguage	返回操作系统使用的默认语言
userAgent	返回由浏览器发送服务器的 user-agent 头部的值
userLanguage	返回操作系统的自然语言设置

脚本 6-4.html 运用 navigator 对象获取客户端信息。

脚本 6-4.html

```html
<!Doctype html>
<html lang="en">
  <head>
    <meta charset="UTF-8">
    <title>Window 对象-navigator 对象</title>
  </head>
  <body>
    <input id="demo1" type="button" value="显示浏览器信息" />
    <script type="text/javascript">
        document.getElementById("demo1").onclick=function(){
          alert(
              "浏览器信息: \n"+
              "名称: "+navigator.appName+"\n"+
              "平台和版本: "+navigator.appVersion+"\n"+
              "操作系统: "+navigator.platform+"\n"+
              "userAgent: "+navigator.userAgent
          );
        }
```

```
   </script>
  </body>
</html>
```

运行结果如图 6.5 所示。

此网页显示：

浏览器信息：
名称：Netscape
平台和版本：5.0 (Windows NT 10.0; WOW64) AppleWebKit/537.36
(KHTML, like Gecko) Chrome/57.0.2987.133 Safari/537.36
操作系统：Win32
userAgent：Mozilla/5.0 (Windows NT 10.0; WOW64) AppleWebKit/
537.36 (KHTML, like Gecko) Chrome/57.0.2987.133 Safari/537.36

确定

图 6.5　运用 navigator 对象获取客户端信息

 注意 来自 navigator 对象的信息具有误导性，不应该用于检测浏览器版本，这是因为 navigator 数据可被浏览器使用者更改，浏览器无法报告晚于浏览器发布的新操作系统。

5. screen 对象

Window 对象的 screen 属性引用 screen 对象。screen 对象提供有关用户显示器的大小、可用的颜色、数量的信息。属性 width 和 height 指定以像素为单位的显示器大小。属性 availHeight 和 availWidth 指定的是实际可用的显示器大小，它们排除了像 Windows 任务栏这样的特性所占有的空间。可以使用这些属性来确定要载入文档的图像大小，或者在创建多个浏览器窗口的应用程序中确定要创建的窗口的大小。screen 对象还有一个属性 colorDepth，此属性用来指定用户浏览器表示的颜色位数，它并不常用。下面通过脚本 6-5.html 运用 screen 对象属性获取用户屏幕信息。

脚本 6-5.html

```html
<!Doctype html>
<html lang="en">
  <head>
    <meta charset="UTF-8">
    <title>Window 对象-screen 对象</title>
  </head>
  <body>
    <input id="demo1" type="button" value="显示屏幕信息" />
    <script type="text/javascript">
        document.getElementById("demo1").onclick=function(){
            alert(
                "屏幕信息: \n"+
                "分辨率: "+screen.width+"×"+screen.height+"\n"+
                "可用区域: "+screen.availWidth+"×"+screen.availHeight
            );
        }
    </script>
  </body>
</html>
```

运行脚本，屏幕信息如图 6.6 所示。

6. location 对象

窗口的 location 属性引用的是 location 对象，它代表该窗口中当前显示的文档的 URL。location 对象的 href 属性是一个字符串，包含完整的 URL 文本。这个对象的其他属性（如 protocol、host、search 等）则分别声明了 URL

此网页显示：

屏幕信息：
分辨率：1920×1080
可用区域：1920×1040

确定

图 6.6　运用 screen 对象获取屏幕信息

161

的各部分。下面代码可提取 URL 中的各个参数。

```
<script type="text/javascript">
    document.write(
        "hash:"+location.hash+"<br>"+
        "host:"+location.host+"<br>"+
        "hostname:"+location.hostname+"<br>"+
        "href:"+location.href+"<br>"+
        "pathname:"+location.pathname+"<br>"+
        "port:"+location.port+"<br>"+
        "protocol:"+location.protocol+"<br>"+
        "search:"+location.search
    );
</script>
```

location.href 是常用的属性，用于获取或设置窗口的 URL，改变该属性，就可以跳转到新的页面，如下代码所示。

```
<script type="text/javascript">
    location.href = "http://www.ryjiaoyu.com";
</script>
```

运行这段代码，打开页面将会跳转到人邮教育社区的页面。

location 对象的 assign()方法也可实现上述操作。如果不想让包含脚本的页面能从浏览器的历史记录中访问，replace()方法可以做到这一点。replace()方法所做的操作与 assign()方法的一样，但它多了一步操作，即从浏览器的历史记录中删除包含脚本的页面，这样就不能通过浏览器的后退按钮和前进按钮来访问它了，assign()方法却可以通过后退按钮来访问上个页面。脚本 6-6.html 演示 replace()方法的使用。

脚本 6-6.html

```
<html>
    <head>
        <title>不能访问此页面的历史页面</title>
    </head>
    <body>
        <p>测试一下效果，请等待 1s……</p>
        <p>然后单击浏览器的"后退按钮"，你会发现什么？</p>
        <script type="text/javascript">
            setTimeout(function(){
                location.replace("http://www.ryjiaoyu.com");
            },1000);
        </script>
    </body>
</html>
```

运行脚本等待 1 s 后发现页面跳转到人邮教育社区的页面，并且后退按钮不能使用。

location 对象还有一个 reload()方法，可以重新载入当前页面。reload()方法有两种模式，即从浏览器的缓存中重载，或从服务器重载。究竟采用哪种模式由该方法的参数决定。

- false：从缓存中重新载入页面。
- true：从服务器重新载入页面。
- 无参数：从缓存中载入页面，如果参数省略，默认值为 false。

```
location.reload(true);          //从服务器重载当前页面
location.reload(false);         //从浏览器缓存中重载当前页面
location.reload();              //从浏览器缓存中重载当前页面
```

7. history 对象

history 对象保存着用户上网的历史记录，历史记录从窗口被打开的那一刻算起。出于安全方面的考虑，开发人员无法得到用户浏览器的 URL，但借由用户访问过的页面列表，可以在不知道实际

URL 的情况下实现后退和前进。history.length 属性保存着历史记录的 URL 数量。初始时，该值为 1。如果当前窗口先后访问了 3 个网址，history.length 属性等于 3。history 对象还提供了一系列方法，允许在浏览历史之间移动，包括 go()、back()和 forward()。

go()方法可以在用户的历史记录中任意跳转。这个方法接收一个参数，表示向后或向前跳转的页面数的一个整数值。负数表示向后跳转（类似后退按钮），正数表示向前跳转（类似前进按钮）。go()方法无参数时，相当于 history.go(0)，可以刷新当前页面。go()方法使用如下。

```
history.go(-1);        //后退一页
history.go(1);         //前进一页
history.go(2);         //前进两页
history.go();          //刷新当前页面
history.go(0);         //刷新当前页面
```

back()方法用于模仿浏览器的后退按钮，相当于 history.go(-1)。
forward()方法用于模仿浏览器的前进按钮，相当于 history.go(1)。

```
history.back();        //后退一页
history.forward();     //前进一页
```

如果移动的位置超出了访问历史的边界，以上 3 个方法并不报错，而是默认失败。

> **注意** 使用历史记录时，页面通常从浏览器缓存之中加载，而不是要求服务器发送新的网页。

6.1.3　窗口相关操作

JavaScript 提供了许多 Window 方法与属性，可以使用它们来控制窗口。

1．窗口位置获取

浏览器（Firefox 不支持）提供了 screenLeft 和 screenTop 属性，分别用于表示窗口相对于屏幕左边和上边的位置。

在窗口最大化的情况下，运行脚本 6-7.html 时，各个浏览器返回的值并不相同。Chrome 返回 left:0;top:0。IE 则返回 left:0;top:38，这是因为 IE 中保存的是从屏幕左边和上边到由 Window 对象表示的页面可见区域的距离。Firefox 则由于自身的 bug，返回 left:-8;top:-8。

脚本 6-7.html

```
<!Doctype html>
<html lang="en">
  <head>
    <meta charset="UTF-8">
    <title>窗口位置获取</title>
  </head>
  <body>
    <!-- 移动窗口，会有数值的变化 -->
    <div id='myDiv'></div>
    <script>
            var timer = setInterval(function(){
                myDiv.innerHTML = 'left:' + window.screenLeft + ';top:' +
window.screenTop;
            })
            myDiv.onclick = function(){
                clearInterval(timer);
            }
    </script>
```

```
    </body>
</html>
```

图 6.7～图 6.9 分别显示在窗口最大化的情况下，Chrome、IE 和 Firefox 浏览器的显示结果。

left:0;top:0	left:0;top:38	left:-8;top:-8
图 6.7 Chrome 浏览器窗口位置	图 6.8 IE 浏览器窗口位置	图 6.9 Firefox 浏览器窗口位置

screenX 和 screenY 属性（IE 8-）也提供相同的窗口位置信息。

在窗口最大化的情况下，各个浏览器返回的值依然不相同。Firefox 返回 left:-8;top:-8。Chrome 依然返回 left:0;top:0。而 IE 9+不论是否显示菜单栏始终返回 left:-7;top:-7。

```
<div id='myDiv'></div>
<script>
    var timer = setInterval(function(){
        myDiv.innerHTML = 'left:' + window.screenX + ';top:' + window.screenY;
    })
    myDiv.onclick = function(){
        clearInterval(timer);
    }
</script>
```

 注意 **screenLeft、screenTop、screenX 和 screenY 都是只读属性，修改它们的值，并不会使窗口发生移动。**

2. 窗口位置移动

使用 moveTo()和 moveBy()方法可以将窗口精确移动到一个新位置，这两个方法只有 IE 浏览器支持。

moveBy()方法可相对窗口的当前坐标，把窗口移动到指定的像素；而 moveTo()方法把窗口的左上角移动到一个指定的坐标。moveTo()接收两个参数，分别是新位置的 x 和 y 坐标值；moveBy()接收两个参数，分别是水平和垂直方向上移动的像素数。两个方法的运用如下代码所示。

```
<div id='myDiv'>单击此处</div>
<script>
    myDiv.onclick = function(){
        window.moveTo(0,100);
    }
</script>

<div id='myDiv'>单击此处</div>
<script>
    myDiv.onclick = function(){
        window.moveBy(0,100);
    }
</script>
```

3. 窗口大小获取

outerWidth 和 outerHeight 属性用于表示浏览器窗口本身的尺寸；innerWidth 和 innerHeight 属性用于表示页面大小，实际上等于浏览器窗口尺寸大小减去浏览器自身边框及菜单栏、地址栏、状态栏等的宽度，见脚本 6-8.html。

脚本 6-8.html

```
<!Doctype html>
<html lang="en">
    <head>
        <meta charset="UTF-8">
```

```
            <title>窗口大小获取</title>
        </head>
        <body>
            <script>
                document.body.innerHTML = 'outerWidth:' + window.outerWidth +
';outerHeight:'
    + window.outerHeight + '</br>' + 'innerWidth:' + window.innerWidth +
';innerHeight:' + window.innerHeight;
            </script>
        </body>
    </html>
```

在 Chrome 下的运行结果如图 6.10 所示。

outerWidth:1920;outerHeight:1040
innerWidth:1920;innerHeight:972

图 6.10　窗口大小获取

 注意 由于<iframe>本身也有 window 属性，如果页面中存在框架，那么框架中的 innerWidth 和 innerHeight 属性指的是框架本身的 innerWidth 和 innerHeight 属性。

4. 窗口大小调整

使用 resizeTo()和 resizeBy()这两个方法可以调整浏览器窗口的大小。resizeTo()方法用于把窗口的大小调整到指定的宽度和高度；resizeBy()方法则用于按照指定的像素调整窗口的大小。resizeTo()接收两个参数：浏览器窗口的新宽度和新高度。resizeBy()接收两个参数：浏览器新窗口与原窗口的宽度和高度之差。两个方法的运用如以下代码所示。

```
<div id="myDiv">单击此处</div>
<script>
    myDiv.onclick = function(){
    //将浏览器窗口大小调整到 200,200
        window.resizeTo(200,200);
    }
</script>

<div id="myDiv">单击此处</div>
<script>
    myDiv.onclick = function(){
    //将浏览器窗口宽度减小 100
        window.resizeBy(-100,0);
    }
</script>
```

5. 打开窗口

使用 window.open()方法可以导航到一个特定的 URL，也可以打开一个新的浏览器窗口。这个方法接收 4 个参数：window.open(param1,param2,param3,param4)。

- param1：表示要加载的 URL。
- param2：窗口目标，表示已有窗口或者框架的名称，或者是_self、_parent、_top、_blank 等窗口打开方式。
- param3：一个逗号分隔的设置字符串，表示在新窗口中都显示哪些特性。
- param4：第 4 个参数只在第 2 个参数命名的是一个存在的窗口时才有用。它是一个布尔值，声明了由第 1 个参数指定的 URL 是应该用替换掉窗口浏览历史的当前条目（true），还是应该在窗口浏览历史中创建一个新的条目（false），后者是默认的设置。

165

window.open()方法的第 3 个参数可用特性如表 6.4 所示。

表 6.4 open()方法在新窗口中的特性

设置	值	说明
fullscreen	yes 或 no	表示浏览器窗口是否最大化，仅限 IE
height	数值	表示新窗口高度，不能小于 100
left	数值	表示新窗口的左坐标，不能是负值
location	yes 或 no	表示是否在浏览器窗口显示地址栏，不同浏览器默认值不同，如果设置为 no，地址栏可能会隐藏也可能会被禁用
menubar	yes 或 no	表示是否在浏览器窗口中显示菜单栏，默认值为 no
resizable	yes 或 no	表示是否可以通过拖动浏览器窗口的边框改变其大小，默认值为 no
scrollbars	yes 或 no	表示如果内容在窗口中显示不下，是否允许滚动，默认值为 no
status	yes 或 no	表示是否在浏览器窗口中显示状态栏，默认值为 no
toolbar	yes 或 no	表示是否在浏览器窗口中显示工具栏，默认值为 no
top	数值	表示新窗口的上坐标，不能是负值
width	数值	表示新窗口的宽度，不能小于 100

下面的代码显示在新窗口中打开高度为 500、宽度为 500、纵坐标为 0、横坐标为 200 的网页。

```
<div id="myDiv">单击此处</div>
<script>
myDiv.onclick = function(){
window.open("http://ryjiaoyu.com","_blank","height=500,width=500,top=0,left=200")
}
</script>
```

open()方法的返回值是新窗口的 Window 对象。

```
<div id="myDiv">单击此处</div>
<script>
myDiv.onclick = function(){
var w = window.open();
w.document.body.innerHTML = '测试文字';
}
</script>
```

这里单击后页面显示"测试文字"。

6. 关闭窗口

就像使用方法 open()会打开一个新窗口一样，使用方法 close()将关闭一个窗口。如果已经创建了 Window 对象 w，可以使用如下的代码将它关掉。

```
<div>
<span id="span1">打开窗口</span>
<span id="span2">关闭窗口</span>
</div>
<script>
var w;
span1.onclick = function(){
w = window.open();
}
span2.onclick = function(){
if(w){
w.close();
```

```
}
}
</script>
```

单击"打开窗口",浏览器会打开一个新窗口。单击"关闭窗口",新打开的窗口被关闭。这里变量 w 是打开的新窗口的对象。w 还有一个 closed 属性,可用于检测窗口是否被关闭,用法如以下代码所示。

```
<div id="myDiv">单击此处</div>
<script>
//先显示 false,1s 后显示 true
myDiv.onclick = function(){
var w = window.open();
console.log(w.closed);    //false
setTimeout(function(){
 w.close();
 console.log(w.closed);   //true
},1000);
}
</script>
```

这里单击之后,首先打开新窗口,这时用新窗口对象的 closed 属性检测到窗口是打开的,所有控制台显示 false;运用 setTimeout()设置 1s 之后,关闭新打开的窗口,这时再用新窗口对象的 closed 属性检测到窗口是关闭的,所以控制台显示 true。

【任务 6-1】实现无间断的图片循环滚动效果

1. 任务介绍
编写一段程序实现无间断的图片循环滚动效果。

2. 任务目标
学会 Window 对象的属性和方法的运用。

3. 实现思路
(1)运用 Window 对象的 setInterval()方法定时调用函数实现图片循环滚动。
(2)运用 Window 对象的 clearInterval()方法清除定时调用。

4. 实现代码
完整代码如脚本 6-9.html 所示。

脚本 6-9.html

```
<html>
  <head>
    <title>图片循环滚动</title>
  </head>
  <body>
    <div id="demo" style=" overflow: hidden; width: 600px; height: 200px;">
      <table border="0" cellspacing="0" cellpadding="0">
        <tr>
          <td style="text-align:center" id="marquePic1">
            <!-- 要循环滚动的图片 -->
            <table width="455" border="0" style="text-align:center"
        cellpadding="0" cellspacing="0" >
            <tr style="text-align:center">
              <td><img width="200" height="166" border="1"
                src="http://filesimg.111cn.net/2011/05/20111212010310983.
png"></td>

              <td><img width="200" height="166" border="1"
                src="http://filesimg.111cn.net/2011/05/20111212010316870.
```

```
png"></td>
                    <td><img width="200" height="166" border="1"
                      src="http://filesimg.111cn.net/2011/05/20111212010323234.
png"></td>
                    <td><img width="200" height="166" border="1"
                      src="http://filesimg.111cn.net/2011/05/20111212010329895.
png"></td>
                    <td><img width="200" height="166" border="1"
                      src="http://filesimg.111cn.net/2011/05/2011121201033672.
png"></td>
                    <td><img width="200" height="166" border="1"
                      src="http://filesimg.111cn.net/2011/05/20111212010342197.
png"></td>
                </tr>
              </table>
            </td>
            <td id="marquePic2" width="1"></td>
          </tr>
        </table>
    </div>
    <script language="javascript">
        var speed=30 ; //设置间隔时间
        marquePic2.innerHTML=marquePic1.innerHTML;
        var demo=document.getElementById("demo"); //获取 demo 对象
        function Marquee(n){ //实现图片循环滚动的方法
            if(marquePic1.offsetWidth-demo.scrollLeft<=0){
                demo.scrollLeft=0;
            } else{
                demo.scrollLeft=demo.scrollLeft+n;
            }
        }
        var MyMar=setInterval("Marquee(6)",speed);
        demo.onmouseover=function() { //停止滚动
            clearInterval(MyMar);
        }
        demo.onmouseout=function() { //继续滚动
            MyMar=setInterval("Marquee(5)",speed);
        }
    </script>
  </body>
</html>
```

　　首先在页面添加一个 id 属性为 demo 的<div>标签，并在该标签中添加表格及要滚动显示的图片；然后运用 Window 对象的 setInterval()和 clearInterval()方法控制图片定时循环滚动。参数 speed 用于控制滚动速度，speed 值越大图片滚动得越快。

5. 运行结果

运行结果如图 6.11 所示。

图 6.11　任务 6-1 运行结果

6.2　窗口框架简介

6.2.1　什么是窗口框架

窗口框架可将浏览器的画面分割成多个小窗口，且每个小窗口可以显示不同的网页，以达到在浏览器中同时浏览多个不同网页的效果。

将浏览器的画面分割成多个窗口后，各个窗口具有不同的功能。有时候，希望把网页做成一个窗口显示的是目录，另一个窗口显示的是所选取的项目内容的形式。这样，目录不变，项目之间的切换就会快得多了。使用窗口框架不仅可以实现在一个浏览器画面中打开多个窗口，而且可以在每个窗口上显示不同的网页内容。

6.2.2　窗口框架的基本结构

窗口框架的基本结构格式如下。

```
<frameset>
     <frame src="url" name="w1">
     <frame src="url" name="w2">
     ...
     <noframes> ... </noframes>
</frameset>
```

<frameset>标签用于定义一个窗口框架，<frame>标签则用于定义窗口框架中的子窗口。

窗口框架文档的书写格式与一般的 HTML 文档的书写格式相同，只是用<frameset>代替<body>标签，<frameset>是一个成对标签，有开始标签和结束标签，在<frameset>标签内使用了另一个标签<frame>，用它来指定每一个窗口的内容。

脚本 6-10.html 用<frameset>标签定义了一个窗口框架，窗口框架下用两个<frame>标签定义了两个子窗口，子窗口分别显示目录和前言。

脚本 6-10.html

```
<html>
  <head><title>窗口框架文档</title></head>
  <frameset cols="200,*">
    <frame name="windows1" src="toc.html" scrolling=auto>
    <frame name="windows2" src="pref.html">
    <noframes> 你的浏览器不支持带框架的网页 </noframes>
    </frameset>
  </html>
```

运行结果如图 6.12 所示。

图 6.12　窗口框架示例结果

6.2.3　窗口框架的分割方式

窗口框架的分割方式可分为两种，一种是水平分割（使用 rows 属性），另一种是垂直分割（使用 cols 属性）。

6.3 窗口框架控制

6.3.1 框架设置

精讲视频

窗口框架控制

框架设置使用标签<frameset>。<frameset>是成对标签，开始标签<frameset>和结束标签</frameset>之间的内容是 HTML 文档的主体部分。

使用框架的 HTML 文档中不能出现<body>标签，否则会导致 Web 浏览器忽略所有的框架定义而只显示<body>标签和</body>标签之间的内容。

<frameset>标签主要有 rows、cols、border、bordercolor 和 frameborder 5 个属性。

1. 水平分割/垂直分割

水平分割/垂直分割表示格式如下所示。

```
<frameset rows="值1,值2,...,值n">
<frameset cols="值1,值2,...,值n">
```

其中 rows 表示窗口行分割情况，cols 表示窗口列分割情况。各参数值之间用逗号分隔，依次表示各个子窗口的高度（宽度）。

rows 和 cols 可以用数字、百分比或剩余值以及这 3 种方式的混合来表示。

① 数字：表示子窗口高度（宽度）所占的像素点数。

② 百分比"%"：表示子窗口高度（宽度）占整个浏览器窗口高度（宽度）的百分比。

③ 剩余值"*"：表示当前所有窗口设定之后的剩余部分。当符号"*"只出现一次，即其他子窗口的大小都有明确定义时，表示该子窗口的大小将根据浏览器窗口的大小而自动调整；当符号"*"出现一次以上时，表示按比例分割浏览器窗口的剩余空间。

```
<frameset cols="40%,2*,*">
```

这里表示将浏览器窗口分割为 3 列：

第 1 个子窗口在第 1 列，窗口宽度为整个浏览器窗口宽度的 40%；

第 2 个子窗口在第 2 列，占浏览器窗口剩余空间的 2/3，即其宽度为整个浏览器窗口宽度的 40%；

第 3 个子窗口占剩余空间的 1/3，窗口宽度为整个浏览器窗口宽度的 20%。

```
<frameset rows="150,300,150">
```

这段代码将创建 3 行框架。其中的每行都贯穿整个文档窗口。第一行和最后一行的框架被设置为 150 像素高，第 2 行被设置成 300 像素高。

> **注意** 实际上，除非浏览器窗口正好是 600 像素高，否则浏览器将会自动按照比例延伸或压缩第一行和最后一行的框架，使得这两个框架都占据1/4的窗口空间。中间行将会占据剩下1/2 的窗口空间。

也可以用窗口尺寸的百分比表示框架行和列的尺寸，如下表示和上面代码效果相同。

```
<frameset rows="25%,50%,25%">
```

当然，如果这些百分比加起来不是 100%，浏览器也会自动按照比例重新给出每行尺寸以消除差异。

rows 和 cols 这两个属性也可以同时使用，表示窗口水平和垂直同时分割。脚本 6-11.html 是水平与垂直同时分割示例。

脚本 6-11.html

```
<html>
  <head>
    <title>Simple frameset</title>
  </head>
```

```
<frameset cols="40%,60%" rows="2*,*">
  <frame name="TopLeft" src="red.html">
  <frame name="TopRight" src="green.html">
  <frame name="BotLeft" src="blue.html">
  <frame name="BotRight" src="yellow.html">
</frameset>
</html>
```

运行结果如图 6.13 所示。

图 6.13　水平与垂直同时分割示例结果

窗口框架还可以嵌套分割，即在子窗口里嵌套子框架，脚本 6-12.html 是嵌套分割示例。

脚本 6-12.html

```
<html>
  <head>
    <title>嵌套分割</title>
  </head>
  <frameset rows="105,*">
    <frame name="adbanner" src="white.html">
    <frameset cols="40%,60%">
      <frame name="left" src="red.html">
      <frameset rows="*,*">
        <frame name="top" src="blue.html">
        <frame name="bottom" src="yellow.html">
      </frameset>
    </frameset>
  </frameset>
</html>
```

运行结果如图 6.14 所示。

图 6.14　嵌套分割示例结果

171

2. 设置窗口框架宽度

在<frameset>标签中，可运用 border 属性控制分割窗口的框架的宽度，其语法如下所示。

```
<frameset border="数值">
```

其中的数值代表此窗口框架的宽度，单位为像素。脚本 6-13.html 将窗口框架宽度设置为 10 个像素。

脚本 6-13.html

```
<html>
  <head>
    <title>窗口框架宽度设置</title>
  </head>
  <frameset border=10 cols="40%,60%" rows="2*,*">
    <frame name="TopLeft" src="red.html">
    <frame name="TopRight" src="green.html">
    <frame name="BotLeft" src="blue.html">
    <frame name="BotRight" src="yellow.html">
  </frameset>
</html>
```

运行结果如图 6.15 所示。

图6.15　窗口框架宽度设置

3. 设置边框颜色

在<frameset>标签中，可运用 bordercolor 属性设置边框的颜色，其语法如下所示。

```
<frameset bordercolor="#">
```

其中的#代表此边框的颜色，取值可为 RGB 代码。脚本 6-14.html 将边框颜色设置为"990000"。

脚本 6-14.html

```
<html>
  <head>
    <title>边框颜色设置</TITLE>
  </head>
  <frameset border=10 bordercolor="990000" cols="40%,60%" rows="2*,*">
    <frame name="TopLeft" src="red.html">
    <frame name="TopRight" src="green.html">
    <frame name="BotLeft" src="blue.html">
    <frame name="BotRight" src="yellow.html">
  </frameset>
</html>
```

运行结果如图 6.16 所示。

图 6.16　窗口框架边框颜色设置

4. 设置边框隐藏

frameborder 属性用于控制窗口框架四周是否显示框架的边框。此属性可使用在\<frameset\>标签与\<frame\>标签中，使用在\<frameset\>标签内时，可控制窗口框架的所有子窗口。使用在\<frame\>标签内时，则仅能控制该标签所代表的子窗口，其语法如下。

```
<frmaeset frameborder=0 或 1>
```

0 代表不显示边框，1 代表显示边框，其默认值为 1。脚本 6-15.html 将子窗口框架边框设置为隐藏。

脚本 6-15.html

```
<html>
  <head>
    <title>边框隐藏设置</title>
  </head>
  <frameset  cols="40%,60%" rows="2*,*" frameborder=0 >
    <frame name="TopLeft" src="red.html">
    <frame name="TopRight" src="green.html">
    <frame name="BotLeft" src="blue.html">
    <frame name="BotRight" src="yellow.html">
  </frameset>
</html>
```

运行结果如图 6.17 所示。

图 6.17　窗口框架边框隐藏设置

6.3.2　子窗口设置

每个子窗口均由\<frame\>标签定义。\<frame\>是单个的标签，使用时，将它写在开始标签\<frameset\>和结束标签\<frameset\>之间，它主要有 6 个属性: src、name、scrolling、noresize、 marginwidth 和 marginheight。

1. src 属性

src 属性用于指定要导入该子窗口的 HTML 文件，其语法如下所示。

```
<frame src="url">
```

如果一个<frame>标签中没有 src 属性，则该子窗口显示为空。

2. name 属性

name 属性用来指定子窗口的名称，此属性是可选的。当完成定义子窗口的名称后，我们便可在超链接中，指定显示网页的子窗口，其语法如下所示。

```
<frame name="子窗口名称">
```

3. scrolling 属性

scrolling 属性用于描述该子窗口是否有滚动条，该属性是可选的，其语法如下。

```
<frame scrolling=yes 或 no 或 auto>
```

各设置值所代表的意义依序为显示、不显示、自动设置，默认值是 auto。

4. noresize 属性

noresize 属性是一个标志，没有取值。它说明浏览者是否可以自行用鼠标调整子窗口的大小。如果设定了 noresize 属性，则子窗口不能调整。如果使用默认值，则可以自行调整子窗口的大小。

5. 设置边距属性 marginwidth/marginheight

marginwidth 属性用来控制子窗口内显示的内容与子窗口左右边缘的距离，该属性是取一个像素值，默认为 1，该属性是可选的。

marginaheight 属性用来控制子窗口内显示的内容与子窗口上下边缘的距离，该属性是取一个像素值，默认为 1，该属性是可选的。

6.4 frame 之间的链接

对于框架网页中的超链接，可用 target 属性指定该链接的内容在哪个窗口显示。

在脚本 6-10.html 中，放置文件的功能是由下面的代码片段实现的。

```
<frame name="windows1" src="toc.html" scrolling=auto>
<frame name="windows2" src="pref.html">
```

在文件 toc.html 中，放置文件的功能是由下面的代码片段实现的。

```
<ul>
  <li><a href="pref.html" target="windows2">Preface</a></li>
  <li><a href="chap1.html" target="windows2">Chapter 1</a></li>
  <li><a href="chap2.html" target="windows2">Chapter 2</a></li>
  <li><a href="chap3.html" target="windows2">Chapter 3</a></li>
</ul>
```

精讲视频

frame 之间的链接

代码中加粗部分用 target 属性指定目标窗口为"windows2"，即目标窗口为右边的子窗口。当用户从左边窗口的目录中选择一个链接时，浏览器会将这个链接关联的文档载入并显示在右边这个"windows2"窗口中。当其他链接被选中时，右边这个窗口中的内容也会发生变化，而左边这个窗口始终保持不变。

用 target 属性指定的目标窗口名称，必须使用字母/数字字符，否则窗口名将被忽略。

有几个特定的窗口名例外，这几个窗口名有特殊含义，它们分别是_blank、_self、_parent和_top。

1. target="_blank"

当将 target 属性设置为_blank 时，若单击超链接，将打开一个新窗口来显示网页。

2. target="_self"

当将 target 属性设置为_self 时，将在同一窗口中显示链接的网页。

3. target="_parent"

当将 target 属性设置为_parent 时，若单击超链接，该链接网页将导入目前子窗口的上一层框架。若没有上一层框架，则导入同一窗口中。

4. target="_top"

当将 target 属性设置为_top 时，将脱离目前的窗口框架，在最上层的窗口框架中，显示链接的网页。

仍然以脚本 6-10.html 为例，这里做一下改变，修改后的代码如脚本 6-16.html 和脚本 topic.html 所示。

脚本 6-16.html

```html
<html>
  <head><title>frame 之间的链接</title></head>
  <frameset cols="200,*">
    <frame name="windows1" src="topic.html" scrolling=auto>
    <frame name="windows2" src="pref.html">
    <NOFRAMES> 你的浏览器不支持带框架的网页 </NOFRAMES>
  </frameset>
</html>
```

脚本 topic.html

```html
<html>
<head><title>frame 之间的链接</title></head>
<body>
<h3>Table of Contents</h3>
<ul>
  <li><a href="pref.html" target="windows2">Preface</a></li>
  <li><a href="chap1.html" target="windows2">Chapter 1</a></li>
  <li><a href="chap2.html" target="windows2">Chapter 2</a></li>
  <li><a href="chap3.html" target="_parent">Chapter 3</a></li>
</ul>
</body>
</html>
```

运行脚本后单击左边窗口的最后一个链接，结果如图 6.18 所示。

图 6.18　frame 链接示例结果

【任务 6-2】窗口框架操作

1. 任务介绍

使用 JavaScript 来使 iframe 父子窗口之间相互操作 DOM 对象。

2. 任务目标

熟练掌握窗口框架的相关操作。

3. 实现思路

（1）创建一个父窗口、两个子窗口。在父窗口中通过 contentWindow 属性操作子窗口页面的元素。

```
document.getElementById('iframeid').contentWindow.document.getElementById('test')
```

（2）在子窗口使用 parent.getIFrameDOM()调用父窗口的函数实现对平级的子窗口进行操作，并且在子窗口中通过使用 parent.document 操作父窗口的页面元素。

4. 实现代码

完整代码如脚本 index.html、脚本 iframeA.html、脚本 iframB.html 所示。

脚本 index.html

```html
<!Doctype html>
<html lang="en">
<head>
  <meta charset="UTF-8">
  <title>iframe 父子窗口之间相互操作 DOM 对象</title>
</head>
<body>
    <div class="opt_btn">
        <button onclick="getValiframeA();">父窗口获取 iframeA 中的值</button>
        <button onclick="setValiframeA();">父窗口设置 iframeA 中的值</button>
        <button onclick="setBgiframeA();">父窗口设置 iframeA 的h1 标签背景色</button>
    </div>
    <div id="result">--操作结果--</div>
    <div class="frames">
        <iframe id="wIframeA" name="myiframeA" src="iframeA.html" scrolling=
"no" frameborder="1" style="height:190px"></iframe>
        <iframe id="wIframeB" name="myiframeB" src="iframeB.html" scrolling=
"no" frameborder="1" style="height:190px"></iframe>
    </div>
</body>
<script type="text/javascript">
    function getIFrameDOM(iID){
        return document.getElementById(iID).contentWindow.document;
    }
    function getValiframeA(){
        var valA = getIFrameDOM("wIframeA").getElementById('iframeA_ipt').value;
        document.getElementById("result").innerHTML = "获取了子窗口 iframeA 中
输入框里的值: <span style='color:#f30'>"+valA+"</span>";
    }
    function setValiframeA(){
        getIFrameDOM("wIframeA").getElementById('iframeA_ipt').value =
'Helloweba';
        document.getElementById("result").innerHTML = "设置了子窗口 iframeA 中
输入框里的值: <span style='color:#f30'>Helloweba</span>";
    }
    function setBgiframeA(){
        getIFrameDOM("wIframeA").getElementById('title').style.background =
"#ffc";
    }
</script>
</html>
```

脚本 iframeA.html

```html
<!DOCTYPE html>
<html>
<head>
    <meta charset="utf-8">
    <title>helloweba.com</title>
</head>
<body>
    <h1 id="title">iframe A</h1>
```

```
        <input type="text" id="iframeA_ipt" name="iframeA_ipt" value="123">
        <p id="hello">helloweba.com 欢迎您！</p></br>
    </body>
</html>
```

脚本 iframeB.html

```
<html>
<head>
    <meta charset="utf-8">
    <title>helloweba.com</title>
</head>

<body>
    <h1>iframe B</h1>
    <p id="hello">Helloweb.com</p>
    <input type="text" id="iframeB_ipt" name="iframeB_ipt" value="1,2,3,4">
    <button onclick="child4parent();">iframeB 子窗口操作父窗口</button>
    <button onclick="child4child();">iframeB 操作子窗口 iframeA</button></br>
</body>
<script type="text/javascript">
    function child4child(){
        var parentDOM=parent.getIFrameDOM("wIframeA");
        parentDOM.getElementById('hello').innerHTML="<span style='color:
blue;font-size:18px;background:yellow;'>看到输入框里的值变化了吗？</span>";
        parentDOM.getElementById('iframeA_ipt').value = document.getElementById
("iframeB_ipt").value;
        parent.document.getElementById("result").innerHTML="子窗口 iframeB 操作
了子窗口 iframeA";
    }
    function child4parent(){
        var iframeB_ipt = document.getElementById("iframeB_ipt").value;
        parent.document.getElementById("result").innerHTML="<p style=
'background:#000;color:#fff;font-size:15px;'>子窗口传来输入框值：<span style='color:
#f30'>"+iframeB_ipt+ "</span></p>";
    }
</script>
</html>
```

根据以上代码，在父窗口中 JavaScript 操作 iframe 里的 DOM 使用 contentWindow 属性，contentWindow 属性是指定的 frame 或者 iframe 所在的 Window 对象。在 IE 浏览器中 iframe 或者 frame 的 contentWindow 属性可以省略，但在 Firefox 浏览器中如果要对 iframe 对象进行编辑，必须指定 contentWindow 属性。contentWindow 属性支持所有主流浏览器。在父窗口中自定义了函数 getIFrameDOM()，传入参数 iID 即可获取 iframe，之后就跟在当前窗口获取元素的操作一样了。子窗口 iframeB 通过使用 parent.getIFrameDOM()调用了父窗口的自定义函数 getIFrameDOM()，从而对平级的子窗口 iframeA 进行操作，子窗口还可以通过使用 parent.document 操作父窗口的页面元素。

5. 运行结果

运行脚本 index.html，结果如图 6.19 所示。

单击"父窗口获取 iframeA 中的值"按钮，结果如图 6.20 所示。

单击"父窗口设置 iframeA 中的值"按钮，结果如图 6.21 所示。

单击"父窗口设置 iframeA 的 h1 标签背景色"按钮，结果如图 6.22 所示。

单击"iframeB 子窗口操作父窗口"按钮，结果如图 6.23 所示。

单击"iframeB 操作子窗口 iframeA"按钮，结果如图 6.24 所示。

图 6.19　任务 6-2 示例结果 1

图 6.20　任务 6-2 示例结果 2

图 6.21　任务 6-2 示例结果 3

图 6.22　任务 6-2 示例结果 4

图 6.23　任务 6-2 示例结果 5

图 6.24　任务 6-2 示例结果 6

6.5　浮动窗口

在一个页面中直接引入另一个页面，这种技术称为浮动窗口（Floating Window），也叫"内部框架"，在 HTML 中通过<iframe>标签实现，其语法如下所示。

精讲视频

浮动窗口

```
<iframe src="URL" name="子窗口名称" width="x" height="x"
scrolling="[OPTION]" frameborder="x"   marginheight=0
marginwidth=0 > </iframe>
```

src：文件的路径，既可以是 HTML 文件，也可以是文本、ASP，以及 GIF、JPEG、JPG、PNG 等图片文件。

width、height："画中画"区域的宽与高。

scrolling：当 src 指定的 HTML 文件在指定的区域显示不完时，滚动选项如果设置为 no，则不出现滚动条；如为 auto，则自动出现滚动条；如为 yes，则显示滚动条。

frameborder：区域边框的宽度，为了让"画中画"与邻近的内容相融合，常设置为 0。

name：子窗口名称。

marginheight、marginwidth：指定文字与边界的距离。

思考脚本 6-17.html、脚本 file1.html、脚本 file2.html、脚本 file3.html。

脚本 6-17.html

```
<html>
  <head>
```

```
    <title>页内框架示例</TITLE>
  </head>
  <body>
    <table>
      <tr>
       <td colspan="2" height="100" bgcolor="#cccccc"><H1 align="center">李白</H1>
      <tr>
       <td width="200" bgcolor="#eeeeee">
        <H3 align="center"><A href="file2.htm" target="poem">静夜思</H3>
        <H3 align="center"><A href="file3.htm" target="poem">怨情</H3>
        <td>
        <iframe src="file1.htm" width="400" height="300" name="poem">
          真可惜，您的浏览器不支持框架！
        </iframe>
    </table>
  </body>
</html>
```

脚本 file1.html

```
<html>
<head>
<title>file1.htm</title>
</head>
<body>
<H4>李白（701年～762年），字太白，号青莲居士，是唐代伟大的浪漫主义诗人，被后人称为"诗仙"
</H4>
</body>
</html>
```

脚本 file2.html

```
<html>
<head><title>file2 </title></head>
<body>
<H4>床前明月光，<BR>疑是地上霜。<BR>举头望明月，<BR>低头思故乡。</H4>
</BODY>
</HTML>
```

脚本 file3.html

```
<HTML>
<HEAD><TITLE>file3 </TITLE>
</HEAD>
<BODY>
<H4>美人卷珠帘，<BR>深坐颦蛾眉；<BR>但见泪痕湿，<BR>不知心恨谁？</H4>
</BODY>
</HTML>
```

运行结果如图 6.25 所示。

图 6.25　浮动窗口示例结果

6.6 项目实战

【项目 6-1】为 iframe 创建动态内容

精讲视频

项目实战：为 iframe
创建动态内容

1. 项目描述

编写程序使用 JavaScript 为 iframe 创建动态内容，当用户单击页面链接时，显示当前 session 中用户访问页面的次数。

2. 实现思路

（1）首先创建一个 HTML 主页面。页面包含一个子窗口 iframe。在主页面区域单击链接动态改变 ifarme 子窗口内容。

（2）定义函数 initLinks()循环遍历页面上所有的链接。然后对每个链接设置两个元素：onclick 处理函数和 thisPage 属性。后者存有单击链接后会显示的页码，例如链接 0 就是"page 1"，链接 1 就是"page 2"，以此类推。循环中的 onclick 处理函数用于让每个链接在单击后调用 writeContent()函数。代码片段如下：

```javascript
function initLinks(){
    for(var i=0; i<document.links.length; i++){
        document.links[i].onclick = writeContent;
        document.links[i].thisPage = i+1;
    }
}
```

（3）定义数组 pageCount 来记录加载页面的次数，每单击一次页面，设置一次 pageCount[this.thisPage]++，这样就可以跟踪用户访问特定页面的次数。

（4）用函数 writeContent()设置变量 newText 来存储 iframe 的动态内容，利用 contentWindow 属性找到 iframe 的元素，将 newText 值存入。代码片段如下。

```javascript
var pageCount = new Array(0,0,0,0);
function writeContent(){
    pageCount[this.thisPage]++;
    var newText = "<h1>You are now looking at Example "+this.thisPage;
    newText += ".<br>You have been to this page ";
    newText += pageCount[this.thisPage] + " times.<\/h1>";
    document.getElementById("icontent").contentWindow.document.body.
innerHTML = newText;
    return false;
}
```

3. 实现代码

完整代码如脚本 6-18.html、脚本 script.js、脚本 script.css、脚本 iframe01.html 所示。

脚本 6-18.html

```html
<!DOCTYPE html>
<html>
  <head>
    <title>创建动态的 iframe</title>
    <script src="script.js"></script>
    <link rel="stylesheet" href="script.css">
  </head>
  <body>
    <iframe src="iframe01.html" name="icontent" id="icontent"></iframe>
    <h1>Main Content Area</h1>
    <h2>
      <a href="#">Link 1</a><br>
      <a href="#">Link 2</a><br>
      <a href="#">Link 3</a><br>
```

```
        </h2>
    </body>
</html>
```

脚本 script.js

```javascript
var pageCount = new Array(0,0,0,0);
window.onload = initLinks;
function initLinks(){
    for(var i=0; i<document.links.length; i++){
        document.links[i].onclick = writeContent;
        document.links[i].thisPage = i+1;
    }
}
function writeContent(){
    pageCount[this.thisPage]++;
    var newText = "<h1>You are now looking at Example "+this.thisPage;
    newText += ".<br>You have been to this page ";
    newText += pageCount[this.thisPage] + " times.<\/h1>";
    document.getElementById("icontent").contentWindow.document.body.
innerHTML = newText;
    return false;
}
```

脚本 script.css

```css
body{
    background-color:#FFF;
}
iframe#icontent{
    float:right;
    border:1px solid black;
    width:350px;
    height:300px;
    margin-top:100px;
}
```

脚本 iframe01.html

```html
<!DOCTYPE html>
<html>
    <head>
        <title>创建动态的 iframe</title>
    </head>
    <body>
        Please load a page
    </body>
</html>
```

运行结果如图 6.26 所示。

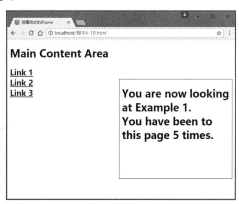

图 6.26　创建动态的 iframe 示例结果

6.7 小结

本单元主要介绍了 Window 对象的属性和方法以及窗口的相关属性和操作，6.1 节介绍了 Window 对象的概念以及 Window 对象的属性和方法，包括 navigator 对象、screen 对象、location 对象和 history 对象等；6.2 节介绍了窗口框架的概念，包括窗口框架的基本结构和分割方式；6.3 节介绍了对窗口框架的控制，包括如何设置标签；6.4 介绍了对子窗口的属性设置和不同窗口之间的链接；6.5 节介绍了如何设置浮动窗口；最后通过实战创建 iframe 动态内容来进一步加深读者对窗口的理解。

Window 对象位于浏览器对象模型中的顶层，是其他所有对象的父对象。在应用中，只要浏览器一打开，无论是否存在页面，都将创建 Window 对象。框架是 Web 浏览器窗口中独立的、可以滚动的分块区域，每个框架都可以被看成独立的窗口，包含自己的 Window 对象。窗口框架的操作在实际编码中运用很频繁，可以运用窗口框架实现复杂多变的页面效果。

课后习题

一、选择题

1. 以下哪一项不属于 Window 对象的属性（　　）。
   A. navigator 对象　　　B. cookie 对象　　　C. screen 对象　　　D. history 对象
2. frame 需要在同一窗口中显示链接的网页，则需要添加以下哪个属性（　　）。
   A. _blank　　　　　　B. _parent　　　　　C. _self　　　　　　D. _top
3. 以下哪一项说法是错误的（　　）。
   A. iframe 框架页面会增加服务器的 HTTP 请求，对于大型网站是不可取的
   B. 如果遇到加载缓慢的第三方内容如图标和广告，这些问题可以由 iframe 来解决
   C. iframe 不会阻塞主页面的 onload 事件
   D. iframe 能够原封不动地把嵌入的网页展现出来
4. 以下哪一个不是 iframe 的常用属性（　　）。
   A. frameborder　　　B. scroll　　　　　　C. sandbox　　　　　D. srcdoc

二、填空题

1. Window 对象的_____属性用来指定浏览器浏览历史信息。
2. 窗口的_____属性可以指定加载的 HTML 文件内容。

三、简答题

在父窗口中如何获取 iframe 的 Window 对象？

单元 7
document 对象

07

情景引入

我们在书写文字的时候必须要把文字写在纸上，纸就成为文字的载体和容器，所有的文字必须在纸张的范围之内呈现，受到纸张的约束，同时纸张所具备的特性对每张纸都生效，纸张的内容可以随时去使用这些特性。

每个Window对象都有document属性。该属性引用在窗口中显示的HTML文档的document对象。document对象可能是客户端JavaScript中最常用的对象。在本书开始已经介绍过使用document对象的write()方法在文档被解析时将动态内容插入文档。除了write()方法外，document对象还定义了提供文档整体信息的属性，如文档的URL、最后修改时间、文档要链接到的URL、显示文档的颜色等。接下来本单元将会详细介绍document对象的核心特性。

学习目标

知识目标

1. 理解JavaScript的document对象的概念
2. 掌握document对象方法
3. 理解document对象的集合
4. 掌握document对象与Window对象的区别

能力目标

1. 能够创建和运用document对象
2. 能够掌握对cookie的使用
3. 能够掌握异步加载资源的方法

素质目标

使用document对象的各种方法解决具体问题时，提升自身的逻辑推理能力。

思维导图

7.1　document 对象概述

在浏览器中，与用户进行数据交换是通过客户端的 JavaScript 代码来实现的，而这些交互工作大多数是由 document 对象及其部件完成的，因此 document 对象是一个比较重要的对象。

document 对象是文档的根节点，window.document 属性就指向这个对象。也就是说，只要浏览器开始载入 HTML 文档，这个对象就存在了，可以直接调用。

精讲视频

document 对象概述

document.childNodes 属性返回该对象的所有子节点。对于 HTML 文档来说，document 对象一般有两个子节点。第 1 个子节点是 document.doctype，表示文档类型节点（DocumentType）。对于 HTML5 文档来说，该节点就代表<!DOCTYPE html>；第 2 个子节点是 document.documentElement，表示元素节点（Element），代表<html lang="en">。

7.2　document 对象属性

document 对象定义了如下属性。

- document.title：设置文档标题，等价于 HTML 的<title>标签。
- document.bgColor：设置页面背景色。
- document.fgColor：设置前景色（文本色）。
- document.linkColor：未单击过的链接颜色。
- document.alinkColor：激活的链接（焦点在此链接上）颜色。
- document.vlinkColor：已单击过的链接颜色。
- document.URL：设置 URL 属性从而在同一窗口打开另一网页。
- document.location：等价于属性 URL。
- document.referrer：文档的 URL，包含把浏览器带到当前文档的链接（如果存在这样的链接）。
- document.lastModified：一个字符串，包含文档的修改时间。
- document.cookie：设置和读出 cookie。

精讲视频

document 对象属性

● document.charset：设置字符集，简体中文为 gb2312。

使用 document 对象属性可以访问文档中的对象、内容等。其中某些对象或内容还可以使用 document 对象属性来进行设置。

1. 颜色设置

document 对象的 bgColor 属性、fgColor 属性、linkColor 属性、alinkColor 属性和 vlinkColor 属性分别指定了文档的背景色、文本色和链接颜色。这些属性的运用如脚本 7-1.html 所示。

脚本 7-1.html

```
<HTML>
    <HEAD>
        <TITLE>document 对象属性</TITLE>
    </HEAD>
    <body>
        <div>页面背景色为: <span style="display: inline-block;width: 45px;height:
16px;background: #CCCCCC;vertical-align: middle;"></span></div>
        <div>前景色( 文本色 )为:<span style="display: inline-block;width: 45px;height:
16px;background: #666633;vertical-align: middle;"></span></div>
        <div>未单击过的链接颜色为: <span style="display: inline-block;width:
45px;height: 16px;background: #3333FF;vertical-align: middle;"></span></div>
        <div>激活的链接颜色为:<span style="display: inline-block;width: 45px;height:
16px;background: #CC66FF;vertical-align: middle;"></span></div>
        <div>已单击过的链接颜色为: <span style="display: inline-block;width:
45px;height: 16px;background: #FF0000;vertical-align: middle;"></span></div>
            未单击的链接 <a href="http://www.ryjiaoyu.com/" target="_blank">
http://www.ryjiaoyu.com/</a></br>
            激活的链接 <a href="https://hao.ptpress.com.cn/" target="_blank">
https://ptpress.com.cn/</a></br>
            已单击过的链接 <a href="http://www.rymooc.com" target="_blank">
http://www.rymooc.com</a><script type="text/javascript">
        document.bgColor = "#CCCCCC";
        document.fgColor = "#666633";
        document.linkColor = "#3333FF";
        document.alinkColor = "#CC66FF";
        document.vlinkColor = "#FF0000";
    </script>
    </body>
</html>
```

运行结果如图 7.1 所示。

图 7.1 document 对象颜色属性

2. 文档修改时间

在 JavaScript 中，为 document 对象定义了 lastModified 属性，使用该属性可以得到当前文档最后一次被修改的具体时间。本地计算机上的每个文件都有最后修改的时间，所以在服务器上的文档也有最后修改的时间。当客户端能够访问服务器的该文档时，客户端就可以使用 lastModified 属性来得到该文档最后的修改时间。脚本 7-2.html 显示的是当前文档最后一次的修改时间。

脚本 7-2.html

```html
<html>
  <head>
    <title>document 对象属性</title>
  </head>
  <body>
    <script type="text/javascript">
        alert("文档最后修改时间: "+document.lastModified);
    </script>
  </body>
</html>
```

运行结果如图 7.2 所示。

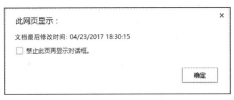

图 7.2　document 对象 lastModified 属性

从显示结果中可以看出，使用 lastModified 属性得到的时间并不是一个 Date 对象，而是一个字符串。这里显示的时间的格式是固定的，要想得到想要的时间格式，需要运用 Date 对象来转换。

 注意　使用 lastModified 属性得到的时间来自服务器。而这又和服务器设置有关，所以有可能得到的并不是正确的数据。

3. 文档标题

JavaScript 为 document 对象定义了 title 属性来获得文档的标题。在 HTML 文档中<title></title>标签中定义的就是文档的标题。<title></title>标签在 HTML 文档中可以省略，但是文档的标题仍然存在，只是为空。

4. 文档定位

文档定位就是设置和获取文档的位置，文档的位置也可以说是文档的 URL。在 JavaScript 中，为 document 对象定义了 location、URL、referrer这3个属性来对文档的位置进行操作。其中 location属性和 URL 属性很相似，都可以直接获取文档位置。referrer 属性则不同，使用它获得的是当前文档的源文档的 URL，也就是说获得引出该文档的文档。从这一点可以看出，如果只编写一个文档不可能得到 referrer 的属性值。脚本 7-3.html 中分别使用 location 属性和 URL 属性对文档进行定位。

脚本 7-3.html

```html
<HTML>
<HEAD>
<TITLE>文档定位</TITLE>
</HEAD>
<body>
    <h1>文档定位</h1>
    <script language="javascript" type="text/javascript">
        var ustring = document.URL;
        var sstring = document.location;
        document.write("<h3>使用 location 属性得到的 URL 为: ");
        document.write(sstring);
        document.write("<h3>使用 URL 属性得到的 URL 为: ");
        document.write(ustring);
```

```
                document.location = "http://www.ryjiaoyu.com";
        </script>
    </body>
</HTML>
```

使用浏览器运行该脚本，在页面上首先出现了文档的 URL，然后由于程序中使用 location 属性新设置了 URL，所以文档转向了新设置的 URL。

使用 location 属性和 URL 属性都可以得到文档的位置。但是它们的表现形式不同，使用 URL 属性得到的是真实显示的 URL，而使用 location 属性得到的 URL 会将空格等特殊字符转换成码值的形式来显示，这样更容易在网络中传输。另外，使用 location 属性不但可以获取文档的 URL，还可以对文档的 URL 进行设置。

7.2.1　cookie

cookie 是直接存储在浏览器中的一小串数据。它是 HTTP 的一部分，由 RFC 6265 规范定义。

cookie 通常是由 Web 服务器使用响应 Set-Cookie-HTTP-header 进行设置的。然后浏览器使用 Cookie-HTTP-header 将它自动添加到（几乎）每个对相同域的请求中。

常见的用处之一就是身份验证，具体如下。

（1）登录后，服务器在响应中使用 Set-Cookie-HTTP-header 来设置具有唯一"会话标识符"（session identifier）的 cookie。

（2）下次当请求被发送到同一个域时，浏览器会使用 Cookie-HTTP-header 通过网络发送 cookie。

（3）所以服务器知道是谁发起了请求。

我们可以使用 document.cookie 属性从浏览器访问 cookie。

```
// 在 javascript.info,我们使用谷歌分析来进行统计
// 所以应该存在一些 cookie
alert( document.cookie ); // cookie1=value1; cookie2=value2;...
```

document.cookie 的值由 name=value 对组成，以";"分隔。每一个都是独立的 cookie。为了找到一个特定的 cookie，我们可以以";"作为分隔符，将 document.cookie 分开，然后找到对应的名字。我们可以使用正则表达式或者数组函数来实现。对 document.cookie 的写入操作只会更新其中提到的 cookie，而不会涉及其他 cookie。

以下代码设置一个名称为 user 且值为 John 的 cookie。

```
document.cookie = "user=John"; // 只会更新名称为 user 的 cookie
alert(document.cookie); // 展示所有 cookie
```

1. path

如果一个 cookie 带有 path=/admin 设置，那么该 cookie 在/admin 和/admin/something 下都是可见的，但是在/home 或/adminpage 下不可见。通常，我们应该将 path 设置为根目录: path=/，以使 cookie 对此网站的所有页面可见。

2. domain

domain 控制了可访问 cookie 的域。但是在实际场景中，有一些限制。我们无法设置任何域。我们无法从另一个二级域访问 cookie，因此 other.com 永远不会收到在 site.com 设置的 cookie。默认情况下，cookie 只有在设置的域下才能被访问。

```
// 如果我们在 site.com 网站上设置了 cookie……
document.cookie = "user=John"
// ……在 forum.site.com 域下我们无法访问它
alert(document.cookie); // 没有 user
```

3. expires

默认情况下，如果一个 cookie 没有设置这两个参数中的任何一个，那么在关闭浏览器之后，它就会消失。此类 cookie 被称为"session cookie"。为了让 cookie 在浏览器关闭后仍然存在，我们可以设置 expires 或 max-age 选项中的一个。

```
expires=Tue, 19 Jan 2038 03:14:07 GMT
```

cookie 的过期时间定义了浏览器会自动清除该 cookie 的时间。

时间必须完全采用 GMT 时区的这种格式。我们可以使用 date toUTCString() 来获取它。例如，我们可以将 cookie 设置为 1 天后过期。

```
// 当前时间 +1 天
let date = new Date(Date.now() + 86400e3);
date = date.toUTCString();
document.cookie = "user=John; expires=" + date;
```

如果我们将 expires 设置为过去的时间，则 cookie 会被删除。

max-age=3600，它是 expires 的替代选项，指明 cookie 的过期时间距离当前时间的秒数。如果将其设置为 0 或负数，则 cookie 会被删除。

```
// cookie 会在一小时后失效
document.cookie = "user=John; max-age=3600";

// 删除 cookie（让它立即过期）
document.cookie = "user=John; max-age=0";
```

4. Secure

cookie 应只能通过 HTTPS 传输。默认情况下，如果我们在 http://site.com 上设置了 cookie，那么该 cookie 也会出现在 https://site.com 上；反之，在 https://site.com 上设置了 cookie，其也会出现在 http://site.com。

使用此选项，如果一个 cookie 是通过 https://site.com 设置的，那么它不会在相同域的 HTTP 环境下出现，例如 http://site.com。所以，如果一个 cookie 包含绝不应该通过未加密的 HTTP 发送的敏感内容，那么应该设置 secure 标识。

```
// 假设我们现在在 HTTPS 环境下
// 设置 cookie secure（只在 HTTPS 环境下可访问）
document.cookie = "user=John; secure";
```

7.2.2　DOM 树

根据文档对象模型（DOM），每个 HTML 标签都是一个对象。嵌套的标签是闭合标签的"子标签"（children）。标签内的文本也是一个对象。所有这些对象都可以通过 JavaScript 来访问，我们可以使用它们来修改页面。例如，document.body 是表示 <body> 标签的对象。运行以下代码会使 <body> 保持 3 s 红色状态：

```
document.body.style.background = 'red'; // 将背景设置为红色

setTimeout(() => document.body.style.background = '', 3000); // 恢复
```

在这里，我们使用了 style.background 来修改 document.body 的背景色，但是还有很多其他的属性，例如：

innerHTML——节点的 HTML 内容；

offsetWidth——节点宽度（以像素度量）。

使用 DOM 将 HTML 表示为标签的树形结构。

```
<!DOCTYPE HTML>
<html>
```

```
<head>
  <title>About elk</title>
</head>
<body>
  The truth about elk.
</body>
</html>
```

树的每个节点都是一个对象。标签被称为元素节点（或者仅仅是元素），并形成树状结构：<html>在根节点，<head>和<body>是其子项等。

元素内的文本形成文本节点，被标记为 # text。一个文本节点只包含一个字符串。它没有子项，并且总是树的叶子。

空格和换行符都是完全有效的字符，就像字母和数字。它们形成文本节点并成为 DOM 的一部分。所以，在上面的示例中，<head>标签中的<title>标签前面包含了一些空格，并且该文本变成一个#text 节点（它只包含一个换行符和一些空格）。

我们通常用到的是其中的 4 种：

document——DOM 的"入口点"；

元素节点——HTML 标签，树的构建块；

文本节点——包含文本；

注释——有时我们可以将一些信息放入其中，它不会显示，但 JS 可以从 DOM 中读取它。

7.3 document 对象方法

document 对象定义了 4 个关键方法，如下所示。

精讲视频

document 对象方法

- close()：关闭或结束 open()方法打开的文档。
- open()：产生一个新文档，删除已有的文档内容。
- write()：把文本附加到当前打开的文档。
- writeln()：把文本输出到当前打开的文档，并附加一个换行符。

其中，write()方法是 document 对象的一个重要的特性，在前文也已经使用过 write()方法。使用 write()方法可以从 JavaScript 程序中动态地生成网页的内容，一般直接在脚本中使用，把 HTML 内容输入当前正在被解析的文档中。如脚本 7-4.html 所示，使用 write()方法显示当前日期和文档的最后修改日期。

脚本 7-4.html

```
<html>
  <head>
   <title>document 对象方法</title>
  </head>
  <body>
   <script>
        var current = new Date();
        document.write("当前日期: "+current.toString()+"</br>");
        document.write("文档最后修改日期: "+document.lastModified);
   </script>
  </body>
</html>
```

运行结果如图 7.3 所示。

只能在当前文档正在被解析时使用 write()方法向其输出 HTML 代码。简而言之，就是只能在标签

当前日期：Sat Apr 22 2017 20:29:03 GMT+0800 (中国标准时间) 文档最后修改日期：04/22/2017 20:29:03

图 7.3 document 对象 write()方法结果 1

<script>中调用 document.write()，因为这些脚本在执行时是文档解析过程的一部分。如果从一个

189

事件处理程序中调用 document.write()，那么一旦文档被解析，该处理程序被调用，结果将会覆盖当前文档（包括它的事件处理程序），而不是将文本添加到其中。

在使用 write() 方法向文档中输入内容时，如果同时具有字符串和非字符串内容，通常会使用"+"运算符将其连接起来，如脚本 7-4.html 中的内容。其实不需要这样，write() 方法具有多参数形式，可以将每个内容作为一个参数，参数之间用逗号分隔，再向文档输入时，就会依次输入。此外，使用 write() 方法向文档输入字符串时，也可以在其中加入一些 HTML 标签，如脚本 7-5.html 中的 <h3> 标签。在文档中是不会显示这些标签的，它们会在文档中发挥自身的作用。

脚本 7-5.html

```html
<html>
  <head>
    <title>document 对象方法</title>
  </head>
  <body>
    <script>
        var current = new Date();
        document.write("<h3>documents 对象 write 方法</h3>");
        document.write("当前日期: ",current.toString(),"</br>");
        document.write("文档最后修改日期: ",
document.lastModified);
    </script>
  </body>
</html>
```

运行结果如图 7.4 所示。

documents对象write方法

当前日期：Sat Apr 22 2017 21:49:20 GMT+0800 (中国标准时间)
文档最后修改日期：04/22/2017 21:49:20

图 7.4 document 对象 write() 方法结果 2

注意 write() 方法和 writeln() 方法都是向文档中写入内容的。不同之处在于使用 writeln() 方法在输入的结果后面会插入一个换行符。但是由于 HTML 中只使用
 标签来换行，所以显示当前文档时，write() 方法和 writeln() 方法没有什么区别。

document 对象的 open() 方法和 close() 方法分别用来打开和关闭文档。打开文档方法与 Window 对象的打开窗口 open() 方法不同，打开窗口会在窗口和浏览器中创建一个对象，而打开文档只要向文档中写入内容。打开文档要比打开窗口节省很多资源。

使用 open() 方法来打开一个文档，原来的文档内容就会被自动删除，然后开始输入新内容。使用 close() 方法来关闭一个文档，在输入新内容结束后，如果不关闭文档，就有可能造成无法显示。

注意 在通常情况下是不使用 open() 方法和 close() 方法来打开和关闭文档的，因为 write() 方法具有自动打开文档的功能。

【任务 7-1】运用 document 对象的属性和方法

1. 任务介绍
用 JavaScript 编写一个动态生成文档示例。

2. 任务目标
学会 document 对象的属性和方法的运用。

3. 实现思路

使用 open()、close()、write()和 writeln()方法动态创建在浏览器窗口中显示的文档。

4. 实现代码

完整代码如脚本 7-6.html 所示。

脚本 7-6.html

```html
<!DOCTYPE html>
<html>
  <head>
    <title>动态生成文档示例</title>
    <script type="text/javascript">
            function openNewWin(){
                var newWin = open("","myWindow","width=400,height=100,left=0,
top=10,"+
      "toolbar=no,menubar=no,"+"scrollbars=no,resizable=no,location=no,
status=no");
                newWin.document.open();
                newWin.document.writeln("<html><head><title>通知</title></head>");
                newWin.document.writeln("<body>");
                newWin.document.writeln("<h1>通知</h1>");
                newWin.document.writeln("<p>请同学们注意,下周举行计算机考试!</p>");
                newWin.document.writeln("</body></html>");
                newWin.document.close();
                newWin.focus();
            }
    </script>
  </head>
  <body>
    <p><a href="javascript:openNewWin()">通知</a></p>
  </body>
</html>
```

5. 运行结果

运行结果如图 7.5 所示。

图 7.5　动态生成文档示例结果

7.4　document 对象集合

document 对象指向特定元素集合的属性有如下几个。

精讲视频

document 对象集合

- document.anchors[]：Anchor 对象的一个数组，代表文档中的锚。
- document.applets[]：Applet 对象的一个数组，代表文档中的 Applet 对象。
- document.forms[]：Form 对象的一个数组，代表文档中所有的 Form 对象。
- document.images[]：Image 对象的一个数组,代表文档中所有的 Img 对象。
- document.links[]：Link 对象的一个数组，代表文档中的超文本链接的 Link 对象。

1. 表单

document 对象的 forms 属性是 Form 对象的一个数组，用来对文档中的表单进行操作。Form 对象代表 HTML 表单，由<form>标签对构成，JavaScript 运行引擎会自动为每一个表单标签建立一个表单对象。Form 对象包含一个 Elements 数组，Elements 数组中的每个元素用于表示表单元素的值。Form 对象及其子对象的关系如图 7.6 所示。

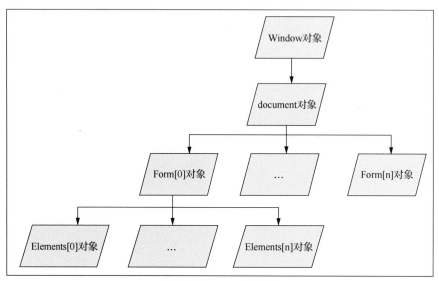

图 7.6　Forms 对象架构

使用 forms 属性可以得到文档中所有表单的数组，使用数组的 length 属性可以得到表单的个数，使用数组下标可以得到特定的表单。

在实际应用中，通常都会为每个表单定义名称。除了可以使用数组的索引外，还可以直接使用表单名称属性来得到特定的表单，如脚本 7-7.html 所示。

脚本 7-7.html

```html
<html>
  <body>
    <form id="Form1" name="Form1">
      您的姓名: <input type="text">
    </form>
    <form id="Form2" name="Form2">
      您的年龄: <input type="text">
    </form>
    <p>
    要访问集合中的项目，既可以使用项目编号，也可以使用项目名称:
    </p>
    <script type="text/javascript">
      document.write("文档包含: " + document.forms.length + " 个表单。")
      document.write("<p>第一个表单名称是: " + document.forms[0].name + "</p>")
      document.write("<p>第二个表单名称是: " + document.getElementById("Form2").name + "</p>")
    </script>
  </body>
</html>
```

运行结果如图 7.7 所示。

您的姓名：[　　　　　　]

您的年龄：[　　　　　　]

要访问集合中的项目，既可以使用项目编号，也可以使用项目名称：

文档包含：2 个表单。

第一个表单名称是：Form1

第二个表单名称是：Form2

图 7.7　document 对象表单

表单是客户端 JavaScript 程序设计中一个很重要的部分，下一章将会对表单的使用进行详细介绍。

2. 图像

在 JavaScript 中，为 document 对象定义了 images 属性来对文档中的图像进行操作。通过 images 属性得到的是文档中的图像数组，通过数组的 length 属性能够获得文档中图像的数量，使用数组下标可以获得每个图像。在对图像进行操作时，如果图像定义了名称，还可以使用名称索引得到该图像。

和其他对象不同的是，当文档中没有图像时，使用 images 属性也能得到一个数组，其长度为 0，因此 images 属性值还可以作为布尔值进行使用。

图像集合的相关操作如下。

（1）通过集合引用。

```
document.images            //对应页面上的<img>标签
document.images.length     //对应页面上<img>标签的个数
document.images[0]         //第 1 个<img>标签
document.images[i]         //第 i-1 个<img>标签
```

（2）通过 name 属性直接引用。

```
<img name="oImage">
document.images.oImage     //document.images.name 属性
```

（3）引用图像的 src 属性。

```
document.images.oImage.src    //document.images.name 属性.src
```

（4）创建一个图像。

```
var oImage
oImage = new Image()
document.images.oImage.src="/1.jpg"
```

同时在页面上建立一个<img>标签与之对应就可以显示图像。如脚本 7-8.html 通过引用图像的 src 属性给 img 添加图像。

脚本 7-8.html

```
<html>
  <head>
    <title>Image[]集合</title>
  </head>
  <body>
    <img name="oImage">
    <script language="javascript">
        var oImage
        oImage = new Image()
        document.images.oImage.src="http://filesimg.111cn.net/2011/05/20111
212010329895.png"
    </script>
  </body>
</html>
```

运行结果如图 7.8 所示。

3. 锚点和超链接

JavaScript 中的锚点对象是文档对象的一个属性，它通常以数组的形式表示网页中所有的锚点。anchors 数组中包含文档中定义的所有锚点（<a>…</a>标签），可以通过该数组来访问和查找某个锚点。anchors 数组中锚点是以其在文档中出现的顺序进行存储的，该数组的下标从 0 开始。

图 7.8　document 对象图像

JavaScript 中的链接对象也以数组形式表示网页中所有的链接标签（包含 href 属性的<a>标签和<map>标签段里的<area>标签），按照在文档中的次序，从 0 开始给每个链接标签定义了一个下标。如果一个<a>标签既有 name 属性，又有 href 属性，则它既是一个 Anchor 对象，又是一个 Link 对象。在对这些文档对象数组进行操作时，可以使用以前学过的数组知识，如用数组的 length 属性来求数组的长度。单个 Anchor 对象没有属性，单个 Link 对象有属性。

anchors 数组常用的属性如下。

（1）length 属性。该属性用来获取文档中锚点的总数，语法如下。

```
[number]=document.anchors.length
```

number：用来存储文档中锚点的总数，为可选项。

（2）name 属性。该属性用来获取某一个锚点的 name 参数值，语法如下。

```
[gName]=document.anchors.name
```

gName：用来存储某一个锚点的 name 参数值，为可选项。

（3）id 属性。该属性用来获取锚点的 id 参数值，语法如下。

```
[gId]=document.anchors.id
```

gId：用来存储锚点的 id 参数值，为可选项。

links 数组常用的属性有如下几个。

（1）hash 属性。该属性用来获取超链接 URL 中的锚点标签并包含 "#"，语法如下。

```
[anchor]=links[n].hash
```

anchor：字符串变量，用来存储超链接 URL 中的锚点标签，是可选项。

（2）host 属性。该属性用来获取超链接 URL 中的主机名称和端口号，语法如下。

```
[nameNumber]=links[n].host
```

nameNumber：字符串变量，用来存储超链接 URL 中的主机名称和端口号，是可选项。

（3）hostname 属性。该属性用来获取超链接 URL 中的主机名称，语法如下。

```
[name]=links[n].hostname
```

name：字符串变量，用来存储超链接 URL 中的主机名称和端口号，是可选项。

（4）href 属性。该属性用来获取完整的超链接 URL，语法如下。

```
[url]=links[n].href
```

url：字符串变量，用来存储完整的超链接 URL，是可选项。

（5）pathname 属性。该属性用来获取超链接 URL 中的路径名部分，语法如下。

```
[urlName]=links[n].pathname
```

urlName：字符串变量，用来存储路径名部分，是可选项。

（6）port 属性。该属性用来获取超链接 URL 中的端口号，语法如下。

```
[number]=links[n].port
```

number：字符串变量，用来存储端口号，是可选项。

（7）protocol 属性。该属性用来获取超链接 URL 中的协议部分并包括结尾处的 ":"，语法如下。

```
[confer]=links[n].protocol
```

confer：字符串变量，用来存储协议部分，是可选项。

（8）search 属性。该属性用来获取超链接 URL 中的条件部分并包括 "?"，语法如下。

```
[term]=links[n].search
```

term：字符串变量，用来存储条件部分，是可选项。

（9）target 属性。该属性用来获取链接的目标窗口打开方式，语法如下。

```
[mode]=links[n].target
```

mode：字符串变量，用来存储目标窗口打开方式，其打开方式主要有 4 个属性。

7.5 页面加载生命周期

HTML 页面的生命周期包含以下 3 个重要事件。

- DOMContentLoaded——浏览器已加载完成 HTML，并构建了
DOM 树，但像<img>和样式表之类的外部资源可能尚未加载完成。

- load——浏览器不仅加载完成了 HTML，还加载完成了所有外部资源，
包括图片、样式等。

- beforeunload/unload——当用户正在离开页面时。

精讲视频

页面加载生命周期

1. DOMContentLoaded

DOMContentLoaded 事件发生在 document 对象上，我们必须使用 addEventListener 来捕获它。

```
document.addEventListener("DOMContentLoaded", ready);
// 不是 "document.onDOMContentLoaded = ..."
<script>
    function ready() {
      alert('DOM is ready');
      // 图片目前尚未加载完成（除非已经被缓存），所以图片的大小为 0×0
      alert(`Image size: ${img.offsetWidth}x${img.offsetHeight}`);
    }
    document.addEventListener("DOMContentLoaded", ready);
  </script>
  <img id="img" src="https://en.js.cx/clipart/train.gif?speed=1&cache=0">
```

在示例中，DOMContentLoaded 处理程序在文档加载完成后触发，所以它可以查看所有元素，包括它下面的<img>标签。但是，它不会等待图片加载。因此，alert()显示其大小为零。

当浏览器处理一个 HTML 文档，并在文档中遇到<script>标签时，就会在继续构建 DOM 之前运行它。这是一种防范措施，因为脚本可能想要修改 DOM，甚至对其执行 document.write 操作，所以 DOMContentLoaded 必须等待脚本执行结束。

因此，DOMContentLoaded 肯定在下面的这些脚本执行结束之后发生。

```
<script>
  document.addEventListener("DOMContentLoaded", () => {
    alert("DOM ready!");
  });
</script>
<script src="https://cdnjs.cloudflare.com/ajax/libs/lodash.js/4.3.0/
lodash.js"></script>
<script>
  alert("Library loaded, inline script executed");
</script>
```

在上面这个例子中，我们首先会看到"Library loaded……"，然后才会看到"DOM ready!"（所有脚本都已经执行结束）。

2. window.onload

当整个页面，包括样式、图片和其他资源被加载完成时，会触发 Window 对象上的 load 事件。可以通过 onload 属性获取此事件。

下面的这个示例正确显示了图片大小，因为 window.onload 会等待所有图片加载完毕。

```
<script>
  window.onload = function() { // 也可以用 window.addEventListener('load', (event) => {
    alert('Page loaded');
    // 此时图片已经加载完成
    alert(`Image size: ${img.offsetWidth}x${img.offsetHeight}`);
  };
</script>
<img id="img" src="https://en.js.cx/clipart/train.gif?speed=1&cache=0">
```

3. window.onunload

当访问者离开页面时，Window 对象上的 unload 事件就会被触发。我们可以在那里做一些不涉及延迟的操作，例如关闭相关的弹出窗口。假设我们收集有关页面使用情况的数据：鼠标单击、滚动、被查看的页面区域等。当用户要离开的时候，我们希望通过 unload 事件将数据保存到我们的服务器上。

有一个特殊的 navigator.sendBeacon(url,data)方法可以满足这种需求，它在后台发送数据，转换到另外一个页面时不会有延迟：浏览器离开页面，但仍然在执行 sendBeacon。使用方式如下。

```
let analyticsData = { /* 带有收集的数据的对象 */ };
window.addEventListener("unload", function() {
  navigator.sendBeacon("/analytics", JSON.stringify(analyticsData));
});
```

需要注意的事情如下。

- 请求以 POST 方式发送。
- 我们不仅能发送字符串，还能发送表单以及其他格式的数据，在前文有详细讲解，但通常它是一个字符串化的对象。
- 数据大小限制在 64 kb。

当 sendBeacon 请求完成时，浏览器可能已经离开了文档，所以就无法获取服务器响应（对于分析数据来说通常为空）。

4. window.onbeforeunload

如果访问者触发了离开页面的导航（navigation）或试图关闭窗口，beforeunload 处理程序将要求进行更多确认。如果我们要取消事件，浏览器会询问用户是否确定。可以通过运行下面这段代码，然后重新加载页面来进行尝试。

```
window.onbeforeunload = function() {
  return false;
};
```

 注意 event.preventDefault()在 beforeunload 处理程序中不起作用。

在这样的处理程序中，应该将 event.returnValue 设置为一个字符串，以获得类似上面代码的结果。

```
window.addEventListener("beforeunload", (event) => {
  // 起作用，与在 window.onbeforeunload 中 return 值的效果是一样的
  event.returnValue = "有未保存的值。确认要离开吗？";
});
```

5. readyState

在某些情况下，我们不确定文档是否已经准备就绪。我们希望函数在 DOM 加载完成时执行，无论是现在还是以后。document.readyState 属性可以为我们提供当前加载状态的信息。

它有 3 个可能值，如下。

- loading——文档正在被加载。

- interactive——文档被全部读取。
- complete——文档被全部读取，并且所有资源（例如图片等）都已加载完成。

所以，我们可以检查 document.readyState 并设置一个处理程序，或在代码准备就绪时立即执行它。

```
function work() { /*...*/ }
if (document.readyState == 'loading') {
    // 仍在加载，等待事件
    document.addEventListener('DOMContentLoaded', work);
} else {
    // DOM 已就绪!
    work();
}
```

还有一个 readystatechange 事件，会在状态改变时触发，因此我们可以输出所有这些状态，如下。

```
// 当前状态
console.log(document.readyState);

// 状态改变时输出它
document.addEventListener('readystatechange', () => console.log(document.
readyState));
```

readystatechange 事件是跟踪文档加载状态的另一种机制，它很早就存在了，现在则很少被使用。

7.6　脚本加载

当浏览器加载 HTML 时遇到<script>...</script>标签，浏览器就不能继续构建 DOM。它必须立刻执行此脚本。对于外部脚本<script src="..."></script>也是一样的：浏览器必须等脚本加载完成并执行结束，之后才能继续处理剩余的页面。

精讲视频

脚本加载

这会导致两个重要的问题，如下。

- 脚本不能访问位于它们下面的 DOM 元素，因此，脚本无法给它们添加处理程序等。
- 如果页面顶部有一个"笨重的"脚本，它会"阻塞页面"。在该脚本加载完成并执行结束前，用户都不能看到页面内容。

```
<p>...content before script...</p>
<script src="https://javascript.info/article/script-async-defer/
long.js?speed=1"></script>
<!-- This isn't visible until the script loads -->
<p>...content after script...</p>
```

1. defer

defer 特性告诉浏览器不要等待脚本。相反，浏览器将继续处理 HTML，构建 DOM。脚本会"在后台"加载，然后等 DOM 构建完成后，脚本才会执行。

```
<p>...content before script...</p>
<script defer src="https://javascript.info/article/script-async-defer/
long.js?speed=1"></script>
<!-- 立即可见 -->
<p>...content after script...</p>
```

- 具有 defer 特性的脚本不会阻塞页面。
- 具有 defer 特性的脚本总是要等到 DOM 解析完毕，在 DOMContentLoaded 事件发生之前执行。

例如下面这个例子。

```
<p>...content before scripts...</p>
<script>
  document.addEventListener('DOMContentLoaded', () => alert("DOM ready after
defer!"));
</script>
<script defer src="https://javascript.info/article/script-async-defer/
long.js?speed=1"></script>
  <p>...content after scripts...</p>
```

页面内容立即显示。DOMContentLoaded 事件处理程序等待具有 defer 特性的脚本执行完成。它仅在脚本加载完成且执行结束后才会被触发。

具有 defer 特性的脚本保持其相对顺序，就像常规脚本一样。假设，我们有两个具有 defer 特性的脚本：long.js 在前，small.js 在后。

```
<script defer src="https://javascript.info/article/script-async-defer/
long.js"></script>
  <script defer src="https://javascript.info/article/script-async-defer/
small.js"></script>
```

浏览器扫描页面寻找脚本，然后并行加载它们，以提高性能。因此，在上面的示例中，两个脚本是并行加载的。small.js 可能会先加载完成。但是，defer 特性除了"告诉"浏览器"不要阻塞页面"之外，还可以确保脚本执行的相对顺序。因此，即使 small.js 先加载完成，它也需要等到 long.js 执行结束才会被执行。

当我们需要先加载 JavaScript 库，然后加载依赖于它的脚本时，这可能会很有用。

> **注意**　如果<script>标签没有 src 特性，则会忽略 defer 特性。

2. async

async 特性与 defer 特性有些类似，它也能够让脚本不阻塞页面。但是，在行为上二者有着重要的区别。

async 特性意味着脚本是完全独立的。

- 浏览器不会因 async 脚本而阻塞（与 defer 类似）。
- 其他脚本不会等待 async 脚本加载完成，同样，async 脚本也不会等待其他脚本。
- DOMContentLoaded 和异步脚本不会彼此等待。
- DOMContentLoaded 可能会发生在异步脚本之前（如果异步脚本在页面完成后才加载完成）。
- DOMContentLoaded 也可能发生在异步脚本之后（如果异步脚本很短，或者是从 HTTP 缓存中加载的）。

```
<p>...content before scripts...</p>
<script>
  document.addEventListener('DOMContentLoaded', () => alert("DOM ready!"));
</script>
<script async src="https://javascript.info/article/script-async-defer/
long.js"></script>
  <script async src="https://javascript.info/article/script-async-defer/
small.js"></script>
  <p>...content after scripts...</p>
```

页面内容立刻显示出来，加载写有 async 的脚本不会阻塞页面渲染。DOMContentLoaded 可能在 async 之前或之后触发，不能保证谁先谁后。

较短的脚本 small.js 排在第二位，但可能会比 long.js 这个长脚本先加载完成，所以 small.js 会先执行。虽然，可能是 long.js 先加载完成，如果它被缓存了的话，那么它就会先执行。换句话说，异步脚本以"加载优先"的顺序执行。

注意 就像 defer 特性一样，如果<script>标签没有 src 特性，那么 async 特性会被忽略。

3. 动态脚本

我们可以使用 JavaScript 动态地创建一个脚本，并将其附加（append）到文档中。

```
let script = document.createElement('script');
script.src = "/article/script-async-defer/long.js";
document.body.append(script); // (*)
```

默认情况下，动态脚本的行为是异步的。它们不会等待任何东西，也没有什么东西会等它们。先加载完成的脚本先执行（"加载优先"顺序）。如果我们显式地设置了 script.async=false，则可以改变这个规则。然后脚本将按照其在文档中的顺序执行，就像 defer 那样。

在下面这个例子中，loadScript(src)函数添加了一个脚本，并将 async 设置为 false。因此，long.js 总会先执行（因为它是先被添加到文档的）。

```
function loadScript(src) {
  let script = document.createElement('script');
  script.src = src;
  script.async = false;
  document.body.append(script);
}
// long.js 先执行，因为代码中设置了 async=false
loadScript("/article/script-async-defer/long.js");
loadScript("/article/script-async-defer/small.js");
```

如果没有 script.async=false，脚本则将以默认规则执行，即"加载优先"顺序（small.js 大概会先执行）。和 defer 一样，如果我们要加载一个库和一个依赖于它的脚本，那么顺序就很重要。

7.7 资源加载

浏览器允许我们跟踪外部资源的加载——脚本、iframe、图片等。这里有两个事件：onload——成功加载，onerror——出现 error。例如有一个脚本，我们需要在加载完成后执行一段其他的逻辑。

精讲视频

资源加载

1. onload

```
let script = document.createElement('script');
// 可以从任意域（domain），加载任意脚本
script.src = "https://cdnjs.cloudflare.com/ajax/libs/lodash.js/
4.3.0/lodash.js"
document.head.append(script);
script.onload = function() {
   // 该脚本创建了一个变量 "_"
   alert( _.VERSION ); // 显示库的版本
};
```

因此，在 onload 中我们可以使用脚本中的变量、运行函数等。

2. onerror

发生在脚本加载期间的 error 会被 error 事件跟踪。例如，我们请求一个不存在的脚本。

```
let script = document.createElement('script');
script.src = "https://example.com/404.js"; // 没有这个脚本
document.head.append(script);
script.onerror = function() {
  alert("Error loading " + this.src); // Error loading https://example.com/404.js
};
```

在这里我们无法获取更多关于 HTTP error 的详细信息。我们不知道 error 是 404 还是 500 或者其他情况。只知道加载失败了。

load 事件和 error 事件也适用于其他资源，基本上适用于具有外部 src 的任何资源。

```javascript
let img = document.createElement('img');
img.src = "https://js.cx/clipart/train.gif"; // (*)
img.onload = function() {
  alert(`Image loaded, size ${img.width}x${img.height}`);
};
img.onerror = function() {
  alert("Error occurred while loading image");
};
```

大多数资源在被添加到文档中后，便开始加载。但是<img>是一个例外，它要等到获得 src(*) 后才开始加载。

【任务 7-2】异步和同步加载 JS 文件

1. 任务介绍
引入一个同步和异步的 JS 脚本，观察加载时机，并在加载成功后弹出加载成功按钮。

2. 任务目标
学会 async、defer、onload 的使用。

3. 实现思路
分别引入不同的 JS 文件，加上 defer 和 async 属性，并监听 onload 事件。

4. 实现代码
完整代码如脚本 7-9.html 所示。

脚本 7-9.html

```html
<!doctype html>
    <html>
    <head>
     <title>异步和同步加载 JS 文件</title>
    </head>
    <body>
     <p>...content before scripts...</p>
     <script>
       document.addEventListener('DOMContentLoaded', () => alert("DOM
ready!"));
        let script = document.createElement('script');
        // 可以从任意域，加载任意脚本
        script.src = "https://cdnjs.cloudflare.com/ajax/libs/lodash.js/4.3.0/
lodash.js"
        document.head.append(script);
        script.onload = function() {
          // 该脚本创建了一个变量 "_"
          alert( _.VERSION ); // 显示库的版本
        };
     </script>
     <script defer src="./long.js"></script>
     <script async src="./small.js"></script>
     <p>...content after scripts...</p>
    </body>
    </html>
```

5. 运行结果
运行结果如图 7.9、图 7.10 所示。

图 7.9　动态生成文档示例结果 1　　　图 7.10　动态生成文档示例结果 2

7.8　项目实战

【项目 7-1】仿 LED 跑马灯效果

精讲视频

项目实战：仿 LED
跑马灯效果

1. 项目描述

使用 JavaScript 实现仿 LED 跑马灯效果。

2. 实现思路

（1）首先利用 HTML 和 CSS 创建 LED 跑马灯背景及文字内容。

（2）然后将外层 div 对象的宽度和文字对象的宽度进行比较，设置定时文字向左循环移动。

3. 实现代码

完整代码如脚本 7-10.html 所示。

脚本 7-10.html

```
<!doctype html>
<html>
  <head>
    <title>javaScript 实现文字跑马灯</title>
    <style type="text/css">
        *{ margin:0; padding:0;}
        body{font:12px/1 '微软雅黑';}
        .wrapper{font-size: 0.85rem;
                color: #333;
                padding-top: 0.75rem;
                margin: 0 0.75rem;
                white-space: nowrap;
                overflow: hidden;
                width: 300px;}
        .inner{ width:1000px;
                overflow:hidden;
                background-image: url("http://www.webdm.cn/images/
20130228/LEDbj.gif");
                padding-top: 8px;
                padding-right: 5px;
                padding-left: 5px;
                height: 50px;}
        .inner p{ display:inline-block;color: #FF0000;font-size:35px}
    </style>
  </head>
<body>
  <div id="wrapper" class="wrapper">
    <div class="inner">
      <p class="txt">欢迎学习 JavaScript! </p>
    </div>
  </div>
<script>
    var wrapper = document.getElementById('wrapper');
    var inner = wrapper.getElementsByTagName('div')[0];
```

```
        var p = document.getElementsByTagName('p')[0];
        var p_w = p.offsetWidth;
        var wrapper_w = wrapper.offsetWidth;
        window.onload=function fun(){
         if(wrapper_w > p_w){ return false;}
         inner.innerHTML+=inner.innerHTML;
         setTimeout("fun1()",2000);
        }
        function fun1(){
         if(p_w > wrapper.scrollLeft){
           wrapper.scrollLeft++;
           setTimeout("fun1()",30);
         }
         else{
          setTimeout("fun2()",2000);
         }
        }
        function fun2(){
         wrapper.scrollLeft=0;
         fun1();
        }
    </script>
   </body>
</html>
```

运行结果如图 7.11 所示。

图 7.11　跑马灯效果示例

7.9　小结

本单元介绍了 document 对象的核心特性，几乎所有启用 JavaScript 对象的浏览器都能实现 document 对象，7.1 节介绍了 document 对象的基本概念；7.2 节介绍了 document 对象属性，包括 location、cookie 和 title 等，重点说明了 cookie 的使用方法以及 DOM 树的构成方式；7.3 节介绍了 document 对象方法，包括 open()、close()和 write()等；7.4 节介绍了 document 对象集合，包括 forms、links 等；7.5 节介绍了页面加载的生命周期以及对应的钩子函数，包括 DOMContentLoaded、window.onload、onunload 等；7.6 节介绍了通过 defer 和 async 异步加载脚本以及动态加载脚本的方法；7.8 节通过制作 LED 跑马灯效果的实战加深读者对 document 对象使用方法的理解。

document 对象提供给客户端交互访问静态文档的内容的能力，使其不仅能获得文档整体信息，还能获取文档具体内容信息。例如 forms 数组存放 Form 对象表示文档中的所有表单，images 数组存放 Image 对象表示文档中的图像，links 数组和 anchors 数组分别表示文档中的超链接和锚点。这些数组和它们存放的对象使客户端 JavaScript 程序创造了各种可能性。

课后习题

一、选择题

1. 分析下面的 JavaScript 代码段，输出结果是（　　　）。

```
var mystring="I am a student";a=mystring.charAt(9);document.write(a);
```

  A. I am a st   B. U   C. Udent   D. T

2. 在 JavaScript 中，能够实现页面重新加载的选项是（　　　）。

    A. document.replace();   B. document.reload();

    C. location.replace(href);   D. location.reload();

3. 以下哪一项不是 document 的属性（　　　）。

    A. document.name   B. document.location

    C. document.referrer   D. document.lastModified

4. 在 JavasScript 中，若要实现复选框全选功能，则在横线处填写的代码应为（　　　）。

```
<script type="text/javascript">function allChecked(){ var allck=____ for
(var i = 0 ;i<allck.length;i++){ allck[i].checked=true;}}</script><body><p><input
name="chk" type="checkbox" value="滑雪">滑雪<p><input name="chk" type="checkbox"
value="游泳">游泳<p><input name="chk" type="checkbox" value="爬山">爬山<p><input
name="btn" type="button" onClick="allChecked( )" value="选择"></body>
```

    A. document.getElementsById("chk");

    B. document.getElementsByName("chk");

    C. document.getElementByName("checkbox");

    D. document.getElementsByTagName("chk");

二、填空题

1. 写 "Hello World" 的正确 JavaScript 语法是_____。

2. 在 JavaScript 中要改变页面文档的背景色，需要修改 document 对象的_____属性。

三、简答题

如何快速获取页面中的一个元素？有哪些函数方法？

单元 8

表单

08

情景引入

在我们上网的时候，部分网页可能要求用户填写表单以登记用户信息，具体的形式包括单选、多选、列表框选择和文本框输入内容等，并且填完表单后会有一个提交按钮。这种网站与用户交互的形式就称为表单。

表单是用户与服务器交互较多的元素之一。表单可以包含大多数常见的图形界面元素，包括输入字段、单选按钮、复选框、弹出菜单以及输入列表等。因此表单经常被大量地运用于各种企业系统、网站等。熟练掌握表单是进行Web开发的必备条件。

本单元将会详细介绍表单以及表单的各种应用。

学习目标

知识目标

1. 理解JavaScript表单的概念
2. 掌握表单操作的方法
3. 理解表单的字段
4. 掌握表单验证的方法

能力目标

1. 能够创建和提交表单
2. 能够掌握表单的常用字段的使用方法
3. 能够进行表单验证

素质目标

在学习表单验证时，认识数据安全的重要性，培养网络安全意识。

思维导图

8.1 表单基础

在 HTML 中，表单是由<form>元素来表示的，而在 JavaScript 中，表单对应的是 HTMLFormElement。HTMLFormElement 继承自 HTMLElement，因而与其他 HTML 元素具有相同的默认属性。不过，HTMLFormElement 也有下列常用属性和方法。

精讲视频

表单基础

- acceptCharset：表示服务器能够处理的字符集，等价于 HTML 中的 accept-charset 特性。
- action：接收请求的 URL，等价于 HTML 中的 action 特性。
- elements：表示表单中所有控件的集合。
- enctype：表示请求的编码类型，等价于 HTML 中的 enctype 特性。
- length：表示表单中控件的数量。
- method：表示要发送的 HTTP 请求，通常是 "get" 或 "post"，等价于 HTML 的 method 特性。
- name：表示表单的名称，等价于 HTML 的 name 特性。
- reset()：将所有表单域重置为默认值。
- submit()：提交表单。
- target：用于发送请求和接收响应，等价于 HTML 的 target 特性。

在 JavaScript 中取得<form>元素引用的方式有好几种。其中最常见的方式就是将它看成与其他元素一样，并为其添加 id 属性，然后像下面这样使用 getElementById()方法找到它。

```
var form = document.getElementById("form1");  // 获取页面中 id 为 "form1" 的表单
```

其次，通过 documents.forms 可以取得页面中所有的表单。在这个集合中可以通过数值索引或名称来取得特定的表单，如下。

```
var firstForm =document.forms[0];            // 获取页面中的第一个表单
var myForm =document.forms["myForm"];        // 获取页面中名称为 "myForm" 的表单
```

另外，在较早的浏览器或者那些支持向后兼容的浏览器中，也会把每个设置了 name 特性的表单作为属性保存在 document 对象中。例如，通过 document.form2 可以访问名为 "form2" 的表单。不过，不推荐这种使用方式：一是容易出错，二是将来的浏览器可能会不支持。

> **注意** 可以同时为表单指定 id 属性和 name 属性，但它们的值不一定相同。

8.1.1 提交表单

用户单击提交按钮、图像按钮，或者在最后一个输入框按 Enter 键时，就会提交表单，这是浏览器默认的提交表单方式。提交按钮可以使用<input>或<button>定义，只要将其 type 属性的值设置为 "submit" 即可，图像按钮则是通过将<input>的 type 属性的值设置为 "image" 来定义的。因此，只要单击以下代码生成的按钮，就可以提交表单。

```
<input type="submit" value="Submit Form">      // 通用提交按钮
<button type="submit">Submit Form</button>     // 自定义提交按钮
<input type="image" src="graphic.gif">         // 图像按钮
```

只要表单中存在上面列出的任何一种按钮，那么在相应表单控件拥有焦点的情况下，按 Enter 键就可以提交该表单（textarea 是一个例外，在文本区中回车会换行）。如果表单里没有提交按钮，按 Enter 键不会提交表单。

用单击提交按钮或者图像按钮的方式提交表单可以在提交表单到服务器之前响应<form>本身的 onsubmit 事件，对表单做控制。

```
<form id="test-form" onsubmit="return checkForm()">
    <input type="text" name="test">
    <button type="submit">Submit</button>
</form>
<script>
    function checkForm(){
        var form = document.getElementById('test-form');
        // 可以在此修改表单的输入……
        // 继续下一步
        return true;
    }
</script>
```

这里"return true"会告诉浏览器继续提交表单，如果是"return false"，浏览器将不会继续提交表单，这种情况通常对应用户输入有误，提示用户错误信息后终止提交表单。

以这种方式提交表单时，浏览器还会在将请求发送给服务器之前触发 submit 事件。这样，就有机会验证表单数据，并决定是否允许提交表单。阻止 submit 事件的行为就可以阻止提交表单。例如，下列代码会阻止提交表单。

```
var form = document.getElementById("myForm");
EventUtil.addHandler(form, "submit", function(event){
    event = EventUtil.getEvent(event);  //取得事件对象
    EventUtil.preventDefault(event);
});  //阻止默认事件
```

这里调用 prevetnDefault()方法阻止了提交表单。一般来说，在表单数据无效而不能发送给服务器时，可以使用这一技术。在 JavaScript 中，以编程方式调用 submit()方法是另一种提交表单的方式。这种方式表单无须包含提交按钮，任何时候都可以正常提交，如以下代码所示。

```
var form = document.getElementById("myForm");
form.submit();  //提交表单
```

在以调用 submit()方法的方式提交表单时，不会触发表单的 submit 事件，因此要在调用此方法之前先验证表单数据。可以给 button 按钮定义一个 click 事件，在 click 事件中先进行表单相关元素验证，验证完毕再调用 submit()方法提交表单，如以下代码所示。

```
<form id="test-form">
    <input type="text" name="test">
    <button type="button" onclick="doSubmitForm()">Submit</button>
</form>
<script>
    function doSubmitForm() {
        // 可以在此进行表单验证
        var form = document.getElementById('test-form');
        // 验证完毕提交表单:
        form.submit();
    }
</script>
```

这种方式的另一个缺点是会扰乱浏览器中表单的正常提交。在实际项目中提交表单可以充分利用<input type="hidden">来传递数据。例如，很多登录表单希望用户输入用户名和口令，但是，出于安全考虑，提交表单时不传输明文口令，而是口令的 MD5。普通 JavaScript 开发人员会直接修改<input>。

```
<form id="login-form" method="post" onsubmit="return checkForm()">
    <input type="text" id="username" name="username">
```

```
        <input type="password" id="password" name="password">
        <button type="submit">Submit</button>
</form>
<script>
    function checkForm(){
        var pwd = document.getElementById('password');
        // 把用户输入的明文变为 MD5
        pwd.value = toMD5(pwd.value);
        // 继续下一步
        return true;
    }
</script>
```

这个做法看上去没问题，但用户输入口令并提交时，口令框显示的内容会从几个*突然变成32 个*（因为 MD5 有 32 个字符）。要想不改变用户的输入，可以利用<input type="hidden">来实现。

```
<form id="login-form" method="post" onsubmit="return checkForm()">
    <input type="text" id="username" name="username">
    <input type="password" id="input-password">
    <input type="hidden" id="md5-password" name="password">
    <button type="submit">Submit</button>
</form>
<script>
    function checkForm(){
        var input_pwd = document.getElementById('input-password');
        var md5_pwd = document.getElementById('md5-password');
        // 把用户输入的明文变为 MD5
        md5_pwd.value = toMD5(input_pwd.value);
        // 继续下一步
        return true;
    }
</script>
```

这里表单隐藏了一个 id 为 md5-password 的文本框，并标记了 name 属性，name="password"。而用户输入的 id 为 input-password 的<input>，它没有 name 属性。提交表单触发 onsubmit 事件时将转为 MD5 的口令存入这个隐藏的文本框。这样既没有改变用户的输入又实现了提交表单时传输 MD5 的口令。

> **注意** 提交表单时只会提交有 name 属性的数据。

通常情况下提交表单时可能出现的最大问题，就是重复提交表单。在第一次提交表单后，如果长时间没有反应，用户可能会变得不耐烦。这时候，他们也许会反复单击提交按钮。结果往往很麻烦（因为服务器要处理重复的请求），或者会造成错误（如果用户在下订单，那么可能会多订好几份）。解决这一问题的办法有两个：在第一次提交表单后就禁用提交按钮，或者利用 onsubmit 事件处理程序取消后续的提交表单操作。

8.1.2 重置表单

在用户单击重置按钮时，表单会被重置。使用 type 属性的值为“reset”的<input>或<button>元素都可以创建重置按钮，如下面的例子所示。

```
<input type="reset" value="Reset Form">  // 通用重置按钮
<button type="reset">Reset Form</button> // 自定义重置按钮
```

207

这两个重置按钮都可以用来重置表单。在重置表单时，所有表单字段都会恢复到页面刚加载完毕时的初始值。如果某个字段的初始值为空，就会恢复为空；带有默认值的字段，也会恢复为默认值，即表单重置的时候依靠的是 defaultValue 属性。那么如果想更改单击重置按钮时输入框的默认值就可以这样做，先修改输入框的 defaultValue 属性，再触发表单的 reset 事件。

用户单击重置按钮重置表单时，会触发 reset 事件。也可以在必要时取消重置操作。例如，下面展示了阻止重置表单的代码。

```
var form = document.getElementById("myForm");
EventUtil.addHandler(form, "reset", function(event){
    event = EventUtil.getEvent(event);      //取得事件对象
    EventUtil.preventDefault(event);        //阻止重置表单
});
```

与提交表单一样，也可以通过 reset()方法来重置表单，如下面的例子所示。

```
var form = document.getElementById("myForm");
form.reset(); //重置表单
```

与调用 submit()方法不同，调用 reset()方法会像单击重置按钮一样触发 reset 事件。

> **注意** 在 **Web** 表单设计中，重置表单通常意味着对已经填写的数据不满意。经常重置表单会导致用户摸不着头脑，如果意外地触发了 **reset** 事件，那么用户甚至会很恼火。事实上，重置表单的需求是很少见的。更常见的做法是提供一个取消按钮，让用户能够回到前一个页面，而不是直接重置表单中的所有值。

8.1.3 表单字段

可以像访问页面中的其他元素一样，使用原生 DOM 方法访问表单元素（字段）。此外，每个表单都有 elements 属性，该属性是表单中所有表单字段的集合。这个 elements 集合是一个有序列表，其中包含着表单中的所有字段，例如<input>、<textarea>、<button>和<fieldset>。每个表单字段在 elements 集合中出现的顺序，都与它们出现在标签中的顺序相同，可以按照位置和 name 属性来访问它们。下面来看一个例子。

```
var form = document.getElementById("form1");
var field1 = form.elements[0];                //取得表单中的第一个字段
var field2 = form.elements["textbox1"];    //取得名为"textbox1"的字段
var fieldCount = form.elements.length;      //取得表单中包含的字段的数量
```

如果有多个表单控件都在使用相同的 name（如单选按钮），那么会返回以该 name 命名的一个 NodeList。以下面的 HTML 代码片段为例。

```
<form method="post" id="myForm">
    <ul>
        <li>
            <input type="radio" name="color" value="red">Red
        </li>
        <li>
            <input type="radio" name="color" value="green">Green
        </li>
        <li>
            <input type="radio" name="color" value="blue">Blue
        </li>
    </ul>
</form>
```

在这个 HTML 表单中，有 3 个单选按钮，它们的 name 都是"color"，意味着这 3 个字段是一起的。在访问 elements["color"]时，就会返回一个 NodeList，其中包含这 3 个字段，不过，如果访问 elements[0]，则只会返回第一个字段。来看下面的例子。

```
var form = document.getElementById("myForm");
var colorFields = form.elements["color"];
alert(colorFields.length);  //3
var firstColorField = colorFields[0];
var firstFormField = form.elements[0];
alert(firstColorField === firstFormField);   //true
```

以上代码显示，通过 form.elements[0]访问的第一个表单字段，与包含在 form.elements["color"]中的第一个表单字段相同。

> **注意** 也可以通过访问表单的属性来访问字段，例如 **form[0]**可以取得第一个表单字段，而 **form["color"]**可以取得第一个命名字段。这些属性与通过 **elements** 集合访问到的字段是相同的。但是，我们应该尽可能使用 **elements** 集合，通过表单属性访问字段只是为了与旧浏览器向后兼容而保留的一种过渡方式。

1. 共有的表单字段属性

除了<fieldset>元素之外，所有表单字段都拥有一组相同的属性。由于<input>类型可以表示多种表单字段，有些属性只适用于某些字段，还有一些属性是所有字段所共有的。表单字段共有的属性如下。

- disabled：布尔值，表示当前字段是否被禁用。
- form：指向当前字段所属表单的指针；只读。
- name：当前字段的名称。
- readOnly：布尔值，表示当前字段是否只读。
- tabIndex：表示当前字段的切换（tab）序号。
- type：当前字段的类型，如"checkbox""radio"等。
- value：当前字段将被提交给服务器的值。对文件字段来说，这个属性是只读的，包含文件在计算机中的路径。

除了 form 属性之外，还可以通过 JavaScript 动态修改其他任何属性，来看下面的例子。

```
var form = document.getElementById("myForm");
var field = form.elements[0];
field.value = "Another value";    //修改 value 属性
alert(field.form === form);       //检查 form 属性的值，返回 true
field.focus();                    //把焦点设置到当前字段
field.disabled = true;            //禁用当前字段
field.type = "checkbox";          //修改 type 属性（不推荐，但对<input>来说是可行的）
```

能够动态修改表单字段属性，意味着可以在任何时候、以任何方式来动态操作表单。例如，很多用户可能会重复单击表单的提交按钮。在涉及信用卡消费的场景下，这容易导致费用翻番。为此，常见的解决方案就是在第一次单击后就禁用提交按钮。只要监听 submit 事件，并在该事件发生时禁用提交按钮即可。以下就是这样一个例子。

```
//避免多次提交表单
EventUtil.addHandler(form, "submit", function(event){
event = EventUtil.getEvent(event);
var target = EventUtil.getTarget(event);
var btn = target.elements["submit-btn"];    //取得提交按钮
btn.disabled = true;                         //禁用它
});
```

以上代码为表单的 submit 事件添加了一个事件处理程序。事件触发后，代码取得了提交按钮并将其 disabled 属性设置为 true。注意，不能通过 onclick 事件处理程序来实现这个功能，因为不同浏览器之间存在"时差"：有的浏览器会在触发表单的 submit 事件之前触发 click 事件，有的浏览器则先触发 submit 事件。对于先触发 click 事件的浏览器，会在提交发生之前禁用提交按钮，结果永远都不会提交表单。因此，最好通过 submit 事件来禁用提交按钮。不过，这种方式不适合表单中不包含提交按钮的情况。如前所述，只有在包含提交按钮的情况下，才有可能触发表单的 submit 事件。除了<fieldset>元素之外，所有表单字段都有 type 属性。对于<input>元素，这个值等于 HTML 的 type 特性值。对于其他元素，这个 type 属性的值如表 8.1 所示。

表 8.1   type 属性的值

type 属性的值	说明	HTML 示例
"select-one"	单选列表	<select>...</select>
"select-multiple"	多选列表	<select multiple>...</select>
"submit"	自定义按钮	<button>...</button>
"button"	自定义非提交按钮	<button type="button">...</button>
"reset"	自定义重置按钮	<button type="reset">...</buton>
"submit"	自定义提交按钮	<button type="submit">...</buton>

此外，<input>和<button>元素的 type 属性是可以动态修改的，<select>元素的 type 属性则是只读的。

2. 共有的表单字段方法

每个表单字段都有两个方法：focus()和 blur()。其中，focus()方法用于将浏览器的焦点设置到表单字段，即激活表单字段，使其可以响应键盘事件。例如，接收到焦点的文本框会显示插入符号，随时可以接收输入。使用 focus()方法，可以将用户的注意力吸引到页面中的某个部位。例如，在页面加载完毕后，将焦点转移到表单中的第一个字段。为此，可以监听页面的 load 事件，并在该事件发生时在表单的第一个字段上调用 focus()方法，如下面的例子所示。

```
EventUtil.addHandler(window, "load", function(event){
    document.forms[0].elements[0].focus();
});
```

要注意的是，如果第一个表单字段是一个<input>元素，且其 type 属性的值为"hidden"，那么以上代码会导致错误。另外，如果使用 CSS 的 display 和 visibility 属性隐藏该字段，同样会导致错误。

HTML5 为表单字段新增了一个 autofocus 属性。在支持这个属性的浏览器中，只要设置这个属性，不用 JavaScript 就能自动把焦点移动到相应字段。

```
<input type="text" autofocus>
```

为了保证前面的代码在设置 autofocus 的浏览器中正常运行，必须先检测是否设置了该属性，如果设置了，就不用再调用 focus()方法。

```
EventUtil.addHandler(window, "load", function(event){
    var element = document.forms[0].elements[0];
    if (element.autofocus !== true){
        element.focus(); console.log("JS focus");
    }
});
```

因为 autofocus 是一个布尔值属性，所以在支持的浏览器中它的值应该是 true（在不支持的浏览器中，它的值将是空字符串）。为此，上面的代码只有在 autofocus 属性不等于 true 的情况下才会调用 focus()方法，从而保证向前兼容。

注意 在默认情况下，只有表单字段可以获得焦点。对于其他元素而言，如果先将其 tabIndex 属性设置为 1，然后调 focus()方法，也可以让这些元素获得焦点。只有 Opera 不支持这种技术。

与 focus()方法相对的是 blur()方法，它的作用是从元素中移走焦点。在调用 blur()方法时，并不会把焦点转移到某个特定的元素上，仅仅是将焦点从调用这个方法的元素上面移走。在早期 Web 开发中，表单字段还没有 readOnly 属性，因此可以使用 blur()方法来创建只读字段。现在，虽然需要使用 blur()方法的场合不多，但必要时还可以使用，用法如下。

```
document.forms[0].elements[0].blur();
```

3. 共有的表单字段事件

除了支持鼠标、键盘、更改和 HTML 事件之外，所有表单字段都支持下列 3 个事件。

- blur：当前字段失去焦点时触发。
- change：对于<input>和<textarea>元素，在它们失去焦点且 value 值改变时触发；对于<select>元素，在其选项改变时触发。
- focus：当前字段获得焦点时触发。

当用户改变了当前字段的焦点，或者调用了 blur()方法或 focus()方法时，都可以触发 blur 事件和 focus 事件。这两个事件在所有表单字段中都是相同的。但是，change 事件在不同表单控件中触发的次数会有所不同。对于<input>和<textarea>元素，当它们从获得焦点到失去焦点且 value 值改变时，才会触发 change 事件。对于<select>元素，只要用户选择了不同的选项，就会触发 change 事件，不失去焦点也会触发 change 事件。

通常，可以使用 focus 事件和 blur 事件来以某种方式改变用户界面，要么向用户给出视觉提示，要么向界面中添加额外的功能（例如，为文本框显示一个下拉列表）。change 事件则经常用于验证用户在字段中输入的数据。例如，假设有一个文本框，只允许用户输入数值。此时，可以利用 focus 事件修改文本框的背景颜色，以更清楚地表明这个字段获得了焦点。可以利用 blur 事件恢复文本框的背景颜色，利用 change 事件在用户输入了非数值字符时再次修改文本框的背景颜色。下面给出实现上述功能的代码。

```
var textbox = document.forms[0].elements[0];
EventUtil.addHandler(textbox, "focus", function(event){
    event = EventUtil.getEvent(event);
    var target = EventUtil.getTarget(event);
    if (target.style.backgroundColor != "red"){
        target.style.backgroundColor = "yellow";
    }
});
EventUtil.addHandler(textbox, "blur", function(event){
    event = EventUtil.getEvent(event);
    var target = EventUtil.getTarget(event);
    if (/[^\d]/.test(target.value)){
        target.style.backgroundColor = "red";
    }else{
        target.style.backgroundColor = "";
    }
});

EventUtil.addHandler(textbox, "change", function(event){
    event = EventUtil.getEvent(event);
    var target = EventUtil.getTarget(event);
    if (/[^\d]/.test(target.value)){
        target.style.backgroundColor = "red";
    }else{
```

```
            target.style.backgroundColor = "";
    }
});
```

在此，focus 事件处理程序将文本框的背景颜色修改为黄色，以清楚地表明当前字段已经激活。
随后，blur 和 change 事件处理程序则会在发现非数值字符时，将文本框的背景颜色修改为红色。
为了测试用户输入的是不是非数值，这里针对文本框的 value 属性使用了简单的正则表达式。而且，
为确保无论文本框的值如何变化，验证规则始终如一，blur 和 change 事件处理程序中使用了相同
的正则表达式。

注意　关于 blur 事件和 change 事件的关系，并没有严格的规定。在某些浏览器中，blur 事件
会先于 change 事件发生；而在其他浏览器中，则恰好相反。不能假定这两个事件总会
以某种顺序依次触发，这一点要特别注意。

【任务 8-1】使用表单的 elements 属性

1. 任务介绍
使用表单的 elements 属性来遍历表单中的所有字段。

2. 任务目标
学会 JavaScript 表单的 elements 属性的使用。

3. 实现思路
（1）通过 form.elements[0]获得表单中的第一个字段。

（2）通过 form.elements["textbox1"]获得表单中名为"textbox1"的字段。

（3）通过 form.elements.length 获得表单中包含的字段的数量。

4. 实现代码
完整代码如脚本 8-1.html 所示。

脚本 8-1.html

```html
<!DOCTYPE html>
<html>
  <head>
    <meta charset="UTF-8">
  </head>
  <body>
  <form id="myForm">
    姓名：<input type="text" name="name" value="王**"><br>
    性别：<input type="radio" name="sex" value="男" checked="true">男
    <input type="radio" name="sex" value="女">女<br>
    年龄：<input type="text" name="age" value="28"><br>
    住址：<input name="address" value="山东"><br>
  </form>
  <p>单击以下按钮，显示表单中所有字段的数量</p>
  <button onclick="myFc()">按钮</button>
  <p id="demo"></p>
  <script>
    function myFc() {
        var obj = document.getElementById("myForm").elements;
        var len = document.getElementById("myForm").elements.length;
        var tmp = "";
        var tmp_value = "";
        for(var i=0;i<len;i++){
```

```
            if (obj[i].hasAttribute("name")){
                tmp += obj[i].name + " ";
                tmp_value += obj[i].value + " ";
            }
        }
        document.getElementById("demo").innerHTML = "表单中有 " + len + " 个字段
"+"<br>字段名称分别为: "+tmp+"<br>字段值分别为: "+tmp_value;
    }
    </script>
  </body>
</html>
```

5. 运行结果

运行结果如图 8.1 所示。

图 8.1　任务 8-1 运行结果

8.2　表单验证

JavaScript 可用来在数据被送往服务器前对 HTML 表单中的输入数据进行验证。

表单验证是客户端已经输入所有必要的数据，然后按下提交按钮之后服务器进行的一系列操作。如果一些已被输入客户端的数据存在错误或者丢失信息，则服务器必须将所有数据发送回客户端，并请求填写正确的信息以重新提交。这是一个漫长的过程，会增加服务器负担。熟练运用表单验证即可解决这一问题。

精讲视频

表单验证

在用户填写表单的过程中，往往需要编写一堆的验证操作，这样就可以保证提交的数据是正确的。那么下面用一个示例来详细讲解表单验证的处理。

（1）定义一个基础的表单（从标准来讲每一个元素都一定要存在一个 ID 属性）如下。

```
<form action="pass.html" method="post" id="loginForm">
    登录邮箱: <input type="text" name="email" id="email"></input><br>
    <button type="submit" id="subBtn">登录</button>
</form>
```

其中提交表单跳转的页面脚本 pass.html 定义如下。

脚本 pass.html

```
<!doctype html>
<html lang="zh-CN">
    <head>
        <meta charset="utf-8">
        <meta name="description" content=event.html"">
        <meta name="keywords" content="event,html,js">
    </head>
    <body>
        <h1>表单验证通过！</h1>
    </body>
</html>
```

213

完整代码如脚本 8-2.html 所示。

脚本 8-2.html

```html
<!doctype html>
<html lang = "zh-CN">
  <head>
    <meta charset="utf-8">
    <meta name="description" content=event.html"">
    <meta name="keywords" content="event,html,js">
    <title>JavaScript 的程序开发的提交表单事件处理</title>
  </head>
  <body>
    <form action="pass.html" method="post" id="loginForm">
                    登录邮箱: <input type="text" name="email" id="email"></input><br>
      <button type="submit" id="subBtn">登录</button>
    </form>
  </body>
</html>
```

加载页面时显示如图 8.2 所示。不做任何操作直接单击"登录"按钮时显示如图 8.3 所示。

图 8.2　表单验证显示结果 1　　　　　图 8.3　表单验证显示结果 2

这里没有做任何校验即显示表单验证通过，显然是有问题的。

（2）这样就需要对表单的输入数据进行验证。这个过程应该用 JavaScript 完成。习惯性的做法是直接找到"登录"按钮进行验证。改进脚本 8-3.html 如下所示。

脚本 8-3.html

```html
<!doctype html>
<html lang="zh-CN">
  <head>
    <meta charset="utf-8">
    <meta name="description" content="event.html">
    <meta name="keywords" content="event,html,js">
    <title>JavaScript 的程序开发的提交表单事件处理</title>
  </head>
  <body>
    <form action="pass.html" method="post" id="loginForm">
                    登录邮箱: <input type="text" name="email" id="email"></input><br>
      <button type="submit" id="subBtn">登录</button>
    </form>
  </body>
  <script type="text/javascript">
            window.onload = function(){
    document.getElementById('loginForm').addEventListener("submit",function(){
                    var emailObj = document.getElementById("email");
                    alert(emailObj.value);
                    if (emailObj.value == "") {
                        alert("您还未输入登录邮箱，无法登录! ");
                    }else{
                        this.submit();
                    }
            },false);
        }
    </script>
</html>
```

在页面完成加载后进行动态事件绑定，首先通过表单 ID 找到表单对象并绑定一个提交表单事件；再通过邮箱元素 ID 找到邮箱元素对象；最后判断文本框是否为空，如果是空则弹出警告框，如果不是空再提交表单。

当不输入内容直接单击"登录"按钮时显示如图 8.4 所示。当输入内容"21221"后单击"登录"按钮时显示如图 8.5 所示。

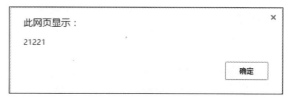

图 8.4　表单验证显示结果 3　　　　　　　图 8.5　表单验证显示结果 4

这里不管是否输入内容，只要单击"确定"按钮，表单就通过了，如图 8.6 所示。然而，这也是不对的。

表单验证通过！

（3）第 2 步操作中代码只是取得了最简单的验证处理，但是发现表单还图 8.6　表单验证显示结果 5
是不能够进行有效拦截，因为如果要拦截表单，需要的是 onsubmit 事件，这个事件的特点是如果返回 false，就不提交表单，如果返回 true，就提交表单。再将脚本 8-3.html 改进成脚本 8-4.html，如下所示。

脚本 8-4.html

```html
<!doctype html>
<html lang="zh-CN">
  <head>
    <meta charset="utf-8">
    <meta name="description" content="event.html">
    <meta name="keywords" content="event,html,js">
    <title>JavaScript 的程序开发的提交表单事件处理</title>
  </head>
  <body>
    <form action="pass.html" method="post" id="loginForm" onsubmit="return checkForm()">
                登录邮箱: <input type="text" name="email" id="email"></input><br>
      <button type="submit" id="subBtn">登录</button>
    </form>
  </body>
  <script type="text/javascript">
            window.onload = function(){
    document.getElementById('loginForm').addEventListener("submit",function(){
                var emailObj = document.getElementById("email");
                if (emailObj.value == "") {
                    alert("您还未输入登录邮箱，无法登录！");
                }else{
                    alert(emailObj.value);
                    this.submit(); //当前元素提交表单
                }
            },false);
        }
        function checkForm() {
            return false;
        }
    </script>
</html>
```

此时<form>元素中的 onsubmit="return checkForm ()"表示将接收 checkForm()函数返回的

结果，如果此函数返回的是 true，表单正常提交，如果此函数返回的是 false，表单不提交。当不输入内容直接单击"登录"按钮时显示如图 8.7 所示。

当输入内容"21221"后单击"登录"按钮时显示如图 8.8 所示。

图 8.7　表单验证显示结果 6

图 8.8　表单验证显示结果 7

单击"确定"按钮时显示如图 8.9 所示。这里发现内容存在时表单才会通过，这才是正确的逻辑。

表单验证通过！

图 8.9　表单验证显示结果 8

但是这个验证并不标准，因为此时输入的并非规则的邮箱数据。不能用简单的空字符串来判断邮箱数据，而应该用正则表达式来计算，在 JavaScript 中正则表达式应用语法为："/^正则标记$/.test(数据)"。如脚本 8-5.html 所示。

脚本 8-5.html

```html
<!doctype html>
<html lang="zh-CN">
  <head>
    <meta charset="utf-8">
    <meta name="description" content="event.html">
    <meta name="keywords" content="event,html,js">
    <title>JavaScript 的程序开发的提交表单事件处理</title>
  </head>
  <body>
    <form action="pass.html" method="post" id="loginForm" onsubmit="return checkForm()">
                登录邮箱: <input type="text" name="email" id="email"></input><br>
      <button type="submit" id="subBtn">登录</button>
    </form>
  </body>
  <script type="text/javascript">
            window.onload = function(){
    document.getElementById('loginForm').addEventListener("submit",function(){
                var emailObj = document.getElementById("email");
                if (emailObj.value == "") {
                    alert("您还未输入登录邮箱，无法登录! ");
                }else{
                  if (/^\w+@\w+\.\w+$/.test(emailObj.value) {
                      alert(emailObj.value);
                      return true;
                  }else{   //验证不通过
                      alert("请输入合法的邮箱地址!");
                      return false;
                  }
                }
            },false);
            }
            function checkForm() {
                return false;
            }
    </script>
</html>
```

当不输入内容直接单击"登录"按钮时显示如图 8.10 所示。当输入内容"21221"不是邮箱格式，单击"登录"按钮时显示如图 8.11 所示。

图 8.10　表单验证显示结果 9

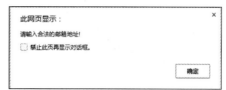
图 8.11　表单验证显示结果 10

当输入内容是邮箱格式，单击"登录"按钮时显示如图 8.12 所示。

这里发现输入内容必须存在，而且邮箱格式必须正确，单击"确定"按钮，表单才会通过，如图 8.13 所示。

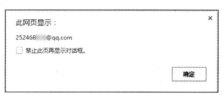
图 8.12　表单验证显示结果 11

表单验证通过！

图 8.13　表单验证显示结果 12

在整个表单提交事件处理中，有一点是非常麻烦的，如果直接在<form>元素上使用 onsubmit 事件处理，那么只需要利用"return true|false+返回的函数"，就可以拦截操作。可是如果是动态事件绑定，那么将无法拦截。

对于"addEventListener(事件类型，事件处理函数，冒泡处理)函数"，如果按照这样的思路，要去解决当前的拦截问题，那么必须阻止事件向下进行。准确的完整代码范例如脚本 pass.html 和脚本 form.html 所示。

脚本 pass.html

```
<!doctype html>
<html lang="zh-CN">
    <head>
        <meta charset="utf-8">
        <meta name="description" content=event.html"">
        <meta name="keywords" content="event,html,js">
    </head>
    <body>
        <h1>表单验证通过! </h1>
    </body>
</html>
```

脚本 form.html

```
<!doctype html>
<html lang="zh-CN">
    <head>
        <meta charset="utf-8">
        <meta name="description" content="event.html">
        <meta name="keywords" content="event,html,js">
        <title>JavaScript 的程序开发之提交表单事件处理</title>
        <script type="text/javascript" src="form.js"></script>
    </head>
    <body>
        <form action="pass.html" method="post" id="loginForm">
            登录邮箱: <input type="text" name="email" id="email"></input><br>
            <button type="submit" id="subBtn">登录</button>
```

```
            </form>
        </body>
        <script type="text/javascript">
            window.onload = function(){
            document.getElementById('loginForm').addEventListener("submit",
function(e){
                var emailObj = document.getElementById("email");
                if (emailObj.value == "") {
                    alert("您还未输入登录邮箱，无法登录！");
                    if (e && e.preventDefault) {          // 在 W3C 标准下执行
                        e.preventDefault();              //阻止浏览器的动作
                    }else{                                 //专门针对于 IE 浏览器的处理
                        window.event.returnValue= false;
                    }
                }else{
                    alert(emailObj.value);
                    if (/^\w+@\w+\.\w+$/.test(emailObj.value)) {
                        this.submit();
                    }else{
                        alert("请输入合法的邮箱地址！");
                        if (e && e.preventDefault) {  // 在 W3C 标准下执行
                            e.preventDefault();        //阻止浏览器的动作
                        }else{                                //专门针对 IE 浏览器的处理
                            window.event.returnValue= false;
                        }
                    }
                }
            },false);
            }
            function submit () {
                return false;
            }

        </script>
</html>
```

这种对提交表单的验证方式比较完善，而且对浏览器进行了兼容，不过这种代码没有通用性。针对表单其他内容的验证可以运用同样的思路来处理。

8.3 项目实战

【项目 8-1】注册表单验证

1. 项目描述
用 JavaScript 实现简单的注册表单验证。

2. 实现思路
（1）首先利用 HTML+CSS 制作简单的注册界面，代码片段如下。

精讲视频

项目实战：注册表单
验证

```
<style type="text/css">
   body{margin:0;padding: 0;}
   .login{position:relative;margin:100px auto;padding:50px
20px;width: 350px;
   height: 200px;border:1px solid #333;}
   .login legend{font-weight: bold;color: green;text-align: center;}
   .login label{display:inline-block;width:130px;text-align: right;}
   .btn{height: 30px;width:100px;padding: 5px;border:0;background-color: #00dddd;
```

```
        font-weight: bold;cursor: pointer;margin-left: 140px;}
        input{height: 20px;width: 170px;}
        .borderRed{border: 2px solid red;}
        img{display: none;}
    </style>
    </head>
    <body>
        <div class="login">
            <form name="form" method="post" action="register.html" onsubmit="return
check()">
                <legend>【Register】</legend>
                <p><label for="name">UserName: </label>
                <input type="text" id="name" >
                <img src="./img/gou.png" width="20px" height="20px"></p>
                <p><label for="password">Password: </label>
                <input type="password" id="password" >
                <img src="./img/gantan.png" width="20px" height="20px"></p>
                <p><label for="R_password">Password Again: </label>
                <input type="password" id="R_password" >
                <img src="./img/gou.png" width="20px" height="20px"></p>
                <p><label for="email">Email: </label>
                <input type="text" id="email" >
                <img src="./img/gou.png" width="20px" height="20px"></p>
                <p><input type="submit" value="Register" class="btn"></p>
            </form>
        </div>
```

（2）添加 JavaScript 的 class 相关处理函数。

```
function hasClass(obj,cls){  // 判断 obj 是否有此 class
    return obj.className.match(new RegExp('(\\s|^)' + cls + '(\\s|$)'));
}
function addClass(obj,cls){ //给 obj 添加 class
    if(!this.hasClass(obj,cls)){
        obj.className += " "+cls;
    }
}
function removeClass(obj,cls){ //移除 obj 对应的 class
    if(hasClass(obj,cls)){
        var reg = new RegExp('(\\s|^)' + cls + '(\\s|$)');
        obj.className = obj.className.replace(reg," ");
    }
}
```

（3）运用 JavaScript 验证各个输入框的值。

```
function checkName(name){  //验证 name
    if(name != ""){ //不为空则正确
        removeClass(ele.name,"borderRed"); //移除 class
        document.images[0].setAttribute("src","./img/gou.png"); //对应图标
        document.images[0].style.display = "inline"; //显示
        return true;
    }else{ //name 不符合
        addClass(ele.name,"borderRed"); //添加 class
        document.images[0].setAttribute("src","./img/gantan.png"); //对应图标
        document.images[0].style.display = "inline"; //显示
        return false;
    }
}
function checkPassw(passw1,passw2){ //验证密码
```

```
      if(passw1 == "" || passw2 == "" || passw1 !== passw2){ //两次密码输入不为空
且不等，不符合
          addClass(ele.password,"borderRed");
          addClass(ele.R_password,"borderRed");
          document.images[1].setAttribute("src","./img/gantan.png");
          document.images[1].style.display = "inline";
          document.images[2].setAttribute("src","./img/gantan.png");
          document.images[2].style.display = "inline";
          return false;
      }else{  //密码输入正确
          removeClass(ele.password,"borderRed");
          removeClass(ele.R_password,"borderRed");
          document.images[1].setAttribute("src","./img/gou.png");
          document.images[1].style.display = "inline";
          document.images[2].setAttribute("src","./img/gou.png");
          document.images[2].style.display = "inline";
          return true;
      }
    }
    function checkEmail(email){   //验证邮箱
      var pattern = /^([\.a-zA-Z0-9_-])+@([a-zA-Z0-9_-])+(\.[a-zA-Z0-9_-])+/;
      if(!pattern.test(email)){ //邮箱格式不正确
          addClass(ele.email,"borderRed");
          document.images[3].setAttribute("src","./img/gantan.png");
          document.images[3].style.display = "inline";
          ele.email.select();
          return false;
      }else{ //格式正确
          removeClass(ele.email,"borderRed");
          document.images[3].setAttribute("src","./img/gou.png");
          document.images[3].style.display = "inline";
          return true;
      }
    }
```

（4）为各个输入框添加监听事件。

```
var ele = { //存放各个 input 字段 obj
    name: document.getElementById("name"),
    password: document.getElementById("password"),
    R_password: document.getElementById("R_password"),
    email: document.getElementById("email")
};
ele.name.onblur = function(){ //name 失去焦点则检测
    checkName(ele.name.value);
}
ele.password.onblur = function(){ //password 失去焦点则检测
    checkPassw(ele.password.value,ele.R_password.value);
}
ele.R_password.onblur = function(){ //R_password 失去焦点则检测
    checkPassw(ele.password.value,ele.R_password.value);
}
ele.email.onblur = function(){ //email 失去焦点则检测
    checkEmail(ele.email.value);
}
```

（5）最后就是单击提交注册时触发表单的 onsubmit 事件从而调用 check()函数。

```
function check(){   //提交表单则验证开始
    var ok = false;
```

```
        var nameOk = false;
        var emailOk = false;
        var passwOk = false;
        if(checkName(ele.name.value)){ nameOk = true; }  //验证 name
        if(checkPassw(ele.password.value,ele.R_password.value)){ passwOk = true; }
//验证 password
        if(checkEmail(ele.email.value)){ emailOk = true; }  //验证 email

        if(nameOk && passwOk && emailOk){
            alert("Tip: Register Success ..");  //注册成功
            //return true;
        }
        return false;  //有误，注册失败
    }
```

3. 实现代码

完整代码如脚本 8-6.html 和脚本 register.html 所示。

脚本 8-6.html

```
<!DOCTYPE html PUBLIC "-//W3C//DTD XHTML 1.0 Transitional//EN"
"http://www.w3.org/TR/xhtml1/DTD/xhtml1-transitional.dtd">
    <html xmlns="http://www.w3.org/1999/xhtml">
      <head>
        <meta charset="utf-8">
        <meta http-equiv="X-UA-Compatible" content="IE=edge,chrome=1">
        <title>Register</title>
        <meta name="description" content="">
        <meta name="keywords" content="">
        <link href="" rel="stylesheet">
        <style type="text/css">
            body{margin:0;padding: 0;}
            .login{position:relative;margin:100px auto;padding:50px 20px;width:
350px;
            height: 200px;border:1px solid #333;}
            .login legend{font-weight: bold;color: green;text-align: center;}
            .login label{display:inline-block;width:130px;text-align: right;}
            .btn{height: 30px;width:100px;padding: 5px;border:0;background-color:
#00dddd;
            font-weight: bold;cursor: pointer;margin-left: 140px;}
            input{height: 20px;width: 170px;}
            .borderRed{border: 2px solid red;}
            img{display: none;}
        </style>
      </head>
      <body>
        <div class="login">
         <form name="form" method="post" action="register.html" onsubmit="return
check()">
            <legend>【Register】</legend>
            <p><label for="name">UserName: </label>
              <input type="text" id="name" >
              <img src="./img/gou.png" width="20px" height="20px"></p>
            <p><label for="password">Password: </label>
              <input type="password" id="password" >
              <img src="./img/gantan.png" width="20px" height="20px"></p>
            <p><label for="R_password">Password Again: </label>
              <input type="password" id="R_password" >
              <img src="./img/gou.png" width="20px" height="20px"></p>
            <p><label for="email">Email: </label>
              <input type="text" id="email" >
```

```
        <img src="./img/gou.png" width="20px" height="20px"></p>
      <p><input type="submit" value="Register" class="btn"></p>
    </form>
  </div>
  <script type="text/javascript">
      function hasClass(obj,cls){  // 判断obj是否有此class
        return obj.className.match(new RegExp('(\\s|^)' + cls + '(\\s|$)'));
      }
      function addClass(obj,cls){ //给obj添加class
        if(!this.hasClass(obj,cls)){
           obj.className += " "+cls;
        }
      }
      function removeClass(obj,cls){ //移除obj对应的class
        if(hasClass(obj,cls)){
           var reg = new RegExp('(\\s|^)' + cls + '(\\s|$)');
           obj.className = obj.className.replace(reg," ");
        }
      }
      function checkName(name){  //验证name
        if(name != ""){ //不为空则正确，当然也可以ajax异步获取服务器判断用户名不重复则正确
         removeClass(ele.name,"borderRed"); //移除class
         document.images[0].setAttribute("src","./img/gou.png"); //对应图标
         document.images[0].style.display = "inline"; //显示
         return true;
        }else{ //name不符合
         addClass(ele.name,"borderRed"); //添加class
         document.images[0].setAttribute("src","./img/gantan.png"); //对应图标
         document.images[0].style.display = "inline"; //显示
         return false;
        }
      }
      function checkPassw(passw1,passw2){ //验证密码
        if(passw1 == "" || passw2 == "" || passw1 !== passw2){ //两次密码输入
不为空且不等，不符合
          addClass(ele.password,"borderRed");
          addClass(ele.R_password,"borderRed");
          document.images[1].setAttribute("src","./img/gantan.png");
          document.images[1].style.display = "inline";
          document.images[2].setAttribute("src","./img/gantan.png");
          document.images[2].style.display = "inline";
          return false;
        }else{ //密码输入正确
          removeClass(ele.password,"borderRed");
          removeClass(ele.R_password,"borderRed");
          document.images[1].setAttribute("src","./img/gou.png");
          document.images[1].style.display = "inline";
          document.images[2].setAttribute("src","./img/gou.png");
          document.images[2].style.display = "inline";
          return true;
        }
      }
      function checkEmail(email){  //验证邮箱
        var pattern = /^([\.a-zA-Z0-9_-])+@([a-zA-Z0-9_-])+(\.[a-zA-Z0-9_-])+/;
        if(!pattern.test(email)){ //邮箱格式不正确
          addClass(ele.email,"borderRed");
```

```
            document.images[3].setAttribute("src","./img/gantan.png");
            document.images[3].style.display = "inline";
            ele.email.select();
            return false;
          }else{ //格式正确
            removeClass(ele.email,"borderRed");
            document.images[3].setAttribute("src","./img/gou.png");
            document.images[3].style.display = "inline";
            return true;
          }
        }
        var ele = { //存放各个 input 字段 obj
          name: document.getElementById("name"),
          password: document.getElementById("password"),
          R_password: document.getElementById("R_password"),
          email: document.getElementById("email")
        };
        ele.name.onblur = function(){ //name 失去焦点则检测
          checkName(ele.name.value);
        }
        ele.password.onblur = function(){ //password 失去焦点则检测
         checkPassw(ele.password.value,ele.R_password.value);
        }
        ele.R_password.onblur = function(){ //R_password 失去焦点则检测
         checkPassw(ele.password.value,ele.R_password.value);
        }
        ele.email.onblur = function(){ //email 失去焦点则检测
         checkEmail(ele.email.value);
        }

        function check(){  //提交表单则验证开始
          var ok = false;
          var nameOk = false;
          var emailOk = false;
          var passwOk = false;

          if(checkName(ele.name.value)){ nameOk = true; }  //验证 name
          if(checkPassw(ele.password.value,ele.R_password.value)){ passwOk =
true; } //验证 password
          if(checkEmail(ele.email.value)){ emailOk = true; }  //验证 email

          if(nameOk && passwOk && emailOk){
            alert("Tip: Register Success .."); //注册成功
            return true;
          }
          return false;  //有误，注册失败
        }
    </script>
  </body>
</html>
```
脚本 register.html

```
<!doctype html>
<html lang="zh-CN">
    <head>
        <title>Register</title>
    </head>
    <body>
```

```
      <h1>恭喜您！注册成功！</h1>
    </body>
</html>
```

页面加载完成后显示如图 8.14 所示。

表单内容为空而单击"Register"按钮后显示如图 8.15 所示。

表单内容填写正确后显示如图 8.16 所示。

图 8.14　案例 8-1 运行结果 1　　　图 8.15　案例 8-1 运行结果 2

图 8.16　案例 8-1 运行结果 3

8.4　小结

本单元介绍了 JavaScript 表单的使用方法，8.1 节主要介绍了通过 submit 来提交表单和通过 reset 字段来重置表单，以及表单常用的属性、方法和事件；8.2 节主要介绍了表单的验证方法，如果不符合要求就无法提交表单；最后通过注册表单验证的实战来加深读者对表单知识的理解。

在 Web 应用开发中，使用 JavaScript 大大提升了表单的易用性。尤其是 JavaScript 十分便捷的表单验证功能，在客户端进行验证的响应速度非常之快，减轻了服务器的压力，避免服务器的信息出现错误，从而给 Web 开发带来了很大的便利。

课后习题

一、选择题

1. 表单字段共有的属性不包括以下哪一项（　　　）。
   A. disabled　　　　　　B. form　　　　　　C. name　　　　　　D. document
2. 在 HTML 页面中，不能与 onchange 事件处理程序相关联的表单字段是（　　　）。
   A. 文本框　　　　　　B. 复选框　　　　　　C. 列表框　　　　　　D. 按钮
3. 提交表单是通过下列哪一项实现的（　　　）。
   A. change　　　　　　B. input　　　　　　C. submit　　　　　D. check
4. 以下哪一个不是表单的标签（　　　）。
   A. <input type="button" >　　　　　　B. <input type="radio" >
   C. <input type="checkbox" >　　　　　D. <input type="date" >

二、填空题

1. 当用户提交一个表单时，需要执行的 JavaScript 事件是＿＿＿＿事件。
2. 在 HTML 页面中，不能与 onchange 事件处理程序相关联的表单字段是＿＿＿＿。

三、简答题

表单中的 onsubmit 事件分别在什么情况下起作用和不起作用？

单元 9
算法

09

情景引入

我们平时在去一个陌生的地点时往往会用到导航，导航会列出好几种路线，有的路线距离长，但一路畅通；有的路线距离短，但容易堵车。我们往往会结合自己的情况选择最优的路线，算法就类似地图，解决一个问题可以由多种算法来实现，我们会选择性价比最高的一种。

对于很多初级计算机程序员来说，唯一熟悉的数据结构就是数组。无疑，在处理一些问题时，数组是很好的选择，但对于很多复杂的问题，数组就显得过于简陋了。大多数有经验的程序员都很愿意承认这样一个事实：对于很多编程问题，当想出一个合适的数据结构，设计和解决这些问题时使用算法就变得手到擒来。

学习算法非常重要，因为解决同样的问题，往往可以使用多种算法。对于高级程序员来说，知道哪种算法效率更高非常重要。比如，现在至少有六七种算法，如果知道快速排序比选择排序效率更高，就会让排序过程变得更加高效，也会写出一个更好的程序。本单元将详细讲解一些常见的排序算法。

学习目标

知识目标
1. 理解不同排序的原理
2. 掌握排序的方法

能力目标
1. 能够编写冒泡排序算法
2. 能够编写选择排序算法
3. 能够编写快速排序算法

素质目标
1. 理解并实现多种排序算法，提高算法思维和编程能力。
2. 分析算法的时间复杂度和空间复杂度，培养算法优化意识。

思维导图

9.1 冒泡排序

冒泡排序算法是较慢的排序算法之一，也是一种简单、容易实现的算法。它重复地"走访"要排序的数列，一次比较两个元素，如果它们的顺序错误就把它们交换过来。"走访"数列的工作重复地进行直到没有再需要交换的元素为止，也就是说该数列已经排序完成。之所以叫冒泡排序是因为使用这种排序算法排序时，越小的元素会经由交换像气泡一样慢慢"浮"到数列的顶端。

精讲视频

冒泡排序

下面是一个简单的冒泡排序例子。存在一组列表 X A C H E，对其进行冒泡排序的过程如下。

经过第 1 次排序后，列表变为 A X C H E，前两个元素 X 和 A 进行了交换；接下来再次排序列表会变成 A C X H E，第 2 个元素 X 和第 3 个元素 C 进行了交换；继续进行排序，列表变为 A C H X E，第 3 个元素 X 和第 4 个元素 H 进行了交换；继续进行排序，列表变为 A C H E X，第 4 个元素 X 和第 5 个元素 E 进行了交换。

这时第一轮排序已结束但交换工作仍未完成，第 3 个元素 H 和第 4 个元素 E 还需要再次互换，得到最终排序结果。

最终顺序：A C E H X

由此可以总结出冒泡排序的算法原理及步骤如下。

9.1.1 算法原理

相邻的元素进行两两比较，小的放在前面，大的放在后面，这样一次下来，最小的元素就被排在了第 1 位，第 2 次也是如此，以此类推，直到所有的元素排序完成。

9.1.2 算法步骤

（1）比较相邻的元素，如果第 1 个比第 2 个大，就交换它们。

（2）对每一对相邻元素做同样的工作，从开始的第一对到结尾的最后一对，这样在最后的元素应该是最大的。

（3）针对所有的元素重复以上步骤，除了最后一个元素。

（4）重复步骤（1）～（3），直到排序完成。

下面的示例演示了如何对一个大的数据集合进行冒泡排序。如图 9.1 所示，集合中的两个特定值 3 和 59，分别被黑色框标记。从图解可以看出 59 是如何从数组的开头移到后半部分的，以及 3 是如何从数组的后半部分移到开头的。

初始集合	59	34	25	67	15	87	10	99	3	45
第1轮排序	34	25	59	15	67	10	87	3	45	99
第2轮排序	25	34	15	59	10	67	3	45	87	99
第3轮排序	25	15	34	10	59	3	45	67	87	99
第4轮排序	15	25	10	34	3	45	59	67	87	99
第5轮排序	15	10	25	3	34	45	59	67	87	99
第6轮排序	10	15	3	25	34	45	59	67	87	99
第7轮排序	10	3	15	25	34	45	59	67	87	99
第8轮排序	3	10	15	25	34	45	59	67	87	99

图 9.1　图泡排序元素图

代码实现如下所示。

```
function bubbleSort(arr){
    var len = arr.length;
    for (var i = 0; i < len; i++) {
        for(var j = 0; j < len - i -1; j++){
            if(arr[j]>arr[j+1]){  //相邻元素进行对比
                var temp = arr[j+1];//交换元素
                arr[j+1] = arr[j];
                arr[j] = temp;
            }
        }
    }
    return arr;//返回数组
}
```

这个算法是非常基本的，可以对这个算法进行改进。设置一个标志变量 position，用于记录每次排序中最后一次进行交换的位置，因为 position 位置之后的数据都已经排好序了，所以进行下一次排序时只需要扫描到 position 记录的位置就好。改进后的代码如下。

```
function bubbleSort(arr){
    var i = arr.length -1;   //开始时，扫描的最后位置
    while(i>0){
        var position = 0;   //标志变量，表示当前排序中交换的位置
        for(var j = 0; j < i; j ++){
            if(arr[j]>arr[j+1]){
                position = j;
                var temp = arr[j+1];
                arr[j+1] = arr[j];
                arr[j] = temp;
            }
        }
        i = position;
    }
    return arr;
}
```

利用上述冒泡排序算法函数 bubbleSort()对数组[59,34,25,67,15,87,10,99,3,45]进行排序，完整代码如脚本 9-1.html 所示。

脚本 9-1.html

```html
<html>
  <head>
    <title>JavaScript 冒泡排序</title>
  </head>
  <script>
      function bubbleSort(arr){
          var i = arr.length -1;
          while(i>0){
              var position = 0;
              for(var j = 0; j < i; j ++){
                  if(arr[j]>arr[j+1]){
                      position = j;
                      var temp = arr[j+1];
                      arr[j+1] = arr[j];
                      arr[j] = temp;
                  }
              }
              i = position;
              console.log(arr.toString());
          }
          return arr;
      }
      var array = [59,34,25,67,15,87,10,99,45];
      var res_arr = bubbleSort(array);
      console.log("最终排序结果为: "+res_arr.toString());
  </script>
</html>
```

运行结果如图 9.2 所示。

图 9.2　冒泡排序示例结果

通过这个输出结果，可以更加容易地看出小的值是如何移到数组开头的，大的值又是如何移到数组末尾的。

传统冒泡排序中每一次排序操作只能找到一个最大值或最小值，考虑利用在每次排序中进行正向和反向两遍冒泡的方法一次可以得到两个最终值（最大值和最小值），从而使排序次数几乎减少一半。这样再次改进算法后的代码如下。

```
function bubbleSort(arr){
    var low = 0;
    var high = arr.length-1;
    var temp;
```

```
    while(low < high){          //找到最大值
        for(var j = low ; j < high ; j++){
            if (arr[j]> arr[j+1]) {
                temp = arr[j+1];
                arr[j+1] = arr[j];
                arr[j] = temp;
            }
        }
        --high;              //修改 high 值，向前移一位
    }
    while(low > high){      //找到最小值
        for(var j = high ;j > low; j--){
            if (arr[j]> arr[j+1]) {
                temp = arr[j+1];
                arr[j+1] = arr[j];
                arr[j] = temp;
            }
        }
        ++low;      //修改 low 值，往后移动一位
    }
    return arr;
}
```

9.2 选择排序

选择排序是表现非常稳定的排序算法之一，也是一种简单、直观的排序算法。选择排序从数组的开头开始，将第 1 个元素和其他元素进行比较。检查完所有元素后，最小的元素会被放到数组的第 1 个位置，然后算法会从第 2 个位置继续将元素与其他元素进行比较。这个过程一直进行，当进行到数组的倒数第 2 个位置时，所有的数据便完成了排序。

精讲视频

选择排序

下面是一个简单的选择排序例子。存在一组列表 X A C H E，对其进行选择排序的过程如下。

初始列表：X A C H E。

第一次排序会找到最小的元素，并将它和列表的第一个元素互换。

第 1 次排序：A X C H E。

接下来查找第 1 个元素后面的最小的元素（第 1 个元素此时已经就位），并将它们互换。

第 2 次排序：A C X H E。

然后查找第 2 个元素后面的最小的元素（第 1 个元素和第 2 个元素此时均已经就位），并将它们互换。

第 3 次排序：A C E X H。

第 3 个元素也已经就位，因此下一步会对 X 和 H 进行互换。

第 4 次排序：A C E H X。

最终顺序：A C E H X。

由此可以总结出选择排序的算法原理及步骤如下。

n 个记录的直接选择排序可经过 $n-1$ 次直接选择排序得到有序结果。

（1）初始状态：无序区为 R[1…n]，有序区为空。

（2）第 i 次排序（$i=1,2,3,…,n-1$）开始时，当前有序区和无序区分别为 R[1…i-1] 和 R(i…n)。该次排序从当前无序区中选出关键字最小的记录 R[k]，将它与无序区的第 1 个记录 R 交换，使 R[1…

i]和 R[i+1···n]分别变为记录个数增加 1 个的新有序区和记录个数减少 1 个的新无序区。

（3）n-1 次结束，数组有序化了。

下面的示例演示了如何对更大的数据集合进行选择排序，如图 9.3 所示。

初始集合	59	34	25	67	15	87	10	99	3	45
第1轮排序	3	34	25	67	15	87	10	99	59	45
第2轮排序	3	10	25	67	15	87	34	99	59	45
第3轮排序	3	10	15	67	25	87	34	99	59	45
第4轮排序	3	10	15	25	67	87	34	99	59	45
第5轮排序	3	10	15	25	34	87	67	99	59	45
第6轮排序	3	10	15	25	34	45	67	99	59	87
第7轮排序	3	10	15	25	34	45	59	99	67	87
第8轮排序	3	10	15	25	34	45	59	67	99	87
第9轮排序	3	10	15	25	34	45	59	67	87	99

图 9.3　选择排序示意图

代码实现如脚本 9-2.html 所示。

脚本 9-2.html

```html
<html>
  <head>
    <title>JavaScript 选择排序</title>
  </head>
  <script>
       function selectionSort(arr){
           var len=arr.length;
           var minIndex,temp;
           for(var i=0;i<len-1;i++){
               minIndex=i;
               for(var j=i+1;j<len;j++){
                   if(arr[j]<arr[minIndex]){          //寻找最小的数
                        minIndex=j;                    //将最小数的索引保存
                   }
               }
               temp=arr[i];
               arr[i]=arr[minIndex];
               arr[minIndex]=temp;
               console.log(arr.toString());
           }
           return arr.toString();
       }
      vararr=[59,34,25,67,15,87,10,99,3,45];
      console.log("最终排序结果为: "+selectionSort(vararr));
  </script>
</html>
```

选择排序会用到嵌套循环。外循环从数组的第 1 个元素移动到倒数第 2 个元素；内循环从数组的第 2 个元素移动到最后一个元素，查找比当前外循环所指向的元素小的元素。每次内循环迭代后，数组中最小的值都会被赋值到合适的位置。运行结果如图 9.4 所示。

> **注意**　排序算法是否稳定可以这样理解：存在两个数值 a 和 b，如果 a 原本在 b 的前面，而 a=b，排序之后 a 仍然在 b 的前面，称为稳定排序；如果 a 原本在 b 的前面，而 a=b，排序之后 a 可能会出现在 b 的后面，称为不稳定排序。

```
Developer Tools - file:///G:/ziliao/JavaScript%E7%A8%8B%E5...    —    □    ×

▶ ▭  │  Elements   Console   Sources   Network   Timeline   Profiles   »    ⋮

⊘ ▽  top  ▼  ▢ Preserve log

3,34,25,67,15,87,10,99,59,45                              脚本9-2.html:19
3,10,25,67,15,87,34,99,59,45                              脚本9-2.html:19
3,10,15,67,25,87,34,99,59,45                              脚本9-2.html:19
3,10,15,25,67,87,34,99,59,45                              脚本9-2.html:19
3,10,15,25,34,87,67,99,59,45                              脚本9-2.html:19
3,10,15,25,34,45,67,99,59,87                              脚本9-2.html:19
3,10,15,25,34,45,59,99,67,87                              脚本9-2.html:19
3,10,15,25,34,45,59,67,99,87                              脚本9-2.html:19
3,10,15,25,34,45,59,67,87,99                              脚本9-2.html:19
最终排序结果为: 3,10,15,25,34,45,59,67,87,99               脚本9-2.html:24
>
```

图 9.4　选择排序示例结果

9.3　插入排序

插入排序的代码实现虽然没有冒泡排序的和选择排序的那么简单，但它的原理是很容易理解的，类似人类按数字或字母顺序对数据进行排序。插入排序是一种简单直观的排序算法，它的工作原理是通过构建有序序列，对于未排序元素，在已排序序列中从后向前扫描，找到相应位置并插入。插入排序在实现上，从后向前扫描的过程中，需要反复把已排序元素逐步向后挪位，为最新元素提供插入空间。

精讲视频

插入排序

下面是一个简单的插入排序例子。存在初始列表 X A C H E，对其进行插入排序的过程如下。

初始列表：X A C H E。

第 1 次排序默认第 1 个元素 X 已经被排序，取出第 2 个元素与已经排好序的元素比较。

第 1 次排序：A X C H E。

第 1 个元素和第 2 个元素已经被排序，取出第 3 个元素与已经排好序的元素比较。

第 2 次排序：A C X H E。

前 3 个元素已经被排序，取出第 4 个元素与已经排好序的元素比较。

第 3 次排序：A C H X E。

前 4 个元素已经被排序，取出最后一个元素与已经排好序的元素比较。

第 4 次排序：A C E H X。

最终顺序：A C E H X。由此可以总结出插入排序的算法步骤如下。

（1）从第 1 个元素开始，该元素可以认为已经被排序。

（2）取出下一个元素，在已经排序的元素序列中从后向前扫描。

（3）如果该元素（已排序）大于新元素，将该元素移到后一个位置。

（4）重复步骤（3），直到找到已排序的元素小于或者等于新元素的位置。

（5）将新元素插入该位置后。

（6）重复步骤（2）～（5）。

下面的示例演示了如何对更大的数据集合进行插入排序，如图 9.5 所示。

初始集合	59	34	25	67	15	87	10	99	3	45
第1轮排序	34	59	25	67	15	87	10	99	3	45
第2轮排序	25	34	59	67	15	87	10	99	3	45
第3轮排序	15	25	34	59	67	87	10	99	3	45
第4轮排序	10	15	25	34	59	67	87	99	3	45
第5轮排序	3	10	15	25	34	59	67	87	99	45
第6轮排序	3	10	15	25	34	45	59	67	87	99

图9.5　插入排序示意图

代码实现如下。

```
function insertionSort(array) {
    for (var i=1; i<array.length; i++) {
        var key = array[i];
        var j=i-1;
        while (j>= 0 && array[j]>key) {
            array[j+1] = array[j];
            j--;
        }
        array[j+1] = key;
    }
    return array;
}
```

插入排序有两个循环。外循环将数组元素挨个移动，而内循环则对外循环中选中的元素及它后面的那个元素进行比较。如果外循环中选中的元素比内循环中选中的元素小，那么数组元素会向右移动，为内循环中的这个元素腾出位置。在查找插入位置时使用二分查找的方式可改进插入排序。算法步骤如下。

（1）从第一个元素开始，该元素可以认为已经被排序。

（2）取出下一个元素，在已经排序的元素序列中二分查找到第一个比它大的元素的位置。

（3）将新元素插入该位置后。

```
function binaryInsertionSort(array){
    for(var i=1;i<array.length;i++){
        var key=array[i],left=0,right=i-1;
        while(left<=right){
            var middle=parseInt((left+right)/2);
            if(key<array[middle]){
                right=middle-1;
            }else{
                left=middle+1;
            }
        }
        for(var j=i-1;j>=left;j--){
            array[j+1]=array[j];
        }
        array[left]=key;
    }
    return array;
}
```

下面运用上述插入排序算法对数组[59,34,25,67,15,87,10,99,3,45]进行排序，完整代码如脚本9-3.html所示。

脚本9-3.html

```
<html>
  <head>
```

```
<title>JavaScript 插入排序</title>
</head>
<script>
        function binaryInsertionSort(array){
            for(var i=1;i<array.length;i++){
                var key=array[i],left=0,right=i-1;
                while(left<=right){
                    var middle=parseInt((left+right)/2);
                    if(key<array[middle]){
                        right=middle-1;
                    }else{
                        left=middle+1;
                    }
                }
                for(var j=i-1;j>=left;j--){
                    array[j+1]=array[j];
                }
                array[left]=key;
                console.log(array.toString());
            }
            return array.toString();
        }
        var array = [59,34,25,67,15,87,10,99,3,45];
        var res_arr = binaryInsertionSort(array);
        console.log("最终排序结果为: "+res_arr.toString());
    </script>
</html>
```

运行结果如图 9.6 所示。

图 9.6　插入排序示例结果

9.4　希尔排序

　　希尔排序是以它的创造者唐纳德·希尔（Donald Shell）的名字命名的。这个算法在插入排序的基础上做了很大的改善。希尔排序的核心理念与插入排序的不同，它会首先比较距离较远的元素，而非相邻的元素。和简单比较相邻元素的方案相比，使用这种方案可以使离正确位置很远的元素更快地回到合适的位置。当开始用这个算法遍历数据集合时，所有元素之间的距离会不断减小，直到处理到数据集合的末尾，这时算法比较的就是相邻元素了。

精讲视频

希尔排序

　　希尔排序的工作原理是，通过定义一个间隔序列来表示在排序过程中进行比较的元素之间有多远的间隔，既可以提前设定好间隔序列，也可以动态地定义间隔序列。

　　图 9.7 演示了如何使用间隔序列分别为 5、3、1 的希尔排序算法，对一个包含 10 个随机数字的数据集合进行排序。

图 9.7　希尔排序图解

初始集合：6 0 2 9 3 5 8 0 5 4。间隔序列为 5 时，第 1 个元素和第 6 个元素进行比较；第 2 个元素和第 7 个元素进行比较；第 3 个元素和第 8 个元素进行比较；第 4 个元素和第 9 个元素进行比较……以此类推。间隔序列为 3 时，第 1 个元素和第 4 个元素进行比较；第 2 个元素和第 5 个元素进行比较；第 3 个元素和第 6 个元素进行比较……以此类推。间隔序列为 1 时，就变成标准的插入排序。所以排序结果如下。

间隔 5 时：5 0 0 5 3 6 8 2 9 4。

间隔 3 时：4 0 0 5 2 6 5 3 9 8。

间隔 1 时：0 0 2 3 4 5 5 6 8 9。

代码实现如下。

```javascript
function shellsort(arr){
    var len =arr.length;
    gap = Math.floor(len/2);
    while(gap!==0){
        for(var i = gap;i<len;i++){
            var temp = arr[i];
            var j;
            for(j=i-gap;j>=0&&temp<arr[j];j-=gap){
                arr[j+gap] = arr[j];
            }
            arr[j+gap] = temp;
        }

        console.log("间隔序列 gap 为"+gap+": "+arr.toString());
        gap=Math.floor(gap/2);
    }
    return arr;
}
```

希尔排序基本的思路就是根据增量分割数组，初始增量根据数据长度除以 2 来计算，以后每次循环增量减半，直至增量为 1，也就是相邻元素执行标准插入排序。在开始做最后一次处理时，大部分元素都将在正确的位置，算法就不必对很多元素进行交换，这就是希尔排序比插入排序更高效的地方。

现在通过实例来看看这个算法是如何运行的。在 shellsort()函数中添加一个输出语句来跟踪这个算法的执行过程。每一个间隔以及该间隔的排序结果都会被输出，如脚本 9-4.html 所示。

脚本 9-4.html

```html
<html>
  <head>
    <title>JavaScript 希尔排序</title>
  </head>
  <script>
      function shellsort(arr){
          var len =arr.length;
          gap = Math.floor(len/2);
          while(gap!==0){
              for(var i = gap;i<len;i++){
                  var temp = arr[i];
                  var j;
                  for(j=i-gap;j>=0&&temp<arr[j];j-=gap){
                      arr[j+gap] = arr[j];
                  }
                  arr[j+gap] = temp;
              }

              console.log("间隔序列 gap 为"+gap+": "+arr.toString());
              gap=Math.floor(gap/2);
          }
        return arr;
      }
      var array = [59,34,25,67,15,87,10,99,3,45];
      var res_arr = shellsort(array);
      console.log("最终排序结果为: "+res_arr.toString());
  </script>
</html>
```

运行结果如图 9.8 所示。

图 9.8　希尔排序示例结果

9.5　归并排序

归并排序是建立在归并操作上的一种有效的排序算法，也是一种稳定的排序算法。归并排序的实现原理是：把一系列排好序的子序列合并成一个大的完整有序序列，即先使每个子序列有序，再使子序列段间有序，最后将两个有序表合并成一个有序表，也称为二路归并。归并排序存在两种方式：自顶向下的归并排序和自底向上的归并排序。

精讲视频

归并排序

235

9.5.1 自顶向下的归并排序

通常来讲，会使用递归的算法来实现归并排序。然而，在 JavaScript 中这种方式不太可行，因为这个算法的递归深度较大。所以，这里使用一种非递归的方式来实现这个算法，这种策略称为自底向上的归并排序。

9.5.2 自底向上的归并排序

采用非递归或者迭代版本的归并排序是一个自底向上的过程。这个算法首先将数据集合分解为一组只有一个元素的数组，然后通过创建一组左右子数组将它们慢慢合并，每次合并都保存一部分排好序的数据，直到最后剩下的这个数组中所有的数据都已完美排序。图 9.9 通过一个示例演示自底向上的归并排序算法是如何运行的。

图 9.9 归并排序图解

在展示归并排序的 JavaScript 代码之前，先来看 JavaScript 程序的输出结果，采用自底向上的归并排序算法对一个包含 10 个整数的数组进行排序。

```
left array -    [59, Infinity]
right array -   [34, Infinity]
left array -    [25, Infinity]
right array -   [67, Infinity]
left array -    [15, Infinity]
right array -   [87, Infinity]
left array -    [10, Infinity]
right array -   [99, Infinity]
left array -    [3, Infinity]
right array -   [45, Infinity]
left array -    [34, 59, Infinity]
right array -   [25, 67, Infinity]
left array -    [15, 87, Infinity]
right array -   [10, 99, Infinity]
left array -    [3, 45, Infinity]
```

right array – [Infinity]

left array – [25, 34, 59, 67, Infinity]

right array – [10, 15, 87, 99, Infinity]

left array – [10, 15, 25, 34, 59, 67, 87, 99, Infinity]

right array – [3, 45, Infinity]

Infinity 这个值用于标记左子序列或右子序列的结尾。

一开始每个元素都在左子序列或右子序列中。然后将左右子序列合并，首先每次合并成两个元素的子序列，然后合并成 4 个元素的子序列，3 和 45 除外，它们会一直保留到最后一次迭代，那时会把它们合并成右子序列，然后与最后的左子序列合并成最终的有序数组。

代码实现如脚本 9-5.html 所示。

脚本 9-5.html

```
<html>
  <head>
    <title>JavaScript 归并排序</title>
    </head>
    <script>
        function mergeSort(arr){
            if (arr.length < 2){
                return;
            }
            var step = 1;
            var left, right;
            while(step < arr.length){
                left = 0;
                right = step;
                while(right + step <= arr.length){
                    mergeArrays(arr, left, left+step, right, right+step);
                    left = right + step;
                    right = left + step;
                }
                if (right < arr.length) {
                    mergeArrays(arr, left, left+step, right, arr.length);
                }
                step *= 2;
            }
        }

        function mergeArrays(arr, startLeft, stopLeft, startRight, stopRight){
            var rightArr = new Array(stopRight - startRight + 1);
            var leftArr = new Array(stopLeft - startLeft + 1);
            k = startRight;
            for(var i = 0; i < (rightArr.length-1); ++i){
                rightArr[i] = arr[k];
                ++k;
            }
            k = startLeft;
            for(var i = 0; i < (leftArr.length-1); ++i){
                leftArr[i] = arr[k];
                ++k;
            }
            rightArr[rightArr.length-1] = Infinity; // 哨兵值
            leftArr[leftArr.length-1] = Infinity; // 哨兵值
            var m = 0;
            var n = 0;
            for(var k = startLeft; k < stopRight; ++k){
```

```
                        if(leftArr[m] <= rightArr[n]){
                            arr[k] = leftArr[m];
                            m++;
                        }else{
                            arr[k] = rightArr[n];
                            n++;
                        }
                }
                console.log("left array - ", leftArr);
                console.log("right array - ", rightArr);
            }
            var nums = [59,34,25,67,15,87,10,99,3,45];
            mergeSort(nums);
        //  console.log("最终排序结果为: "+res_arr.toString());
    </script>
</html>
```

mergeSort()函数中的关键就是 step 这个变量，它用来控制 mergeArrays()函数生成的 leftArr 和 rightArr 这两个子序列的大小。通过控制子序列的大小，处理排序会变得高效，因为它在对小数组进行排序时不需要花费太多时间。合并之所以高效，还有一个原因，即由于未合并的数据已经是排好序的，将它们合并到一个有序数组的过程就会非常容易。

9.6 快速排序

快速排序是处理大数据集合非常快的排序算法之一，它是一种分而治之的算法。快速排序的基本原理：通过一次排序将待排记录分隔成独立的两部分，其中一部分记录的关键字均比另一部分记录的关键字小，则可分别对这两部分记录继续进行排序，以使整个序列有序。

精讲视频

快速排序

这种算法首先要在列表中选择一个元素作为基准值。数据排序围绕基准值进行，将列表中小于基准值的元素移到数组的底部，将大于基准值的元素移到数组的顶部。

图 9.10 演示数据围绕基准值进行排序的过程。

图 9.10　快速排序图解

由此可总结出快速排序的算法步骤如下。

（1）选择一个基准元素，将列表分割成两个子序列。

（2）对列表重新排序，将所有小于基准值的元素放在基准值的前面，所有大于基准值的元素放在基准值的后面，与基准值相等的数可以放在任意一边。

（3）分别对较小元素的子序列和较大元素的子序列重复步骤（1）和（2）。

快速排序算法代码实现如下。

```
function qSort(list){
    if(list.length <= 1){
            return list;
    }
    var lesser = [];
    var greater = [];
    var pivot = list[0];
    for(var i = 1; i < list.length; i++){
        if(list[i] < pivot){
                lesser.push(list[i]);
        }else{
                greater.push(list[i]);
        }
    }
    return qSort(lesser).concat(pivot,qSort(greater));
}
```

qSort()函数首先会检查数组的长度是否小于等于 1。如果是，那么这个数组就不需要任何排序，函数直接返回；否则创建两个数组，数组 lesser 用来存放比基准值小的元素，数组 greater 用来存放比基准值大的元素。这里将基准值设为数组的第一个元素。接下来，用这个函数对原始数组的元素进行遍历，根据它们与基准值的大小关系将它们存放到合适的数组中。然后对较小的数组和较大的数组分别递归调用这个函数。当递归结束时，再将较大的数组和较小的数组连接起来，形成最终的有序数组并将结果返回。

下面通过示例创建一个随机生成的数组并调用快速排序算法对其进行排序，见脚本 9-6.html。

脚本 9-6.html

```
<html>
  <head>
    <title>快速排序算法</title>
  </head>
  <body>
    <script language="JavaScript">
        function qSort(list){
            if(list.length <= 1){
              return list;
            }
            var lesser = [];
            var greater = [];
            var pivot = list[0];
            for(var i = 1; i < list.length; i++){
                if(list[i] < pivot){
                    lesser.push(list[i]);
                }else{
                    greater.push(list[i]);
                }
            }
            return qSort(lesser).concat(pivot,qSort(greater));
        }
        var arr=[];
        for(var i = 0; i < 10; ++i){
            arr[i] = Math.floor(Math.random()*100+1);
        }
```

```
        console.log(arr.toString());
        var array = qSort(arr);
        console.log(array.toString());
    </script>
  </body>
</html>
```

运行结果如图 9.11 所示。

图 9.11　快速排序示例结果

快速排序算法非常适用于大型数据集合，在处理小数据集合时性能反而会下降。为了更好地展示快速排序算法的排序过程，脚本 9-7.html 对当前选中的基准值以及如何围绕基准值进行数据排序的过程进行标记。

脚本 9-7.html

```
<html>
  <head>
    <title>快速排序算法过程标记</title>
  </head>
  <body>
    <script language="JavaScript">
        function qSort(list){
            if(list.length <= 1){
                return list;
            }
            var lesser = [];
            var greater = [];
            var pivot = list[0];
            for(var i = 1; i < list.length; i++){
                console.log("基准值: "+pivot+" 当前元素: "+list[i]);
                if(list[i] < pivot){
                    console.log("移动"+list[i]+"到左边");
                    lesser.push(list[i]);
                }else{
                console.log("移动"+list[i]+"到右边");
                    greater.push(list[i]);
                }
            }
            return qSort(lesser).concat(pivot,qSort(greater));
        }
        var arr=[];
        for(var i = 0; i < 10;  ++i){
            arr[i] = Math.floor(Math.random()*100+1);
        }
        console.log("原始数组: "+arr.toString());
        var array = qSort(arr);
        console.log("最终数组: "+array.toString());
    </script>
  </body>
</html>
```

以上程序标记数组围绕基准值排序的过程如下。

原始数组：[30,45,95,43,88,42,34,95,67,25]。
基准值：30。当前元素：45，移动 45 到右边。
基准值：30。当前元素：95，移动 95 到右边。
基准值：30。当前元素：43，移动 43 到右边。
基准值：30。当前元素：88，移动 88 到右边。
基准值：30。当前元素：42，移动 42 到右边。
基准值：30。当前元素：34，移动 34 到右边。
基准值：30。当前元素：95，移动 95 到右边。
基准值：30。当前元素：67，移动 67 到右边。
基准值：30。当前元素：25，移动 25 到左边。
基准值：45。当前元素：95，移动 95 到右边。
基准值：45。当前元素：43，移动 43 到左边。
基准值：45。当前元素：88，移动 88 到右边。
基准值：45。当前元素：42，移动 42 到左边。
基准值：45。当前元素：34，移动 34 到左边。
基准值：45。当前元素：95，移动 95 到右边。
基准值：45。当前元素：67，移动 67 到右边。
基准值：43。当前元素：42，移动 42 到左边。
基准值：43。当前元素：34，移动 34 到左边。
基准值：42。当前元素：34，移动 34 到左边。
基准值：95。当前元素：88，移动 88 到左边。
基准值：95。当前元素：95，移动 95 到右边。
基准值：95。当前元素：67，移动 67 到左边。
基准值：88。当前元素：67，移动 67 到左边。
最终数组：[25,30,34,42,43,45,67,88,95,95]。

9.7 堆排序

堆排序是一种利用堆的概念来排序的选择排序。堆排序是利用堆这种数据结构所设计的一种排序算法。堆是一个近似完全二叉树的结构，并同时满足堆积的性质：子节点的键值或索引总是小于（或者大于）它的父节点。

堆排序算法分为以下两个过程。

（1）建堆。

堆实质上是完全二叉树，必须满足：树中任意个非叶子节点的关键字均大于（或不小于）其左右子（若存在）节点的关键字。

精讲视频

堆排序

堆分为大根堆和小根堆，升序排序采用大根堆，降序排序采用小根堆。如果是大根堆，则通过调整函数将值最大的节点调整至堆根；如果是小堆根，则通过调整函数将值最小的节点调整至堆根。

（2）将堆根保存于尾部，并对剩余序列调用调整函数，调用完成后，将最大根堆保存于尾部−1（−1，−2，…，−i），再对剩余序列进行调整，反复进行该过程，直至排序完成。

假设存在数组[59,34,25,67,15,87,10,99,3,45]，那么对其进行堆排序的图解如图 9.12 所示。堆排序代码实现如下所示。

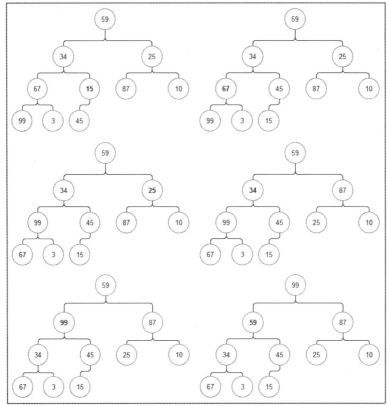

图 9.12　堆排序图解

```javascript
//调整函数
function headAdjust(elements, pos, len){
    var swap = elements[pos];  //对当前节点值进行保存
    var child = pos * 2 + 1;    //定位到当前节点的左边的子节点
    //递归，直至没有子节点为止
    while(child < len){
        if(child + 1 < len && elements[child] < elements[child + 1]){
        child += 1;
        }
    if(elements[pos] < elements[child]){
        elements[pos] = elements[child];
        pos = child;
        child = pos * 2 + 1;
    }
    else{
        break;
    }
    elements[pos] = swap;
    }
}
//构建堆
function buildHeap(elements){
    //从最后一个拥有子节点的节点开始，对该节点连同其子节点进行比较
    //将最大的数与该节点交换，交换后，再依次向前进行相同交换处理
    //直至构建出大顶堆（升序为大顶堆，降序为小顶堆）
    for(var i=Math.floor(elements.length/2)-1; i>=0; i--){
```

```
            headAdjust(elements, i, elements.length);
        }
    }

    function sort(elements){
        buildHeap(elements);   //构建堆
        //从数列的尾部开始进行调整
        for(var i=elements.length-1; i>0; i--){
            //堆顶元素永远是最大元素，故将堆顶元素和尾部元素交换
            //将最大元素保存于尾部，并且不参与后面的调整
            var swap = elements[i];
            elements[i] = elements[0];
            elements[0] = swap;
            //进行调整，将最大元素调整至堆顶
            headAdjust(elements, 0, i);
        }
    }
```

按照堆排序算法过程，第一步先建堆。建堆的核心内容是调整堆，使二叉树满足堆的定义（每个节点的值都不大于其父节点的值）。调整堆的过程应该从最后一个非叶子节点开始，将待排序数组画成二叉树，那么最后一个非叶子节点在数组中索引为 Math.floor(elements.length/2)-1，倒数第二个非叶子节点在数组中索引为 Math.floor(elements.length/2)-2，以此类推，第一个非叶子节点在数组中索引为 0，即堆根元素。每一个非叶子节点的左子节点在数组中索引为 index*2+1，每一个非叶子节点的右子节点在数组中索引为 index*2+2，其中 index 为当前非叶子节点在数组中的索引。

上述代码中函数 buildHeap() 即为建堆函数。headAdjust() 为调整函数，从最后一个非叶子节点开始，对该节点连同其子节点进行比较，如果子节点大于父节点则将子节点和父节点交换，再依次对前一个非叶子节点进行相同交换处理，直至构建出大顶堆。最后再次循环数组元素，从数组尾部进行调整。堆顶元素永远是最大元素，所以将堆顶元素和尾部元素交换，将最大元素保存于尾部，并且不参与后面的调整。

9.8　计数排序

计数排序的核心在于将输入的数据值转化为键存储在额外开辟的数组空间中。作为一种线性时间复杂度的排序，计数排序要求输入的数据必须是有确定范围的整数。

计数排序是一种稳定的排序算法。它使用一个额外的数组 C，其中第 *i* 个元素是待排序数组 A 中值等于 *i* 的元素的个数。然后根据数组 C 来将数组 A 中的元素排到正确的位置。它只能对整数进行排序。

计数排序的算法步骤如下。

（1）查找待排序数组中最大和最小的元素。

（2）统计数组中每个值为 *i* 的元素的出现次数，存入数组 C 的第 *i* 项。

（3）对所有计数开始累加（从 min 开始，每一项和前一项相加）。

（4）反向填充目标数组，将每个元素 *i* 放在新数组的第 C[i] 项，每放一个元素，计数-1。

脚本 9-8.html 是对数组[59,34,25,67,15,87,10,99,3,45]进行计数排序的实现。

脚本 9-8.html

```
<html>
  <head>
    <title>计数排序</title>
  </head>
```

精讲视频

计数排序

```
<body>
  <script language="JavaScript">
      function countingSort(array) {
          var len = array.length
          B = [],
          C = [],
          min = max = array[0];
          for (var i = 0; i < len; i++) {
              min = min <= array[i] ? min : array[i];
              max = max >= array[i] ? max : array[i];
              C[array[i]] = C[array[i]] ? C[array[i]] + 1 : 1;
          }
          for (var j = min; j < max; j++) {
              C[j + 1] = (C[j + 1] || 0) + (C[j] || 0);
          }
          for (var k = len - 1; k >= 0; k--) {
              B[C[array[k]] - 1] = array[k];
              C[array[k]]--;
          }
          return B.toString();
      }
      var arr = [59,34,25,67,15,87,10,99,3,45];
      console.log(countingSort(arr));
  </script>
</body>
</html>
```

运行结果如图 9.13 所示。

图9.13　计数排序示例结果

9.9　桶排序

桶排序是一种基于计数排序的排序算法，其工作原理是将数据分到有限数量的桶里，然后每个桶分别排序（有可能再使用别的排序算法或是以递回方式继续使用桶排序进行排序）。桶排序不同于快速排序，并不是比较排序，不受时间复杂度下限的影响。

精讲视频

桶排序

桶排序的实现按下面 4 步进行。

（1）设置一个定量的数组当作空桶。

（2）遍历输入数据，并且把数据一个一个放到对应的桶里。

（3）对每个不是空的桶进行排序。

（4）从不是空的桶里把排好序的数据拼接起来。

桶排序主要适用于小范围整数数据，且独立均匀分布，可以计算的数据量很大，而且符合线性期望时间。

图 9.14 是对数组[7,36,65,56,33,60,110,42,42,94,59,22,83,84,63,77,67,101]进行桶排序的算法演示。

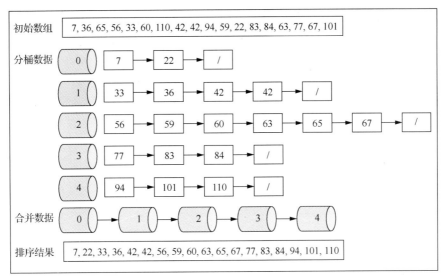

图 9.14　桶排序图解

图解说明如下。

（1）设置桶的数量为 5 个，找到最大值 110 和最小值 7，每个桶的范围计算公式为（最大值-最小值+1）/桶个数。这里计算桶范围为 20.8=(110-7+1)/5。

（2）遍历原始数据，以链表结构，放到对应的桶中，计算公式为 floor(数值-最小值)/桶范围。例如数字 7，计算公式为 floor((7-7) / 20.8)，桶索引值为 0；数字 36，计算公式为 floor((36-7) / 20.8)，桶索引值为 1。

（3）当向同一个索引的桶第二次插入数字时，判断桶中已存在的数字与新插入数字的大小，按照从左到右、从小到大的顺序插入，如索引为 2 的桶，在插入 63 时，桶中已存在 4 个数字 56、59、60、65，则数字 63 插入 65 的左边。

（4）合并非空的桶，按从左到右的顺序合并 0、1、2、3、4 桶。

（5）得到桶排序的结构。

脚本 9-9.html 是对数组[59,34,25,67,15,87,10,99,3,45]进行桶排序的实现。

脚本 9-9.html

```html
<html>
 <head>
  <title>桶排序</title>
 </head>
 <body>
  <script language="JavaScript">
        function bucketSort(array,num){
        if(array.length<=1){
            return array;
        }
        var len=array.length,buckets=[],result=[],min=max=array[0],regex='/
^[1-13]+[0-13]*$/',space,n=0;
        num=num||((num>1&&regex.test(num))?num:10);
        for(var i=1;i<len;i++){
            min=min<=array[i]?min:array[i];
            max=max>=array[i]?max:array[i];
        }
        space=(max-min+1)/num;
        for(var j=0;j<len;j++){
            var index=Math.floor((array[j]-min)/space);
```

```
            if(buckets[index]){   //  非空桶，插入排序
                var k=buckets[index].length-1;
                while(k>=0&&buckets[index][k]>array[j]){
                    buckets[index][k+1]=buckets[index][k];
                    k--;
                }
                buckets[index][k+1]=array[j];
            }else{      //空桶，初始化
                buckets[index]=[];
                buckets[index].push(array[j]);
            }
        }
        while(n<num){
            result=result.concat(buckets[n]);
            n++;
        }

        return result;
    }
    var arr=[59,34,25,67,15,87,10,99,3,45];
    console.log(bucketSort(arr,3));
 </script>
 </body>
</html>
```

运行结果如图 9.15 所示。

图 9.15　桶排序示例结果

 注意　桶内排序，可以像程序中所描述的那样在插入过程中实现；也可以插入不排序，在合并过程中再调用快速排序进行排序。

9.10　基数排序

　　基数排序是非比较的排序算法。基数排序按照低位先排序，然后收集；再按照高位排序，然后收集；以次类推，直到最高位。有时候有些属性是有优先级顺序的，先按低优先级排序，再按高优先级排序。基数排序基于分别排序、分别收集，所以是稳定的。

精讲视频

基数排序

　　基数排序的算法步骤如下。

（1）取得数组中的最大数，并取得位数。

（2）arr 为原始数组，从最低位开始取每个位组成 radix 数组。

（3）对 radix 进行计数排序（利用计数排序适用于小范围数的特点）。

　　基数排序有两种方法。

- MSD 从高位开始进行排序。
- LSD 从低位开始进行排序。

　　假设存在数组[59,34,25,67,15,87,10,99,3,45]，那么对其进行基数排序的图解如图 9.16 所示。

初始数组									
59	34	25	67	15	87	10	99	3	45

取得每个元素的低位数

59	34	25	67	15	87	10	99	3	45

按低位数将每个元素分配到对应数位上

				45					
				15		87			99
10			3	34	25	67			59
0	1	2	3	4	5	6	7	8	9

按最低位组成数组并计数排序

10	3	34	25	15	45	67	87	59	99

取得每个元素的高位数

10	3	34	25	15	45	67	87	59	99

按高位数将每个元素分配到对应数位上

	15								
3	10	25	34	45	59	67		87	99
0	1	2	3	4	5	6	7	8	9

按最高位组成数组并计数排序

3	10	15	25	34	45	59	67	87	99

图 9.16　基数排序图解

代码实现如下。

```javascript
function radixSort(arr,maxDigit){
    var mod=10;
    var dev=1;
    var counter=[];
    for(var i=0;i<maxDigit;i++,dev*=10,mod*=10){
        for(var j=0;j<arr.length;j++){
            var bucket=parseInt((arr[j]%mod)/dev);
            if(counter[bucket]==null){
                counter[bucket]=[];
            }
            counter[bucket].push(arr[j]);
        }
        var pos=0;
        for(var j=0;j<counter.length;j++){
            var value=null;
            if(counter[j]!=null){
                while((value=counter[j].shift())!=null){
                    arr[pos++]=value;
                }
            }
        }
    }
    return arr;
}
```

基数排序嵌套了两次循环，外循环从 0 移动到数组最大元素的位数，内循环首先从最低位取每个位组成数组，再从最高位取每个位组成数组。脚本 9-10.html 表示对随机生成的数组进行基数排序。

脚本 9-10.html

```html
<html>
  <head>
    <title>基数排序</title>
  </head>
```

```
<body>
  <script language="JavaScript">
      function radixSort(arr,maxDigit){
          var mod=10;
          var dev=1;
          var counter=[];
          for(var i=0;i<maxDigit;i++,dev*=10,mod*=10){
              for(var j=0;j<arr.length;j++){
                  var bucket=parseInt((arr[j]%mod)/dev);
                  if(counter[bucket]==null){
                      counter[bucket]=[];
                  }
                  counter[bucket].push(arr[j]);
              }
              var pos=0;
              for(var j=0;j<counter.length;j++){
                  var value=null;
                  if(counter[j]!=null){
                      while((value=counter[j].shift())!=null){
                          arr[pos++]=value;
                      }
                  }
              }
          }
          return arr;
      }
      var arr=[];
      for(var i = 0; i < 10; ++i){
          arr[i] = Math.floor(Math.random()*100+1);
      }
      console.log('原始数组: '+arr.toString());
      var array = radixSort(arr,10);
      console.log('排序后的数组: '+array.toString());
  </script>
 </body>
</html>
```

运行结果如图 9.17 所示。

图 9.17　基数排序示例结果

9.11　项目实战

精讲视频

【项目 9-1】用算法实现斐波那契数列

1. 项目描述

用 JavaScript 算法实现斐波那契数列

2. 实现思路

（1）斐波那契数列定义如下。

- 1和2的斐波那契数是 1。

项目实战：用算法
实现斐波那契数列

- $n(n>2)$的斐波那契数是$(n-1)$的斐波那契数加上$(n-2)$的斐波那契数。

（2）使用递归方式，斐波那契数列实现的代码片段如下。

```
function fibonacii(num){
    if(num == 1 || num == 2){
        return 1;
    }
    return fibonacii(num-1) + fibonacii(num-2);
}
```

若要求 6 的斐波那契数，就会产生图 9.18 所示的函数调用。

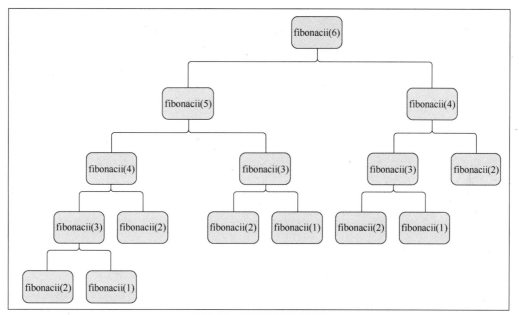

图 9.18　斐波那契数列图解

（3）也可以使用非递归的方式实现斐波那契数列函数，即使用循环的方式。代码片段如下。

```
function fibonacii(num){
    var n1 = 1,n2 = 1,n = 1;
    for(var i = 3; i <= num; i++){
        n = n1 + n2;
        n1 = n2;
        n2 = n;
    }
    return n;
}
```

3. 实现代码

完整代码如脚本 9-11.html 所示。

脚本 9-11.html

```
<html>
  <head>
    <title>斐波那契数列</title>
  </head>
  <body>
    <script language="JavaScript">
        function fibonacii(num){
            var n1 = 1,n2 = 1,n = 1;
            for(var i = 3; i <= num; i++){
                n = n1 + n2;
```

```
                    n1 = n2;
                    n2 = n;
                }
                return n;
            }
            alert(fibonacii(6));
    </script>
  </body>
</html>
```

运行结果如图 9.19 所示。

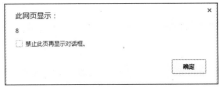

图 9.19　斐波那契数列示例结果

> **注意**　递归并不比循环更快，反倒更慢。但是递归更容易理解，并且所需要的代码量更少。

【项目 9-2】用算法解决最少硬币找零问题

1. 案例描述

用 JavaScript 算法解决最少硬币找零问题。给定要找零的钱数，以及可用的硬币面额 d1...dn 及其数量，找到所需的最少的硬币个数。例如，有以下面额硬币（美分）：d1=1，d2=5，d3=10，d4=25。如果要找 36 美分的零钱，则可以用 1 个 25 美分、1 个 10 美分和 1 个 1 美分。

2. 实现思路

最少硬币找零的解决方案是找到 n 所需的最少硬币数。要实现这一点，首先得找到对每个 x<n 的解。然后，将解建立在更小值的解的基础上。

3. 实现代码

```
function MinCoinChange(coins){
    var coins = coins;      //{1}
    var cache = {};         //{2}
    this.makeChange = function(amount){
        var me = this;
        if(!amount){        //{3}
            return [];
        }
        if(cache[amount]){  //{4}
            return cache[amount];
        }
        var min = [], newMin, newAmount;
        for(var i=0; i<coins.length; i++){  //{5}
            var coin = coins[i];
            newAmount = amount-coin;            //{6}
            if(newAmount>=0){
                newMin = me.makeChange(newAmount);    //{7}
            }
            if(newAmount>=0 &&      //{8}
            (newMin.length<min.length || !min.length)   //{9}
            && (newMin.length || !newAmount))    //{10}
```

```
                    {
                        min = [coin].concat(newMin);          //{11}
                        console.log('new Min '+ min + ' for '+ amount);
                    }
                }
                return (cache[amount] = min);   //{12}
        };
    }
```

创建 MinCoinChange()函数接收 coins 参数（行{1}），代表问题中的面额。可以根据需要传递任何面额。这里为了更加高效且不重复计算值，在行{2}中使用了 cache。

创建 makeChange()方法，这是一个递归函数，用于具体解决最小硬币找零问题。传入参数 amount，若 amount 不为正数，就返回空数组（{行 3}）；方法执行结束后，会返回一个数组，包含用来找零的各个面额的硬币数量（最少硬币数）。接着，检查 cache 缓存，若结果已经缓存（{行 4}），则直接返回结果；否则，执行递归算法。

基于传入的 coins 参数解决最小硬币找零问题。行{5}中循环 coins 数组，行{6}对每个面额计算 newAmount 的值，这个值会一直减小，直到能找零的最小钱数。行{7}若 newAmount 为正值，则继续计算它的找零结果。最后判断 newAmount 是否有效以及 newMin 是否是最优解。返回最终找零结果。

运用下面的脚本 9-12.html 测试这个算法的找零结果。

脚本 9-12.html

```
<!DOCTYPE html>
<html>
<head>
        <title>最少硬币找零问题</title>
</head>
<body>
</body>
</html>
<script type="text/javascript">
        function MinCoinChange(coins){
                var coins = coins;     //{1}
                var cache = {};         //{2}
                this.makeChange = function(amount){
                        var me = this;
                        if(!amount){       //{3}
                                return [];
                        }
                        if(cache[amount]){   //{4}
                                return cache[amount];
                        }
                        var min = [], newMin, newAmount;
                        for(var i=0; i<coins.length; i++){   //{5}
                                var coin = coins[i];
                                newAmount = amount-coin;        //{6}
                                if(newAmount>=0){
                                        newMin = me.makeChange(newAmount);   //{7}
                                }
                                if(newAmount>=0 &&      //{8}
                                (newMin.length<min.length || !min.length)   //{9}
                                && (newMin.length || !newAmount))    //{10}
                                {
                                min = [coin].concat(newMin);          //{11}
                                console.log('new Min '+ min + ' for '+ amount);
                                }
                        }
```

```
                    return (cache[amount] = min);   //{12}
            };
    }
    var minCoinChange = new MinCoinChange([1,3,4]);
    console.log(minCoinChange.makeChange(6));
</script>
```

这里当找零数为 6 时，最佳解决方案是找两枚价值为 3 的硬币。

9.12 小结

本单元主要介绍了 JavaScript 中常用的排序算法，9.1 节主要介绍了冒泡排序的实现原理和步骤；9.2 节主要介绍了选择排序的实现过程；9.3 节介绍了插入排序的步骤；9.4 节介绍了希尔排序的实现步骤；9.5 节介绍了归并排序的概念，包括自顶而下的归并排序和自底而上的归并排序；9.6 介绍了快速排序的实现过程；9.7 节主要介绍了堆排序的概念和步骤；9.8 节介绍了计数排序的核心逻辑；9.9 节介绍了桶排序的实现原理；9.10 节介绍了基数排序的概念和实现方式；最后通过用算法实现斐波那契数列和解决最少硬币找零问题两个实战进一步加深我们对算法的理解。

对计算机中存储的数据执行的两种最常见的操作是排序和检索，自从计算机产业诞生以来便是如此。这也意味着排序和检索是在计算机中被研究得最多的操作。本单元介绍了 JavaScript 中的十大排序算法，这些算法可以被运用到任何数据结构或数据类型上。运用在本单元所学的知识，可以解决 JavaScript 中绝大部分常见的数据排序和检索问题，只需在源代码上做一些必要的修改即可。

课后习题

一、选择题

1. 以下排序方法中时间复杂度最低的排序方式是（　　）。
   A. 插入排序　　　　　　B. 希尔排序　　　　　　C. 堆排序　　　　　　D. 计数排序
2. 以下排序方法中空间复杂度与其他不一样的是（　　）。
   A. 插入排序　　　　　　B. 冒泡排序　　　　　　C. 归并排序　　　　　　D. 堆排序
3. 某算法的时间复杂度为 $O(n^2)$，表明该算法的（　　）。
   A. 问题规模是 n^2　　　　　　　　　　　　B. 执行时间等于 n^2
   C. 执行时间与 n^2 成正比　　　　　　　　D. 问题规模与 n^2 成正比
4. 以下关于算法分析的说法中，错误的是（　　）。
   A. 空间效率为 $O(1)$ 的算法不需要任何额外的辅助空间
   B. 若规模 n 相同，时间复杂度为 $O(n)$ 的算法在时间上总是优于时间复杂度为 $O(n^2)$ 的算法
   C. 所谓时间复杂度是指在最坏的情况下，估算算法执行时间的一个上界
   D. 同一个算法，实现语言的级别越高，执行的效率不一定越低

二、填空题

1. ＿＿＿＿＿＿＿是处理大数据集非常快的排序算法之一。
2. 归并排序算法分为＿＿＿＿＿＿和＿＿＿＿＿＿两种模式。

三、简答题

冒泡排序流程介绍。

单元 10

综合设计实例
——JavaScript 特效制作

10

情景引入

我们打开某些网站时会发现页面上有很多导航栏，单击不同的导航栏可以跳转到不同的页面，还有很多的Tab，鼠标指针放上去之后会切换Tab下面对应的内容，还有一些会动的图片等，这些灵活的元素使得网页更加丰富多彩，不会显得枯燥乏味。

JavaScript是实现网页动态性、交互性的脚本语言，也是目前用于网页设计的、易学又方便的语言，常用于网页中来改进设计、验证表单、检测浏览器、创建cookies。它能使网页更加丰富有趣。利用JavaScript做出的网页特效，能大大提高网页的可观性，增加收藏率和点击率。

本单元涵盖6种网页特效实例，主要内容包括焦点幻灯片特效、菜单导航特效、Tab选项卡特效、图片特效、文字特效和表单按钮特效。通过对本单元内容的学习，读者基本可以掌握JavaScript的各种语法及实际网页开发中各种特效的编写方法。

学习目标

知识目标

1. 理解动态JavaScript的概念
2. 掌握不同特效的制作方法

能力目标

1. 能够制作焦点幻灯片特效
2. 能够制作菜单导航特效
3. 能够制作Tab选项卡特效
4. 能够制作图片特效
5. 能够制作文字特效
6. 能够制作表单按钮特效

素质目标

通过制作丰富的特效，增强创新能力。

思维导图

10.1 焦点幻灯片

使用焦点幻灯片是媒体宣传过程中的一种推广方式，焦点幻灯片也称为焦点图。在一些网站的首页，将一些 Logo 图片或者宣传内容图片做成幻灯片形式，带有一定的吸引力，能引起用户的注意，成为眼睛的焦点，从而提升网站的点击率。本节主要讲解焦点图特效的实际应用。

精讲视频

焦点幻灯片

10.1.1 实例——实现焦点图滤镜效果

本实例使用 JavaScript 实现焦点图滤镜效果，主要涉及的 JavaScript 语法为 setTimeout()方法。

setTimeout()有两种形式,分别是 setTimeout(code,interval)和 setTimeout(func,interval,args),其中 code 是一个字符串；func()是一个函数；interval 表示时间，可以是延迟时间或者交互时间,以毫秒为单位；args 即变量。延迟时间表示在载入后延迟指定时间去执行一次表达式，仅执行一次；交互时间表示从载入后，每隔指定的时间就执行一次表达式。主要代码如下。

```html
<script type="text/javascript">
var colors=new Array("red", "#2994fd", "#11fff2", "#c0b189", "#f2fd89",
"magenta", "white");
function rainbow()
{
    var el = document.all.racerX;
    if (null==el.color) el.color = 0;
    if (++el.color==colors.length) el.color=0;
    el.style.color = colors[el.color];
    window.tm=setTimeout('rainbow()',750);
}
</script>
```

脚本 10-1.html 中使用文字闪烁和 mask 滤镜实现焦点图滤镜效果，其中 race 字样是一张图片，对它使用了 mask 滤镜，即把图案区域镂空来显示图片下面一层的文字。

脚本 10-1.html

```html
<!DOCTYPE html>
<html>
  <head><title>JS 实现焦点图滤镜效果</title>
    <style>
    .30PT{font-size:30pt;font-family:微软雅黑;color:#0099CC}
    </style>
    <script>
      var colors=new Array("red", "#2994fd", "#11fff2", "#c0b189", "#f2fd89",
"magenta", "white");
      function rainbow()
```

```
        {
            var el = document.all.racerX;
            if (null==el.color) el.color = 0;
            if (++el.color==colors.length) el.color=0;
            el.style.color = colors[el.color];
            window.tm=setTimeout('rainbow()',750);
        }
    </script>
</head>
<body onload="rainbow()">
<div style="position:absolute; top:0, left:0; width:400; height:300;
z-index:0">
    <img src="http://tupian.aladd.net/2015/5/965.jpg" width=400 height=300>
</div>
    <div style="position:absolute; top:200; left:190; width:200; height:100;
text-align:center; z-index:2">
    <img id=logo src="http://www.codefans.net/jscss/demoimg/201307/race.gif"
style="filter:mask(color=red);"></div>
    <div style="position: absolute;color: white; top: 200; left:190; width:200;
height:100; z-index:1">
    <span id=racerX style="font-size:8pt; line-height:8px; font-family=Arial;
font-weight:bold; z-index:1">
    <pre>racerXracerXracerXracerXracer
        racerXracerXracerXracerXracer
        racerXracerXracerXracerXracer
        racerXracerXracerXracerXracer
        racerXracerXracerXracerXracer
        racerXracerXracerXracerXracer
        racerXracerXracerXracerXracer
        racerXracerXracerXracerXracer
        racerXracerXracerXracerXracer
        racerXracerXracerXracerXracer
        racerXracerXracerXracerXracer
        racerXracerXracerXracerXracer
    </pre></span></div>
</body>
</html>
```

效果如图 10.1 所示。

图 10.1　焦点图滤镜效果

10.1.2　实例——实现鼠标滑入焦点图切换效果

本实例使用 JavaScript 实现鼠标滑入焦点图切换效果，主要涉及的 JavaScript 语法是 document.getElementById()方法。

在 window.onload 事件的使用中，常常会看到 document.getElementById()方法，该方法常用于获取元素，其最初被定义为 HTML DOM 接口的成员，之后在 2 级 DOM 中移入 XML DOM 接口。document.getElementById()属于 host 对象，是一个方法。示例代码如脚本 10-2.html 所示。

脚本 10-2.html

```html
<!DOCTYPE html>
<html>
  <head>
    <meta http-equiv="Content-Type" content="text/html; charset=utf-8">
    <title>JS 实现鼠标滑入焦点图切换效果</title>
    <style>
      .30PT{font-size:30pt;font-family:微软雅黑;color:#0099CC}
      * {margin:0;padding:0;}
      ul, li {list-style:none;}
      .mid {margin:0 auto;}
      .area {width:240px;height:200px;overflow:hidden;background:#999;
margin-top:150px;position:relative;}
      #pics {position:relative;}
      #pics li {position:absolute;visibility:hidden;}
      #pics li.show {visibility:visible;}
      #pics li img {vertical-align:middle;}
      .operate {width:240px;height:20px;line-height:20px;background:#ccc;
position:absolute;bottom:0px;}
      #button {float:right;}
      #button li {float:left;width:20px;height:20px;text-align:center;margin:0
3px;font-family:"Arial";font-size:12px;color:#fff;background:#000;}
      #button li.current {background:#f00;cursor:pointer;}
    </style>
  </head>
  <body>
    <div class="area mid">
     <div>
      <ul id="pics">
        <li class="show" id="one"><img src="images/1.jpg" width="240" height=
"200"/></li>
        <li id="two"><img src="images/2.jpg" width="240" height="200"/></li>
        <li id="three"><img src="images/3.jpg" width="240" height="200"/></li>
        <li id="four"><img src="images/4.jpg" width="240"  height="200"/></li>
      </ul>
     </div>
      <div class="operate">
       <ul id="button">
        <li class="current" id="but_one">1</li>
        <li id="but_two">2</li>
        <li id="but_three">3</li>
        <li id="but_four">4</li>
       </ul>
      </div>
    </div>
    <script type="text/javascript">
        var pics = document.getElementById("pics");
        var images = pics.getElementsByTagName("li");
        var button = document.getElementById("button").getElementsByTagName("li");
        function init(index){
            for(i=index;i<button.length;i++){
                //index 为图片的序号值
                mouseOverSwitchPic(i);
```

```
                    }
                }

        function mouseOverSwitchPic(i){
            var picIndex=i;
            // 为 picIndex 赋值 i, button 按钮添加 onmouseover 可以触发函数
            button[i].onmouseover=function change(){
            for(j=0;j<this.parentNode.childNodes.length;j++){
                //以 this（当前触发事件的元素）为起点的父节点的所有子节点的 length 值为
最高值，开始遍历
                this.parentNode.childNodes[j].className="";
                //以 thisa（当前触发事件的元素）为起点的父节点的所有子节点的 className
为空，危险慎用
            }
            this.className="current";////this. 即当前触发 onmouseover 的元素的
className 为"current"
            for(m=0;m<images.length;m++){//以 images.length 为最高值进行遍历，遍
历 images
                images[m].className="";//清空所有 images 图片中所有元素的 className
                if (m==picIndex){
                    images[m].className="show";//images 图片的第 picIndex 个元素
的 className 值为 show
                }
            }
            }
        }
        init(0);
    </script>
  </body>
</html>
```

效果如图 10.2 所示。

图 10.2　鼠标滑入焦点图切换效果

10.2　菜单导航

网页设计中菜单导航的运用尤其多，而菜单导航的种类也是非常多的，有横向多级导航菜单、竖排式多级导航菜单、树形菜单、多级联动菜单等。不同的菜单导航能给网页设计带来不一样的效果。

精讲视频

菜单导航

10.2.1 实例——制作QQ页面式导航栏

本实例使用 JavaScript 制作 QQ 页面式导航栏，在网站或者 B/S 软件中增加这种效果的导航栏，对于提高页面的友好性是很有好处的。本实例主要涉及的 JavaScript 语法如下。

（1）document.all.item，通过控件的名字定位控件，item 中是控件的名字。

（2）document.all.itemsLayer，用于设置所有控件层的高度、宽度等各种属性。

（3）document.write()方法，用于向文档写入内容。

示例代码如脚本 10-3.html 所示。

脚本 10-3.html

```html
<html>
  <head>
    <meta http-equiv="Content-Type" content="text/html; charset=utf-8">
    <title>JS 制作 QQ 页面式导航栏</title>
    <style type="text/css">
        .titleStyle{background-color: green;color: #ffffff;}
        .contentStyle{background-color: #ffffff;}
    </style>
    <script language="JavaScript">

    var layerTop=20;        //菜单顶边距
    var layerLeft=30;       //菜单左边距
    var layerWidth=140;     //菜单总宽度
    var titleHeight=30;     //标题栏高度
    var contentHeight=200;  //内容区高度
    var stepNo=10;          //移动步数，数值越大移动越慢

    var itemNum=0;runtimes=0;
    document.write('<div id="itemsLayer" style="position:absolute;overflow:hidden;
border:1px solid #008800;left:'+layerLeft+';top:'+layerTop+';width:'+layerWidth+';">');

        function addItem(itemTitle,itemContent){
          var itemHTML = "";
          itemHTML += '<div id=item'+itemNum+' itemIndex='+itemNum+' style=
"position:relative;left:0;top:'+(-contentHeight*itemNum)+';width:'+layerWidth+';">';
          itemHTML += '<table width=100% cellspacing="0" cellpadding="0">';
          itemHTML += '<tr><td height='+titleHeight+' onclick=changeItem('+itemNum+')
class="titleStyle" align=center>'+itemTitle+'</td></tr>';
          itemHTML +=  '<tr><td height='+contentHeight+' class="contentStyle">'+
itemContent+'</td></tr>';
          itemHTML += '</table></div>';
          document.write(itemHTML);
          itemNum++;
        }
    //添加菜单标题和内容，可任意多项，注意格式
    addItem('导航菜单','<center>仿 QQ 导航菜单</center>');
    addItem('我的设备','<center><a href="#">我的 Android 手机</a> <BR><BR><a
href="#">发现新设备</a> <BR></center>');
    addItem('大学同学','<center><a href="#">张** </a> <BR><BR><a href="#">王**
</a> <BR><BR><a href="#">李**</a> <BR><BR><a href="#">更多..</a></center>');
    addItem('高中同学','<center><a href="#">张** </a> <BR><BR><a href="#">王**
</a> <BR><BR><a href="#">李**</a> <BR><BR><a href="#">更多..</a></center>');
```

```
        addItem('初中同学','<center><a href="#">张** </a> <BR><BR><a href="#">王**
</a> <BR><BR><a href="#">李**</a> <BR><BR><a href="#">更多..</a></center>');
        addItem('小学同学','<center><a href="#">张** </a> <BR><BR><a href="#">王**
</a> <BR><BR><a href="#">李**</a> <BR><BR><a href="#">更多..</a></center>');

        document.write('</div>');
        var totalHeight = itemNum*titleHeight+contentHeight;
        document.all.itemsLayer.style.height=totalHeight;

        var toItemIndex=itemNum-1;
        var onItemIndex=itemNum-1;

        function changeItem(clickItemIndex){
          toItemIndex=clickItemIndex;
          console.log('changeItemStart----------toItemIndex='+toItemIndex+'
---onItemIndex='+onItemIndex);
          if(toItemIndex-onItemIndex>0){
           moveUp();
          }else{
           moveDown();
          }
          runtimes++;
          if(runtimes>=stepNo){
           onItemIndex=toItemIndex;
           runtimes=0;
          }else{
           setTimeout("changeItem(toItemIndex)",10);
          }
          console.log('changeItemEnd------------toItemIndex='+toItemIndex+'
---onItemIndex='+onItemIndex);
        }

        function moveUp(){
          console.log('moveUp-------------toItemIndex='+toItemIndex+'
---onItemIndex='+onItemIndex);
          for(i=onItemIndex+1;i<=toItemIndex;i++){
          eval('document.all.item'+i+'.style.top=parseInt(document.all.item'+
i+'.style.top)-contentHeight/stepNo;');
          }
        }

        function moveDown(){
          console.log('moveDown-------------toItemIndex='+toItemIndex+'
---onItemIndex='+onItemIndex);
          for(i=onItemIndex;i>toItemIndex;i--){
          eval('document.all.item'+i+'.style.top=parseInt(document.all.item'+i+
'.style.top)+contentHeight/stepNo;');
          }
        }
        changeItem(0);

    </script>
  </head>
  <body>

  </body>
</html>
```

效果如图 10.3 所示。

图 10.3　QQ 页面式导航栏效果

10.2.2　实例——制作京东式竖排二级导航栏

本实例使用 JavaScript 制作京东式竖排二级导航栏。本实例主要涉及 JavaScript 语法如下。

1. onmouseover 事件

onmouseover 用于监听鼠标移入的事件，当鼠标移入对应的 DOM 元素时会触发 onmouseover 的回调方法。

2. onmouseout 事件

onmouseout 用于监听鼠标移出的事件，当鼠标移出对应的 DOM 元素时会触发 onmouseout 的回调方法。

示例代码如脚本 10-4.html 所示。

脚本 10-4.html

```html
<!DOCTYPE html>
<html>
  <head>
    <meta http-equiv="Content-Type" content="text/html; charset=utf-8">
    <title>JS 制作京东式竖排二级导航栏</title>
    <script type="text/javascript">
        function navShow(){
            var nav = document.getElementById('nav');
            var navs = nav.getElementsByTagName("li");
            for(var i=0;i<navs.length;i++){
              navs[i].onmouseover = function(){
                    this.getElementsByTagName('dl')[0].style.display = "block";
                    this.style.backgroundColor="#36C1AF";
              }
              navs[i].onmouseout = function(){
                    this.getElementsByTagName('dl')[0].style.display = "none";
                    this.style.backgroundColor="";
              }
            }
        }
        window.onload = navShow;
    </script>
    <style>
        *{
            font-family:Microsoft YaHei;
            margin:0;
            padding:0;
```

```
}
body{width:100%;}
ul{list-style: none;}
a{text-decoration: none;}
#header{
    height:850px;
    line-height:50px;
}
#header h2,#header h3{
    font-weight:500;
}
#header h2{
    color:#000000;
    font-size:18px;
    width:180px;
    text-align: center;
    background:#0D2E49;
}
#header h3{color:#000000;font-size:16px;}

#nav {
    width:180px;
    background:rgba(0, 102, 173, 0.5);
    z-index:999;
}
#nav li{
    height:40px;
    padding-left:40px;
    line-height: 40px;
    position:relative;
}
#nav h3{height:40px;}
#nav li dl{
    position:relative;
    left:140px;
    top:-40px;
    width:150px;
    background:#fff;
    display:none;
    padding:8px 10px;
}
#nav dt{
    width:150px;
    line-height: 30px;
    height:30px;
    background:#36C1AF;
    color:#fff;
    text-align: center;
}
#nav dd a{
    display:block;
    height:30px;
    width:150px;
    font-size:14px;
    color:#858585;
}
#nav dd a:hover{
    text-decoration: underline;
}
#content{
```

```
                    height:500px;
                }
            #main{
                background:#cccccc;
            }
        </style>
    </head>
<body>
    <div id="main">
        <div id="header">
            <div class="mycenter">
                <ul id="nav">
                    <li>
                        <h3>账号管理</h3>
                        <dl>
                            <dt>账号管理</dt>
                            <dd>
                                <a href="#">修改密码</a>
                                <a href="#">修改用户名</a>
                                <a href="#">设置密保问题</a>
                            </dd>
                        </dl>
                    </li>
                    <li>
                        <h3>首页管理</h3>
                        <dl>
                            <dt>首页管理</dt>
                            <dd>
                                <a href="#">轮转照片设置</a>
                                <a href="#">产品展示照片设置</a>
                                <a href="#">底部信息修改</a>
                            </dd>
                        </dl>
                    </li>
                    <li>
                        <h3>产品管理</h3>
                        <dl>
                            <dt>产品管理</dt>
                            <dd>
                                <a href="#">增加新产品</a>
                                <a href="#">管理全部产品</a>
                                <a href="#">类别管理</a>
                            </dd>
                        </dl>
                    </li>
                    <li>
                        <h3>新闻管理</h3>
                        <dl>
                            <dt>新闻管理</dt>
                            <dd>
                                <a href="#">发布新闻</a>
                                <a href="#">全部新闻管理</a>
                                <a href="#">增加系列</a>
                                <a href="#">新闻系列管理</a>
                            </dd>
```

```
          </dl>
       </li>
       <li>
         <h3>反馈管理</h3>
         <dl>
           <dt>反馈管理</dt>
           <dd>
             <a href="#">管理所有反馈</a>
           </dd>
         </dl>
       </li>
       <li>
         <h3>权限管理</h3>
         <dl>
           <dt>权限管理</dt>
           <dd>
             <a href="#">添加新管理员</a>
             <a href="#">查看所有账号权限</a>
             <a href="#">查看申诉</a>
           </dd>
         </dl>
       </li>
       <li>
         <h3>功能管理</h3>
         <dl>
           <dt>功能管理</dt>
           <dd>
             <a href="#">一级功能设置</a>
           </dd>
         </dl>
       </li>
     </ul>
   </div>
  </div>
 </div>
 </body>
</html>
```

效果如图 10.4 所示。

图 10.4　京东式竖排二级导航栏效果

10.2.3　实例——制作淘宝式多级选择菜单

本实例使用 JavaScript 制作淘宝式多级选择菜单，主要涉及的 JavaScript 语法如下。

1. fromCharCode()方法

fromCharCode()方法可接收一个指定的 Unicode 值，然后返回一个字符串。该方法是 String()
的静态方法，字符串中的每个字符都由单独的数字 Unicode 编码指定。

2. event.srcElement

event.srcElement 用于设置或获取触发事件的对象。引用对象以后，该对象的任何属性都可以使用。

示例代码如脚本 10-5.html 所示。

脚本 10-5.html

```
<!DOCTYPE html PUBLIC "-//W3C//DTD XHTML 1.0 Transitional//EN" "http://www.
w3.org/TR/xhtml1/DTD/xhtml1-transitional.dtd">
    <html xmlns="http://www.w3.org/1999/xhtml">
     <head>
       <title>JS 制作淘宝式多级选择菜单</title>
       <meta http-equiv="Content-Type" content="text/html; charset=utf-8" />
       <style type="text/css" media="all">
         body *{
         font-size:14px;
         margin:0;
         padding:0;
         }
         #wrapper{
         clear:both;
         width:778px;
         height:220px;
         background-color:#FFF;
         margin-bottom:8px;
         }
         #wrapper ul{
         margin:0 3px 0 0;
         padding:0;
         border:1px solid #CCC;
         float:left;
         width:189px;
         height:218px;
         overflow:auto;
         }
         #wrapper ul.Blank{
         background-color:#F6F6F6;
         }
         #wrapper li{
         list-style-type:none;
         width:auto;
         height:20px;
         margin:0 1px !important;
         margin /**/:0 1px 0 -15px;
         padding:0;
         border:1px solid #FFF;
         line-height:20px;
         color:#444;
         text-indent:3px;
         cursor:default;
         }
         #wrapper li.Selected{
         background-color:#CAFFC0;
         border:1px solid #0A9800;
         color:#006623;
         }
         #wrapper li.IsParent{
         background-image:url(/uploads/allimg/1110/publishitem_subcate_arrow.gif);
         background-position:99% 50%;
         background-repeat:no-repeat;
```

```css
    }
    #wrapper li.RecentUsed{
    color:#170;
    }
    #titleType{
    clear:both;
    width:778px;
    background-color:#FFF;
    }
    #titleType ul{
    float:left;
    }
    #titleType li{
    margin:0 3px 0 0;
    float:left;
    border:1px solid #CCC;
    width:189px;
    color:#0063C8;
    font-weight:bold;
    border-bottom:0px;
    height:23px;
    line-height:23px;
    }
  </style>

</head>
<body>
  <div id="titleType">
    <ul id="title">
      <li>请选择品牌</li>
      <li>请选择折扣和服务</li>
      <li>请选择价格区间</li>
      <li>请选择材质</li>
    </ul>
  </div>
  <div id="wrapper">
    <ul id="brandType" class="Blank">
    </ul>
    <ul id="serviceType" class="Blank">
    </ul>
    <ul id="rangeType" class="Blank">
      </ul>
    <ul id="quanlityType" class="Blank">
      </ul>
</div>
</body>
<script language="javascript" type="text/javascript" id="commonjs">
  Array.prototype.S = String.fromCharCode(2);
  Array.prototype.in_array = function(e){
      var re = new RegExp(this.S+e+this.S);
      return re.test(this.S+this.join(this.S)+this.S);
  }
  function getTriggerNode(e) {
      return (document.all)?event.srcElement:e.target;
  }
  function getObj(id){
      return document.getElementById(id);
  }
```

```javascript
//初始化数据
var brandTypeData = new DataInfo();//品牌数据
brandTypeData.addData("与狼共舞",1,'','');
brandTypeData.addData("花花公子",2,'','');

var serviceTypeData = new DataInfo();//折扣和服务数据
serviceTypeData.addData("全球购",1,'','');
serviceTypeData.addData("天猫",2,'','');

var rangeTypeData = new DataInfo();//价格区间数据
rangeTypeData.addData("全球购",1,["0-50","50-120"],[1,2]);
rangeTypeData.addData("天猫",2,["0-100","100-200"],[3,4]);

var quanlityTypeData = new DataInfo();//材质数据
quanlityTypeData.addData("0-50",1,["棉","麻","蚕丝"],[1,2,3]);
quanlityTypeData.addData("50-120",2,["薄纱","棉布"],[4,5]);
quanlityTypeData.addData("0-100",3,["棉","麻","蚕丝"],[6,7]);
quanlityTypeData.addData("100-200",4,["薄纱","棉布"],[8,9]);


function DataNode(){
    this.parent;
    this.parentId;
    this.Children;
    this.childrenId;
}
function DataInfo(){
    this.mList = new Array();
    this.ListCount = function(){return this.mList.length;}
    this.GetListObj = function(n){
        if (n<this.ListCount()) return this.mList[n];
        return null;
    }
    this.addData = function(sParent,sParentId,sChildren,sChildrenID){
        obj = new DataNode();
        obj.parent    = sParent;
        obj.parentId = sParentId;
        obj.children = sChildren;
        obj.childrenId = sChildrenID;
        this.mList[this.ListCount()] = obj;
    }
}

//构建菜单列表
function buildMenuList(objName,objData,objSelected){
    console.log(objName);
    console.log(objData);
    console.log(objSelected);
    //buildMenuList(["rangeType",quanlityTypeData],rangeTypeData,[parentId,0]);
    var menuType = getObj(objName[0]);//单击的当前菜单
    if(!menuType) return;
    var strOutput = "";
    var liClass = "";
    var id = 0;
    var op_txt = new Array();
    var op_val = new Array();
```

```
            var sub_val = new Array();//子节点数组
        if (objSelected[0]){//父节点
            for(i=0;i<objData.ListCount();i++){
                if(objData.GetListObj(i).parentId==objSelected[0]){//判断子节
点的父级
                    console.log('objSelected[0]='+objSelected[0]);
                    id = i;
                    break;
                }
                if(i==objData.ListCount()){
                    menuType.innerHTML="";
                    menuType.className="Blank";
                    return false;
                }
            }
        }
        if(objName[1]){//说明有子节点,存放子节点的父级 ID
    for(i=0;i<objName[1].ListCount();sub_val.push(objName[1].GetListObj(i++).
parentId));
        }
    console.log(id);
    tmpobj = objData.GetListObj(id);//取出当前节点
    console.log(tmpobj);
    if (tmpobj.children.length==0){//子节点长度为 0
    for(i=0;i<objData.ListCount();op_txt.push(objData.GetListObj(i).parent),
op_val.push(objData.GetListObj(i++).parentId));
        }else{
            op_txt = tmpobj.children;//子对象
            op_val = tmpobj.childrenId;//子 ID
        }
        for(i=0;i<op_txt.length;i++){
            if(sub_val.in_array(op_val[i])){
                liClass = "IsParent";//是父节点
            }
            if(op_val[i] == objSelected[1]){
                liClass += " Selected";//选中
            }
            strOutput += '<li id="'+objName[0]+'__'+op_val[i]+'" class="'+
liClass+'">'+op_txt[i]+'</li>';
            liClass = '';
        }
        menuType.innerHTML = strOutput;
        strOutput = "";
        menuType.className="";
    }

    //菜单切换联动效果
    var menuSelect = [];
    function changeMenu(evnt){
        var obj = getTriggerNode(evnt);
        var objSource = obj;

        //获取父节点
        while(objSource.nodeName != "UL"){
            objSource = objSource.parentNode;
        }
```

```
            //切换菜单选中样式
            var ulId = objSource.id;
             if(menuSelect[ulId]){
     menuSelect[ulId].className=menuSelect[ulId].className.replace("Selected","");
            }
            obj.className += " Selected";
            menuSelect[ulId] = obj;
            //创建子节点
            console.log(obj.id);
            var parentId = (obj.id).split("__")[1];
            if(objSource.id=="serviceType"){
                buildMenuList(["rangeType",quanlityTypeData],rangeTypeData,
[parentId,0]);
            }else if(objSource.id=="rangeType"){
                buildMenuList(["quanlityType",],quanlityTypeData,[parentId,0]);
            }


        }

        buildMenuList(["brandType",],brandTypeData,[0,0]);
        buildMenuList(["serviceType",rangeTypeData],serviceTypeData,[0,0]);
        getObj("wrapper").onclick = changeMenu;
    </script>
</html>
```

效果如图 10.5 所示。

图 10.5　淘宝式多级选择菜单效果

10.3　Tab 选项卡

网页页面中流行、常用的 Tab 切换效果，包括滑动、单击切换、延迟切换及自动切换等多种效果。熟练运用这些 Tab 切换效果可使页面效果更佳。

精讲视频

Tab 选项卡

10.3.1　实例——实现单击切换 Tab

本实例使用 JavaScript 实现单击切换 Tab，主要涉及的 JavaScript 语法如下。

1. onclick 事件

监听 DOM 元素的单击事件，当点击对应元素时会触发 onclick 的回调函数。

2. 修改 className 属性

当点击 Tab 时，给选中的元素添加选中状态的 "class"，给没有选中的元素添加未选中的 "class"。示例代码如脚本 10-6.html 所示。

脚本 10-6.html

```html
<!DOCTYPE html>
<html>
  <head>
    <meta http-equiv="Content-Type" content="text/html; charset=utf-8">
    <title>JS 实现单击切换 Tab</title>
    <style type="text/css">
        *{
      padding: 0;
      margin: 0;
      }
      #tab{
        margin-top:100px;
        margin-left: 100px;
      }
      #tab li{
       width:50px;
       height: 30px;
       line-height: 30px;
       border:1px solid #cccccc;
       text-align:  center;
       float:left;
       display:inline;
       margin-right: 10px;
       border-bottom: 0px;
       color: blue;
      }

      #tabCon {
        clear:both;
        margin-top:20px;
        margin-left: 100px;
        border:1px solid #cccccc;
        width:155px;
        height: 100px;
        padding:10px;
      }
      #tabCon div {
       display:none;
      }
      #tabCon div.fdiv {
       display:block;
      }
      .fli{
         background-color: #999999;
      }

    </style>

  </head>
  <body>
    <div id="tanContainer">
      <div id="tab">
        <ul>
          <li class="fli">实事</li>
          <li>体育</li>
          <li>新闻</li>
        </ul>
      </div>
    </div>
```

```
    <div id="tabCon">
      <div class="fdiv">实事内容</div>
      <div>体育内容</div>
      <div>新闻内容</div>
    </div>
  </div>
  </body>
  <script>
    window.onload = init;
    function init(){
        var tab = document.getElementById('tab');
        var lis = tab.getElementsByTagName('li');
        var tabCon = document.getElementById('tabCon');
        var divs = tabCon.getElementsByTagName('div');

        for(var i=0;i<lis.length;i++){
            lis[i].onclick=function(){
                for(var j=0;j<lis.length;j++){
                    if(this == lis[j]){
                        lis[j].className='fli';
                        divs[j].className='fdiv';
                    }else{
                        lis[j].className='';
                        divs[j].className='';
                    }
                }
            }
        }
    }
  </script>
</html>
```

效果如图 10.6 所示。

图 10.6　单击切换 Tab 效果

10.3.2　实例——实现定时自动切换 Tab

本实例使用 JavaScript 实现定时自动切换 Tab，主要涉及的 JavaScript 语法如下。

1. setInterval()方法

setInterval()方法可按照以毫秒计算的周期来调用函数或计算表达式。setInterval()方法会不停地调用函数，直到 clearInterval()方法终止定时或窗口被关闭。

2. clearInterval()方法

window. clearInterval()方法将取消由 setInterval()方法设置的定时器。示例代码如脚本 10-7.html 所示。

脚本 10-7.html

```
<!DOCTYPE html>
<html>
  <head>
    <meta http-equiv="Content-Type" content="text/html; charset=utf-8">
```

```html
<title>JS 实现定时自动切换 Tab</title>
<style type="text/css">
        *{
            margin: 0;
            padding: 0;
            text-decoration: none;
            list-style: none;
        }
        .container{
            width: 508px;
            border: 1px solid #eee;
            margin: 20px auto;
            height: 98px;
            position: relative;
            overflow: hidden;
        }
        .tab{
            height: 27px;
        }
        .tab-wrap{
            height: 27px;
            width: 551px;
            position: absolute;
            left: -1px;
            background: #ccc;
            overflow: hidden;
        }
        .tab-wrap li{
            float: left;
            text-align: center;
        }
        .tab-wrap li a{
            display: block;
            width: 100px;
            height: 26px;
            line-height: 26px;
            border-bottom: 1px solid #eee;
            padding: 0 1px;
            color: #000;
        }
        .tab-wrap .selected{
            background: #fff;
            color: orange;
            font-weight: bold;
            border-bottom: 1px solid #fff;
            border-right: 1px solid #eee;
            border-left: 1px solid #eee;
            padding: 0;
        }
        .content{
            width: 100%;
            height: 71px;
            overflow: hidden;
        }
        .content .mod{
            display: none;
        }
        .content div:first-child{
            display: block;
        }
```

```css
        .mod ul{
            overflow: hidden;
        }
        .mod li{
            float: left;
            font-size: 14px;
            margin: 10px;
        }

   </style>

</head>
<body>
  <div class="container" id="container">
    <div class="tab" id="tab">
      <ul class="tab-wrap">
        <li><a href="#" class='selected'>选项卡一</a></li>
        <li><a href="#">选项卡二</a></li>
        <li><a href="#">选项卡三</a></li>
        <li><a href="#">选项卡四</a></li>
        <li><a href="#">选项卡五</a></li>
      </ul>
    </div>
    <div class="content" id="content">
        <div class="mod">
                    选项卡一内容
                </div>
        <div class="mod">
                    选项卡二内容
                </div>
        <div class="mod">
                    选项卡三内容
                </div>
        <div class="mod">
                    选项卡四内容
                </div>
        <div class="mod">
                    选项卡五内容
                </div>
    </div>
  </div>
</body>
<script type="text/javascript">
        function getObj(id){
            return document.getElementById(id);
        }

        (function(){
          var tabs = getObj('tab').getElementsByTagName('a');
          var contents = getObj('content').getElementsByTagName('div');

          //根据 Tab 序号选中指定菜单
          function switchTab(index){
              for(var i=0;i<tabs.length;i++){
                  if(index == i){
                      tabs[index].className='selected';
                      contents[index].style.display = 'block';
                  }else{
```

```
                  tabs[i].className='';
                  contents[i].style.display = 'none';
               }
            }
         }

         //鼠标指针移入时选中效果
         for(var i=0;i<tabs.length;i++){
            tabs[i].index=i;
            tabs[i].addEventListener('mouseover',function(){
               switchTab(this.index);
            },false);
         }

         var mark = 0;//轮播标记
         var timer;//定时器
         function autoPlay(){
            mark++;
            if (mark==tabs.length) {
                  mark=0;
            }
            switchTab(mark);
         }
         timer=setInterval(autoPlay,2000);//添加定时轮播事件，轮播开始
         container.addEventListener('mouseout',function(){
            if (timer) {
               clearInterval(timer);
            }
            timer=setInterval(autoPlay,2000);
         },false);
      })();
   </script>
</html>
```

效果如图 10.7 所示。

图 10.7　定时自动切换 Tab 效果

10.4　图片特效

图片对于网页的重要性不言而喻，无论是门户网站，还是产品网站，好的图片特效都会对其所要推广的内容产生积极的影响。以产品网站为例，设计出满足网页需要的图片，这对网页设计师的经验要求较高。本节主要讲解实际应用中网页的图片特效。

精讲视频

图片特效

10.4.1　实例——实现图片放大镜效果

本实例使用 JavaScript 实现图片放大镜效果。
示例代码如脚本 10-8.html 所示。

脚本 10-8.html

```
<!DOCTYPE html>
<html>
  <head>
```

```
    <meta http-equiv="Content-Type" content="text/html; charset=utf-8">
    <title>JS 实现图片放大镜效果</title>
    <style type="text/css">
      *{
        margin:0px;
        padding:0px;
      }
      #container{
        width:400px;
        height:400px;
        margin:100px;
        margin-left:17%;
        position:relative;//这里使用相对定位，以便其他的元素能依靠这个元素定位
      }
      #point{
        background-color:blue;
        opacity: 0.2;
        width:220px;
        height:220px;
        position:absolute;
        left:0px;
        top:0px;
        display:none;//先让它隐藏，用 JS 使其显示
      }
      #wrapper{
        width:400px;
        height:400px;
        overflow:hidden;
        position:absolute;
        top:0px;
        left:450px;
        display:none;//先让它隐藏，用 JS 使其显示
      }
      #wrapper img{
        width:800px;
        height:800px;
        position:absolute;
        top:0px;
        left:0px;
      }
    </style>
  </head>
  <body>
    <div id="container">
      <img src="http://img.taopic.com/uploads/allimg/140513/235059-
14051310145412.jpg" width="400" height="400" alt="#">
      <div id="point"></div>
      <div id="wrapper">
        <img id="bigImg" src="http://img.taopic.com/uploads/allimg/
140513/235059-14051310145412.jpg" alt="#">
      </div>
    </div>
  </body>
  <script type="text/javascript">
    (function(){
        var container = document.getElementById("container");
        var point = document.getElementById("point");
        var wrapper = document.getElementById("wrapper");
        var bigImg = document.getElementById("bigImg");
```

```
        container.onmouseover = function(){//鼠标指针移动到box上显示大图和选框
          wrapper.style.display = "block";
          point.style.display="block";
        }
        container.onmouseout = function(){//鼠标指针移开box不显示大图和选框
          wrapper.style.display = "none";
          point.style.display="none";
        }
        container.onmousemove = function(e){//获取鼠标指针位置
          var x = e.clientX;//鼠标指针相对于视口的位置
          var y = e.clientY;
          var t = container.offsetTop;//container相对于视口的位置
          var l = container.offsetLeft;
          console.log('x='+x+'---l='+l);
          console.log('point.offsetWidth='+point.offsetWidth+'---point.
offsetHeight='+point.offsetHeight);
          var _left = x - l - point.offsetWidth/2;//计算point的位置
          var _top = y - t -point.offsetHeight/2;
          if(_top<=0){//滑到container的顶部
            _top = 0;
          }else if(_top>=container.offsetHeight-point.offsetHeight){//滑到
container的底部
            _top = container.offsetHeight-point.offsetHeight ;
          }
          if(_left<=0){//滑到container的最左边
            _left=0;
          }else if(_left>=container.offsetWidth-point.offsetWidth){//滑到
container的最右边
            _left=container.offsetWidth-point.offsetWidth ;
          }
          point.style.top = _top +"px";//设置point的位置
          point.style.left = _left + "px";
          var w = _left/(container.offsetWidth-point.offsetWidth);//计算移动的比例
          var h = _top/(container.offsetHeight-point.offsetHeight);
          var bigImg_top = (bigImg.offsetHeight-wrapper.offsetHeight)*h;//计算
大图的位置
          var bigImg_left = (bigImg.offsetWidth-wrapper.offsetWidth)*w;
          bigImg.style.top = -bigImg_top + "px";//设置大图的位置信息
          bigImg.style.left = -bigImg_left + "px";
        }
      })()
    </script>
  </html>
```
效果如图 10.8 所示。

图 10.8　图片放大镜效果

10.4.2 实例——实现图片自动滚动效果

本实例使用 JavaScript 实现图片自动滚动效果，主要涉及的 JavaScript 语法为 InnerHTML。

几乎所有的元素都有 InnerHTML 属性，它是一个字符串，用来设置或获取位于对象起始标签和结束标签内的 HTML。

示例代码如脚本 10-9.html 所示。

脚本 10-9.html

```html
<!DOCTYPE html>
<html>
  <head>
    <meta http-equiv="Content-Type" content="text/html; charset=utf-8">
    <title>JS 实现图片自动滚动效果</title>
    <style type="text/css">
      #container {
        background: #FFF;
        overflow:hidden;
        border: 1px dashed #CCC;
        width: 500px;
      }
      #inner {
        float: left;
        width: 800%;
      }
      #pics {
        float: left;
      }
      #goal {
        float: left;
        padding-left:5px;
      }
    </style>
  </head>
  <body>
    <div id="container">
      <div id="inner">
        <div id="pics">
        <a href="#"><img src="http://img.taopic.com/uploads/allimg/140513/
235059-14051310145412.jpg" width="100" height="100" border="0" /></a>
        <a href="#"><img src="http://img.taopic.com/uploads/allimg/140513/
235059-14051310145412.jpg" width="100" height="100" border="0" /></a>
        <a href="#"><img src="http://img.taopic.com/uploads/allimg/140513/
235059-14051310145412.jpg" width="100" height="100" border="0" /></a>
        <a href="#"><img src="http://img.taopic.com/uploads/allimg/140513/
235059-14051310145412.jpg" width="100" height="100" border="0" /></a>
        <a href="#"><img src="http://img.taopic.com/uploads/allimg/140513/
235059-14051310145412.jpg" width="100" height="100" border="0" /></a>
        <a href="#"><img src="http://img.taopic.com/uploads/allimg/140513/
235059-14051310145412.jpg" width="100" height="100" border="0" /></a>
      </div>
          <div id="goal"></div>
        </div>
      </div>
    </body>
    <script type="text/javascript">
      (function(){
          var speed=10;
```

```
            var tab=document.getElementById("container");
            var tab1=document.getElementById("pics");
            var tab2=document.getElementById("goal");
            tab2.innerHTML=tab1.innerHTML;
            function move(){
          if(tab2.offsetWidth-tab.scrollLeft<=0){
            tab.scrollLeft-=tab1.offsetWidth
          }else{
            tab.scrollLeft++;
          }
        }
      var timer=setInterval(move,speed);
      tab.onmouseover=function() {clearInterval(timer)};
      tab.onmouseout=function() {timer=setInterval(move,speed)};

    })();
  </script>
</html>
```

效果如图 10.9 所示。

图 10.9　图片自动滚动效果

10.5　文字特效

在传统的网页设计观念中，网页上字体都是统一、规范的，网页的风格也是比较固定的。在特定情况下，混用一些字体或者使用一些有特效的文字能够达到使界面更加有趣的效果。本节主要讲解网页中常用的文字特效。

10.5.1　实例——实现文字闪动效果

本实例使用 JavaScript 实现文字闪动效果，主要涉及的 JavaScript 语法如下。

1. parseInt()函数

parseInt()函数的语法是：parseInt(number,type)，number 为要转换的字符串，type 表示进制类型，如果不指定 type，type 值以 0x 开头时，为十六进制；type 值以 0 开头且第二位不为 x 时，则是八进制。

2. setTimeout()方法

setTimeout()有两种形式，分别是 setTimeout(code,interval)和 setTimeout(func,interval, args)，其中 code 是一个字符串；func()是一个函数；interval 表示时间，可以是延迟时间或者交互时间，以毫秒为单位；args 为变量。延迟时间表示在载入后延迟指定时间去执行一次表达式，仅执行一次；交互时间表示从载入后每隔指定的时间就执行一次表达式。

示例代码如脚本 10-10.html 所示。

脚本 10-10.html

```
<!DOCTYPE html>
<html>
  <head>
    <meta http-equiv="Content-Type" content="text/html; charset=utf-8">
    <title>JS 实现文字闪动效果</title>
  </head>
  <body>
    <div id="container">

    </div>
  </body>
    <script type="text/javascript">

        function getTextSize(i,incMethod,textLength){
          if(incMethod == 1){
           return (32*Math.abs(Math.sin(i/(textLength/3.14))) );
          }
          if(incMethod == 2){
           return (255*Math.abs(Math.cos(i/(textLength/3.14))));
          }
        }

        function changeTextSize(text,method,dis){
          output = "";
          for (i = 0; i < text.length; i++){
            size = parseInt(getTextSize(i +dis,method,text.length));
            output += "<font style='font-size: "+ size +"pt'>" +text.substring
(i,i+1)+ "</font>";
          }
          var container = document.getElementById('container');
          container.innerHTML = output;
        }

        function run(n){
          var content = "======欢迎分享 JavaScript======";
          changeTextSize(content,1,n);
          if (n > content.length) {n=0}
          setTimeout("run(" + (n+1) + ")", 50);
        }
        window.onload = run(0);
    </script>
</html>
```

效果如图 10.10 所示。

==欢迎分享JavaScript==

图 10.10　文字闪动效果

10.5.2　实例——实现滚动变色的文字效果

本实例使用 JavaScript 实现滚动变色的文字效果，在效果展示页面，可看到文字在交替变色显示，以吸引人的注意，主要涉及的 JavaScript 语法如下。

1. document.write()方法

document.write()方法用于向文档写入内容。

2. document.all

document.all 是一个表示当前文档的所有对象的数组，不仅包括页面上可见的实体对象，还包括一些不可见的对象，如 HTML 注释等。在 document.all 数组里，元素不分层次，是按照其在文档中出现的先后顺序，平行罗列的，所以可以用数字索引来引用任何一个元素。

示例代码如脚本 10-11.html 所示。

脚本 10-11.html

```html
<html>
  <head>
    <meta http-equiv="Content-Type" content="text/html; charset=utf-8" />
    <title>JS 实现滚动变色的文字效果</title>
  </head>
  <body>

    <script type="text/javascript">

        var message="请注意此段文字，部分文字染成红色，且红色循环移动";
        var baseColor="#333333";//默认文字颜色
        var selectColor="#ff0000";//选中变为红色
        if(document.all || document.getElementById){
         document.write('<font color="'+baseColor+'">');
         for(var i=0;i<message.length;i++){
            document.write('<span id="light'+i+'">'+message.charAt(i)+'</sapn>');
         }
         document.write('</font>');
        }else{
            document.write(message);
        }

      var index = 0;
      var flashCount=8;//闪亮的个数
      function rolling(){
        if(index ==0){
         for(var i=0;i<message.length;i++){
            getObj(i).style.color=baseColor;
         }
        }
        getObj(index).style.color=selectColor;
        if(index > flashCount-1){
            getObj(index-flashCount).style.color=baseColor;
        }
        if (index < message.length-1){
           index++
        }else{
           index=0;
        }
     }

     function getObj(number){
         var obj =document.all? eval("document.all.light"+number) : document.
getElementById("light"+number);
         return obj
     }

    var flashing=setInterval("rolling()",100);
    </script>
  </body>
</html>
```

效果如图 10.11 所示。

请注意此段文字，部分文字染成红色，且红色循环移动。

图 10.11　滚动变色的文字效果

10.6　表单按钮特效

按钮的设置是网页中必不可少的，尤其是在表单中。通过设置按钮可以使平淡无奇的页面变得更丰富。按钮虽小，作用巨大。按钮的样式、风格、事件等，对网页的整体效果能起到画龙点睛的作用。可以说，小按钮大世界，能不能设置好按钮是考查一个 JavaScript 程序员乃至网页设计师是否优秀的必要条件。本节主要讲解按钮特效。

精讲视频

表单按钮特效

10.6.1　实例——实现按钮联动

本实例使用 JavaScript 实现按钮联动，主要涉及的 JavaScript 语法如下。

value 属性：获取下拉选择框的 DOM 元素，通过"value"属性获取当前下拉选择框中选中的值，然后将对应的按钮展示在页面上。示例代码如脚本 10-12.html 所示。

脚本 10-12.html

```html
<html>
  <head>
    <meta http-equiv="Content-Type" content="text/html; charset=utf-8" />
    <title>JS 实现按钮联动</title>
    <script type="text/javascript">
        function getObj(id){
            return document.getElementById(id);
        }
        function butSelect(){
            var selval = getObj("sel").value;
            if(selval == "1"){
                getObj("btn").innerHTML = '<input type="button" value="按钮 1"
onclick="btn1();">';
            }
            else if(selval == "2"){
                getObj("btn").innerHTML = '<input type="button" value="按钮 2"
onclick="btn2();">';
            }
            else if(selval == "3"){
                getObj("btn").innerHTML = '<input type="button" value="按钮 3"
onclick="btn3();">';
            }
            else{
                getObj("btn").innerHTML = '';
            }
        }
        function btn1(){
            alert("单击了按钮 1");
        }
        function btn2(){
            alert("单击了按钮 2");
        }
        function btn3(){
            alert("单击了按钮 3");
        }
```

```
     </script>
   </head>
   <body>
    <select id="sel" name="sel" onchange="butSelect()" style="width:100px;">
      <option value="1">按钮 1</option>
      <option value="2">按钮 2</option>
      <option value="3">按钮 3</option>
    </select>
    <span id="btn">

    </span>
   </body>
</html>
```

效果如图 10.12 所示。

图 10.12　按钮联动效果

10.6.2　实例——实现确认提示

本实例使用 JavaScript 实现确认提示，主要涉及的 JavaScript 语法如下。

1. confirm()方法

confirm()弹出的是确认框（确认、取消），用户可以选择单击"确定"按钮或者单击"取消"按钮。confirm()方法的返回值为 true 或者 false。该确认框与 alert()的提示框相同，也是模式对话框，用户必须在关闭该确认框后，才能进行后续操作。

2. alert()方法

alert()方法弹出的是提示框（确定），该提示框提供了一个"确定"按钮让用户关闭该提示框，并且该提示框是模式对话框，也就是说，用户必须先关闭该提示框然后才能继续进行操作。alert()方法有一个参数，即希望对用户显示的文本字符串。主要代码如下。

```
<script type="text/javascript">
    /** 弹出确认框和提示框 **/
    function a(){
        if(confirm('您确定要在此文本框内输入东西吗？')){
            alert('后果十分严重！');
        }
    }
</script>
```

效果如图 10.13 和图 10.14 所示。

图 10.13　确认提示效果 1

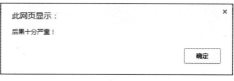

图 10.14　确认提示效果 2

10.7　小结

本单元主要介绍了利用 JavaScript 来制作各种动画与特效，10.1 节介绍了利用 setTimeout()

制作图片滤镜效果和鼠标滑入焦点的图切效果；10.2 节介绍了利用 document.getElementById()
获取网页元素，制作导航栏效果；10.3 节介绍了通过 click 事件实现单击切换 Tab 与利用 setInterval()
制作自动切换 Tab 的效果；10.4 节主要介绍了通过 onmouseover 和 onmousemove 等事件实现图
标移入移出的放大缩小的效果；10.5 节介绍了通过修改文字颜色等实现文字特效；10.6 节介绍了
实现表单按钮联动的方法以及 confirm()、alert() 的交互机制。

　　JavaScript 特效能很大程度地使网页更加有趣，对网页的吸引力产生积极的影响，为网页增加
良好的视觉效果。本单元着重介绍了几种常见的网页特效，并逐个分析了这些特效的实现方法及展
现效果。运用这些特效可以实现丰富多彩的网页效果，如能在素材选取和美工制作方面融入更多的
创意，必将达到事半功倍的效果。

////////// 课后习题

一、选择题

1. （多选）在 JavaScript 语法中，下列说法正确的有（　　　）。
   A. parseInt(43.12)返回值为 43
   B. parseInt('abc43.12')返回值为 NaN
   C. parseFloat('45.13abc')==parseInt(43.12)返回 true
   D. isNaN(parseFloat('45.13abc'))返回 true

2. 在 JavasScript 中，若要实现复选框全选功能，则在横线处填写的代码应为（　　　）。

```
<script type="text/javascript">function allChecked( ){ var allck=_____
for(var i = 0 ;i<allck.length;i++){ allck[i].checked=true;}}</script><body>
<p><input name="chk" type="checkbox" value="滑雪">滑雪<p><input name="chk" type=
"checkbox" value="游泳">游泳<p><input name="chk" type="checkbox" value="爬山">爬山
<p><input name="btn" type="button" onClick="allChecked( )" value="选择"></body>
```

   A. document.getElementsById("chk");
   B. document.getElementsByName("chk");
   C. document.getElementByName("checkbox");
   D. document.getElementsByTagName("chk");

3. 在 JavaScript 中，下列说法错误的是（　　　）。
   A. setInterval()用于在指定的毫秒后调用函数或计算表达式，可执行多次
   B. setImeout()用于在指定的毫秒后调用函数或计算表达式，可执行一次
   C. setInterval()的第一个参数可以是计算表达式也可以是函数变量名
   D. clearInterval()和 clearTimeout()都可以消除 setInterval()函数设置的 timeout

4. 在 JavaScript 中，下列代码可以实现每隔 5s 弹出"5 秒到了!"的是（　　　）。
   A. setTimeOut("alert('5 秒到了！')",5)　　　　B. setTimeOut("alert('5 秒到了!')",5000)
   C. setInterval("alert('5 秒到了!')",5)　　　　D. setInterval("alert('5 秒到了!')",5000)

二、填空题

1. JavaScript 通过_____方法设置定时器。
2. JavaScript 通过_____方法弹出确认框。

三、简答题

简述 documen.write()和 innerHTML 的区别。

单元 11

综合实战——实现购物车功能特效制作

11

情景引入

我们在打开电商网站购物的时候，都会看见购物车，我们可以把商品加入购物车里面，最后一起结算，如果对购物车里的商品不满意，还可以进行删除，通过全选功能可以一键清空购物车，全选的时候还可以看到商品的总金额，这些都是通过JavaScript来实现的。

商品购物车功能在日常生活中再常见不过了，也是现在绝大部分电商网站都会使用的功能。当购买商品的时候，消费者看中了哪件商品，就会将其加入购物车中，最后结算。购物车这一功能，方便消费者对商品进行管理，使消费者可以添加商品或删除商品。选中购物车中的某一种或几种商品，最后商品总价也会随着消费者的操作而发生变化。本单元将详细讲解购物车功能的实现。

☑ 全选	商品	单价	数量	小计	操作
☑	iphoneX	7828	- 1 +	7828	删除
☑	iphone6s plus	3699	- 1 +	3699	删除
☑	华为P10	3488	- 1 +	3488	删除
☑	魅族Pro7 plus	2399	- 1 +	2399	删除
☑ 全选 删除				已选商品4件 ︿ 合计：￥17414.00	结算

学习目标

知识目标
1. 理解JavaScript的作用
2. 掌握不同功能的实现方法

能力目标
1. 能够制作购物车特效布局
2. 能够实现商品全选及合计功能
3. 能够实现商品价格的自动计算

素质目标

1. 通过综合实战培养项目管理能力。
2. 综合运用前面学到的知识，提升技术整合能力。

思维导图

11.1 购物车特效布局

以下是仿淘宝来实现的一个简单的购物车特效布局代码，如脚本 11-1.html
和脚本 style.css 所示。

精讲视频

购物车特效布局

脚本 11-1.html

```html
<!DOCTYPE html>
<html>
  <head>
    <meta charset="utf-8" />
    <title>商品列表页面</title>
    <link rel="stylesheet" type="text/css" href="./style.css" />
    <script src="./script.js" type="text/javascript" charset="utf-8"></script>
  </head>
  <body>
    <div class="catbox">
      <table id="cartTable">
        <thead>
          <tr>
            <th>
              <label><input class="check-all check" type="checkbox">  
全选</label>
            </th>
            <th>商品</th>
            <th>单价</th>
            <th>数量</th>
            <th>小计</th>
            <th>操作</th>
          </tr>
        </thead>
        <tbody>
          <tr class="on">
            <td class="checkbox"><input class="check-one check" type="checkbox"></td>
            <td class="goods"><img src="../1.图片/iphoneX.jpg" alt=""><span>
iphoneX</span></td>
            <td class="price">7828</td>
            <td class="count"><span class="reduce"></span>
            <input class="count-input" type="text" value="1">
            <span class="add">+</span></td>
```

```
                <td class="subtotal">7828</td>
                <td class="operation"><span class="delete">删除</span></td>
            </tr>
            <tr class="on">
                <td class="checkbox"><input class="check-one check" type="checkbox">
</td>
                <td class="goods"><img src="../1.图片/iphone6s plus.jpg" alt="">
<span>iphone6s plus</span></td>
                <td class="price">3699</td>
                <td class="count"><span class="reduce"></span>
                  <input class="count-input" type="text" value="1">
                  <span class="add">+</span></td>
                <td class="subtotal">3699</td>
                <td class="operation"><span class="delete">删除</span></td>
            </tr>
            <tr class="on">
                <td class="checkbox"><input class="check-one check" type=
"checkbox"></td>
                <td class="goods"><img src="../1.图片/华为 P10.jpg" alt=""><span>华为
P10</span></td>
                <td class="price">3488</td>
                <td class="count"><span class="reduce"></span>
                  <input class="count-input" type="text" value="1">
                  <span class="add">+</span></td>
                <td class="subtotal">3488</td>
                <td class="operation"><span class="delete">删除</span></td>
            </tr>
            <tr class="on">
                <td class="checkbox"><input class="check-one check" type="checkbox"></td>
                <td class="goods"><img src="../1.图片/魅族 Pro7 plus.jpg" alt=""><span>
魅族 Pro7 plus</span></td>
                <td class="price">2399</td>
                <td class="count"><span class="reduce"></span>
                  <input class="count-input" type="text" value="1">
                  <span class="add">+</span></td>
                <td class="subtotal">2399</td>
                <td class="operation"><span class="delete">删除</span></td>
            </tr>
        </tbody>
    </table>
    <div class="foot" id="foot">
        <label class="fl select-all"><input type="checkbox" class="check-all
check">  全选</label>
        <a class="fl delete" id="deleteAll" href="javascript:;">删除</a>
        <div class="fr closing" onclick="getTotal();">结 算</div>
        <input type="hidden" id="cartTotalPrice">
        <div class="fr total">合计: ￥<span id="priceTotal">17414.00</span></div>
        <div class="fr selected" id="selected">已选商品<span id="selectedTotal">
4</span>件<span class="arrow up">︽</span><span class="arrow down">︾</span></div>
        <div class="selected-view">
          <div id="selectedViewList" class="clearfix"></div>
          <span class="arrow">◆<span>◆</span></span> </div>
    </div>
  </div>
  </body>
</html>
```

脚本 style.css

```css
<style type="text/css">
    *{margin:0;padding:0;list-style-type:none;}
    a{color:#666;text-decoration:none;}
    table{border-collapse:collapse;border-spacing:0;border:0;}
    body{color:#666;font:12px/180% Arial, Helvetica, sans-serif, "新宋体";}
    clearfix:after{content:".";display:block;height:0;clear:both;
visibility:hidden}
    .clearfix{display:inline-table}
    *html .clearfix{height:1%}
    .clearfix{display:block}
    *+html .clearfix{min-height:1%}
    .fl{float:left;}
    .fr{float:right;}
    .catbox{width:940px;margin:100px auto;}
    .catbox table{text-align:center;width:100%;}
    .catbox table th,.catbox table td{border:1px solid #CADEFF;}
    .catbox table th{background:#e2f2ff;border-top:3px solid #a7cbff;height:
30px;}
    .catbox table td{padding:10px;color:#444;}
    .catbox table tbody tr:hover{background:RGB(238,246,255);}
    .checkbox{width:60px;}
    .check-all{ vertical-align:middle;}
        .goods{width:300px;}
    .goods span{width:180px;margin-top:20px;text-align:left;float:left;}
    .goods img{width:100px;height:80px;margin-right:10px;float:left;}
    .price{width:130px;}
    .count{width:90px;}
    .count .add, .count input, .count .reduce{float:left;margin-right:-1px;
position:relative;z-index:0;}
    .count .add, .count .reduce{height:23px;width:17px;border:1px solid
#e5e5e5;background:#f0f0f0;text-align:center;line-height:23px;color:#444;}
    .count .add:hover, .count .reduce:hover{color:#f50;z-index:3;border-
color:#f60;cursor:pointer;}
    .count input{width:50px;height:15px;line-height:15px;border:1px solid
#aaa;color:#343434;text-align:center;padding:4px 0;background-color:#fff;z-index:2;}
    .subtotal{width:150px;color:red;font-weight:bold;}
    .operation span:hover,a:hover{cursor:pointer;color:red;text-decoration:
underline;}

    .foot{margin-top:0px;color:#666;height:48px;border:1px solid #c8c8c8;
border-top:0;background-color:#eaeaea;background-image:linear-gradient(RGB(241,
241,241),RGB(226,226,226));position:relative;z-index:8;}
    .foot div, .foot a{line-height:48px;height:48px;}
    .foot .select-all{width:80px;height:48px;line-height:48px;color:#666;
text-align:center;}
    .foot .delete{padding-left:10px;}
    .foot .closing{border-left:1px solid #c8c8c8;width:103px;text-align:
center;color:#666;font-weight:bold;cursor:pointer;background-image:linear-
gradient(RGB(241,241,241),RGB(226,226,226));}
    .foot .closing:hover{background-image:linear-gradient(RGB(226,226,226),
RGB(241,241,241));color:#333;}
    .foot .total{margin:0 20px;cursor:pointer;}
    .foot #priceTotal, .foot #selectedTotal{color:red;font-family:" Microsoft
Yahei";font-weight:bold;}
    .foot .selected{cursor:pointer;}
    .foot .selected .arrow{position:relative;top:-3px;margin-left:3px;}
    .foot .selected .down{position:relative;top:3px;display:none;}
    .show .selected .down{display:inline;}
    .show .selected .up{display:none;}
```

```
        .foot .selected:hover .arrow{color:red;}
        .foot .selected-view{width:938px;border:1px solid #c8c8c8;position:
absolute;height:auto;background:#ffffff;z-index:9;bottom:48px;left:-1px;display:
none;}
        .show .selected-view{display:block;}
        .foot .selected-view div{height:auto;}
        .foot .selected-view .arrow{font-size:16px;line-height:100%;color:
#c8c8c8;position:absolute;right:330px;bottom:-9px;}
        .foot .selected-view .arrow span{color:#ffffff;position:absolute;left:
0px;bottom:1px;}

        #selectedViewList{padding:10px 20px 10px 20px;}
        #selectedViewList div{display:inline-block;position:relative;width:100px;
height:80px;border:1px solid #ccc;margin:10px;float:left;}
        #selectedViewList div img{width:100px;height:80px;margin-right:10px;
float:left;}
        #selectedViewList div span{display:none;color:#ffffff;font-size:12px;
position:absolute;top:0px;right:0px;width:60px;height:18px;line-height:18px;text
-align:center;background:#000;cursor:pointer;}
        #selectedViewList div:hover span{display:block;}
    </style>
```

分析如下。

（1）body 标签中定义 table 标签和 div 标签，table 标签存放所有商品列表，div 标签存放商品结算部分内容。

（2）table 标签中定义 thead 和 tbody 标签，thead 标签即表格头部，tbody 标签即表格具体内容。

（3）tbody 标签中存放 4 个 tr 标签，每个 tr 标签代表一个商品，用 td 标签存放商品的选择框、缩略图、名称、单价、增减操作按钮以及小计总价等。

（4）div 标签中存放商品全选框、批量删除按钮、已选商品的预览浮层以及商品计算价格等。div 标签样式为"foot"时商品预览浮层隐藏，div 标签样式为"foot show"时商品预览浮层显示。相应的 CSS 详见脚本 style.css，此处不做赘述。购物车效果如图 11.1 所示。

图 11.1　购物车效果

11.2 准备工作

有了购物车总体布局之后就可以开始一步步进行功能实现了。比如购物车的全选、商品价格计算、购物车商品删除等。而在实现这些功能之前需要先获取页面元素以及做一些兼容性处理。这里单独写一个脚本 script.js 来实现购物车的一系列操作。然后在 HTML 中引入外部脚本 script.js。

脚本 script.js

```
<script type="text/javascript">
    window.onload = function () {
        var cartTable = document.getElementById('cartTable');
        var tr = cartTable.children[1].rows;
        var checkInputs = document.getElementsByClassName('check');
        var checkAllInputs = document.getElementsByClassName('check-all');
        var selectedTotal = document.getElementById('selectedTotal');
        var priceTotal = document.getElementById('priceTotal');
        if (!document.getElementsByClassName) {
            document.getElementsByClassName = function (cls) {
                var ret = [];
                var els = document.getElementsByTagName('*');
                for (var i = 0, len = els.length; i < len; i++) {
                    if (els[i].className === cls || els[i].className.
indexOf(cls + ' ') >=0 || els[i].className.indexOf(' ' + cls + ' ') >=0 || els[i].
className.indexOf(' ' + cls) >=0) {
                        ret.push(els[i]);
                    }
                }
                return ret;
            }
        }
    }
</script>
```

分析如下。

（1）window.onload = function(){...}，将所有代码写在 window.onload 事件中，window.onload 事件控制在文档加载完毕后才执行 JavaScript 代码，避免无法获取对象的情况发生。

（2）var cartTable = document.getElementById('cartTable')，通过 getElementById()方法获取 table 元素。

（3）var tr = cartTable.children[1].rows，获取 table 元素下的所有 tr 元素，即获取所有的商品。cartTable.children 表示 cartTable 所有子节点。cartTable.children[1]表示获取 cartTable 的两个子节点即 tbody 元素。rows 属性为表格的特有属性，存放节点下面的所有 tr 元素。

（4）var checkInputs = document.getElementsByClassName('check')，通过 getElementsByClassName()方法获取所有的选择框，这里所有选择框都有样式 check。

（5）var checkAllInputs = document.getElementsByClassName('check-all')，获取所有全选框，check-all 为全选框的特有样式。

（6）if (!document.getElementsByClassName) {...}，判断方法 getElementsByClassName()是否存在。低版本 IE 浏览器不支持 getElementsByClassName()方法，兼容 IE 浏览器则需要自定义 getElementsByClassName()方法。

（7）document.getElementsByClassName = function (cls) {...}，自定义 getElementsByClassName()方法，传入参数 cls 类名，表示想通过哪个类名来获取元素。

（8）var ret = []; var els = document.getElementsByTagName('*');定义数组 ret 接收返回

的结果。定义变量 els 获取所有元素。

（9）for(var i = 0; len = els.length; i < len; i++){...}for 循环遍历所有元素，判断每个元素的 className 是否等于传递进来的参数 cls，如果等于则调用数组的 push()方法将该元素添加到数组 ret。

（10）var selectedTotal = document.getElementById('selectedTotal'),获取已选商品数量元素。

（11）var priceTotal = document.getElementById('priceTotal'),获取商品总价元素。

11.3　商品全选及合计功能实现

首先给购物车添加商品全选的功能，即勾选全选框，使所有商品前面的选择框全部选中；也可以单独勾选商品前面的选择框实现单选；选择商品的同时合计的价格会相应发生变化。在脚本 script.js 中进一步处理。

精讲视频

商品全选及合计功能
实现

脚本 script.js

```javascript
<script type="text/javascript">
    window.onload = function () {
        var cartTable = document.getElementById('cartTable');
        var tr = cartTable.children[1].rows;
        var checkInputs = document.getElementsByClassName('check');
        var checkAllInputs = document.getElementsByClassName('check-all');
        var selectedTotal = document.getElementById('selectedTotal');
        var priceTotal = document.getElementById('priceTotal');
        if (!document.getElementsByClassName) {
            document.getElementsByClassName = function (cls) {
                var ret = [];
                var els = document.getElementsByTagName('*');
                for (var i = 0, len = els.length; i < len; i++) {
                    if (els[i].className === cls || els[i].className.
indexOf(cls + ' ') >=0 || els[i].className.indexOf(' ' + cls + ' ') >=0 ||
els[i].className.indexOf(' ' + cls) >=0) {
                        ret.push(els[i]);
                    }
                }
                return ret;
            }
        }
        function getTotal() {
            var selected = 0;
            var price = 0;
            for (var i = 0, len = tr.length; i < len; i++) {
                if (tr[i].getElementsByTagName('input')[0].checked) {
                    tr[i].className = 'on';
                    seleted += parseInt(tr[i].getElementsByTagName
('input')[1].value);
                    price += parseFloat(tr[i].cells[4].innerHTML);
                }
                else {
                    tr[i].className = '';
                }
            }
            selectedTotal.innerHTML = seleted;
            priceTotal.innerHTML = price.toFixed(2);
        }
        for(var i = 0; i < checkInputs.length; i++ ){
            checkInputs[i].onclick = function () {
```

```
                        if (this.className.indexOf('check-all') >= 0) {
                            for (var j = 0; j < checkInputs.length; j++) {
                                checkInputs[j].checked = this.checked;
                            }
                        }
                        if (!this.checked) {
                            for (var i = 0; i < checkAllInputs.length; i++) {
                                checkAllInputs[i].checked = false;
                            }
                        }
                        getTotal();
                    }
                }
            checkAllInputs[0].checked = true;
                checkAllInputs[0].onclick();
        }
</script>
```

分析如下。

（1）for(var i = 0; len = checkInputs.length; I < len; i++){...}，for 循环遍历所有选择框。

（2）checkInputs[i].onclick = function(){...}，给每一个选择框添加单击事件。

（3）if(this.className.indexOf('check-all') >= 0){

   for(var j = 0; j < checkInputs.length; j++){

    checkInputs[j].checked = this.checked;

   }

 }

判断当前选择框的类名是否包含"check-all"，如果是那么单击的则是全选框，用 for 循环遍历全选框，将每个全选框的选中状态置为和当前单击的选择框一样。

（4）if(!this.checked){

   for(var k = 0; k < checkAllInputs,length; k++){

    checkAllInputs[k].checked = false;

   }

 }

判断如果当前选择框为未选中的状态，则将全选框都置为未选中状态。

（5）getTotal()，调用 getTotal()方法计算商品价格。function getTotal(...){}，getTotal()方法中定义变量 selected 表示选中商品的数量，定义变量 price 表示选中商品的价格。

（6）for(var i = 0, len = tr.length; i < len; i++){

   if(tr[i].getElementByTagName('input')[0].checked){

    tr[i].className = 'on';

    selected += parseInt(tr[i].getElementByTagName('input')[1].value);

    price += parseFloat(tr[i].cells[4].innerHTML);

   }else{

    tr[i].className = '';

   }

 }

 selectedTotal.innerHTML = selected;

 priceTotal.innerHTML = price.toFixed(2);

for 循环遍历每一个 tr 元素，判断第一个 input 元素是否是选中状态，如果是选中状态，则首先为该行添加高亮的样式 on，其次将第二个 input 元素的值（即数量）累加到变量 selected，最后将第 5 个 tr 元素值（即价格）累加到变量 price。其中 cells 属性是特殊的表格属性，存放表格每一行下的所有 tr 元素。parseInt()方法将字符串转换为整数，parseFloat()方法将字符串转换为小数。最后将数量和价格分别写入变量 selectedTotal 和 priceTotal。

（7）checkAllInputs[0].checked = true;checkAllInputs[0].onclick()，页面初始化为全选并调用全选框的单击事件计算商品全选的总价。购物车商品选中效果如图 11.2 和图 11.3 所示。

图 11.2　购物车商品全选效果

图 11.3　购物车商品部分选中效果

11.4　商品预览浮层功能

前面实现了购物车的单击功能（即选择功能），选择商品可以计算价格和数量。但商品预览浮层功能还没有实现。浮层布局已在 11.1 节中实现了。这里需要用 JavaScript 去控制显示浮层内容。具体代码如脚本 script.js 所示。

精讲视频

商品预览浮层功能

脚本 script.js

```
<script type="text/javascript">
    window.onload = function () {
        var cartTable = document.getElementById('cartTable');
        var tr =  cartTable.children[1].rows;
        var checkInputs = document.getElementsByClassName('check');
        var checkAllInputs = document.getElementsByClassName('check-all');
        var selectedTotal = document.getElementById('selectedTotal');
        var priceTotal = document.getElementById('priceTotal');
```

```
        var selectedViewList = document.getElementById('selectedViewList');
            var selected = document.getElementById('selected');
            var foot = document.getElementById('foot');
    if (!document.getElementsByClassName) {
        document.getElementsByClassName = function (cls) {
            var ret = [];
            var els = document.getElementsByTagName('*');
            for (var i = 0, len = els.length; i < len; i++) {
                if (els[i].className === cls || els[i].className.
indexOf(cls + ' ') >=0 || els[i].className.indexOf(' ' + cls + ' ') >=0 ||
els[i].className.indexOf(' ' + cls) >=0) {
                    ret.push(els[i]);
                }
            }
            return ret;
        }
    }
    function getTotal() {
        var seleted = 0;
        var price = 0;
        var HTMLstr = '';
        for (var i = 0, len = tr.length; i < len; i++) {
            if (tr[i].getElementsByTagName('input')[0].checked) {
                tr[i].className = 'on';
                seleted += parseInt(tr[i].getElementsByTagName
('input')[1].value);
                price += parseFloat(tr[i].cells[4].innerHTML);
                HTMLstr += '<div><img src="' + tr[i].
getElementsByTagName('img')[0].src + '"><span class="del" index="' + i + '">取消选
择</span></div>'
            }
            else {
                tr[i].className = '';
            }
        }
        selectedTotal.innerHTML = seleted;
        priceTotal.innerHTML = price.toFixed(2);
        selectedViewList.innerHTML = HTMLstr;

        if (seleted == 0) {
            foot.className = 'foot';
        }
    }
    for(var i = 0; i < checkInputs.length; i++ ){
        checkInputs[i].onclick = function () {
            if (this.className.indexOf('check-all') >= 0) {
                for (var j = 0; j < checkInputs.length; j++) {
                    checkInputs[j].checked = this.checked;
                }
            }
            if (!this.checked) {
                for (var i = 0; i < checkAllInputs.length; i++) {
                    checkAllInputs[i].checked = false;
                }
            }
            getTotal();
        }
    }
    selected.onclick = function(){
        if(foot.className == 'foot'){
```

```
                    if (selectedTotal.innerHTML != 0) {
                        foot.className = 'foot show';
                    }
                }else{
                    foot.className = 'foot';
                }
            }
        checkAllInputs[0].checked = true;
        checkAllInputs[0].onclick();
        }
</script>
```

分析如下。

（1）var selected = document.getElementById('selected');

　　var foot = document.getElementById('foot');

　　var selectedViewList = document.getElementById('selectedViewList');

获取已选商品元素、底层 div 元素以及浮层已选商品列表容器。

（2）selected.onclick = function(){

　　　　if(foot.className == 'foot'){

　　　　　　if (selectedTotal.innerHTML != 0) {

　　　　　　　　foot.className == 'foot show';

　　　　　　}

　　　　}else{

　　　　　　foot.className == 'foot';

　　　　}

　　}

已选商品按钮增加单击事件，判断 foot 元素是否存在类名"show"，如果存在则说明商品预览浮层是显示的，那么单击之后需要隐藏，即需要去掉样式"show"，否则增加样式"show"。

（3）var HTMLstr = '';

HTMLstr += '<div><img src="' + tr[i].getElementsByTagName('img')[0].src + '"><span class="del" index="' + i + '">取消选择</span></div>';selectedViewList.innerHTML = HTMLstr;

完善 getTotal() 方法，当商品被选中时，拼接商品预览浮层 div 元素。

（4）if (seleted == 0) {

　　　　foot.className = 'foot';

　　}

计算完毕判断选择数量是否为 0，如果是则将商品预览浮层隐藏。购物车商品预览浮层显示效果如图 11.4 所示。

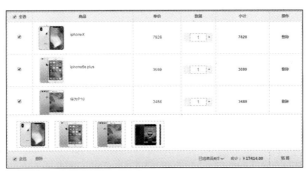

图 11.4　购物车商品预览浮层显示效果

11.5 取消选择与事件代理

前面完成了购物车商品预览浮层的显示与隐藏，但商品"取消选择"的功能还没有实现。单击商品"取消选择"，需要相应地将该商品从浮层中删除，同时将该商品置为未选中状态。正常情况下，给"取消选择"增加 onclick 单击事件即可处理，但这里浮层内容是动态加载的，即一开始是不存在内容的，添加任何事件都是无法生效的。这样就需要引入 JavaScript 的"事件代理"，也称"事件委托"，利用事件冒泡将事件添加到它们的父节点，也称将事件委托给父节点来触发处理函数。在脚本 script.js 中进一步处理如下。

精讲视频

取消选择与事件代理

脚本 script.js

```
<script type="text/javascript">
    window.onload = function () {
        var cartTable = document.getElementById('cartTable');
        var tr =  cartTable.children[1].rows;
        var checkInputs = document.getElementsByClassName('check');
        var checkAllInputs = document.getElementsByClassName('check-all');
        var selectedTotal = document.getElementById('selectedTotal');
        var priceTotal = document.getElementById('priceTotal');
        var selectedViewList = document.getElementById('selectedViewList');
        var selected = document.getElementById('selected');
        var foot = document.getElementById('foot');
        if (!document.getElementsByClassName) {
            document.getElementsByClassName = function (cls) {
                var ret = [];
                var els = document.getElementsByTagName('*');
                for (var i = 0, len = els.length; i < len; i++) {
                    if (els[i].className === cls || els[i].className.
indexOf(cls + ' ') >=0 || els[i].className.indexOf(' ' + cls + ' ') >=0 ||
els[i].className.indexOf(' ' + cls) >=0) {
                        ret.push(els[i]);
                    }
                }
                return ret;
            }
        }
        function getTotal() {
            var seleted = 0;
            var price = 0;
            var HTMLstr = '';
            for (var i = 0, len = tr.length; i < len; i++) {
                if (tr[i].getElementsByTagName('input')[0].checked) {
                    tr[i].className = 'on';
                    seleted += parseInt(tr[i].getElementsByTagName
('input')[1].value);
                    price += parseFloat(tr[i].cells[4].innerHTML);
                    HTMLstr += '<div><img src="' + tr[i].getElementsByTagName
('img')[0].src + '"><span class="del" index="' + i + '">取消选择</span></div>'
                }
                else {
                    tr[i].className = '';
                }
            }
            selectedTotal.innerHTML = seleted;
            priceTotal.innerHTML = price.toFixed(2);
            selectedViewList.innerHTML = HTMLstr;
```

```
                    if (seleted == 0) {
                        foot.className = 'foot';
                    }
                }
            for(var i = 0; i < checkInputs.length; i++ ){
                checkInputs[i].onclick = function () {
                    if (this.className.indexOf('check-all') >= 0) {
                        for (var j = 0; j < checkInputs.length; j++) {
                            checkInputs[j].checked = this.checked;
                        }
                    }
                    if (!this.checked) {
                        for (var i = 0; i < checkAllInputs.length; i++) {
                            checkAllInputs[i].checked = false;
                        }
                    }
                    getTotal();
                }
            }
            selected.onclick = function(){
                if(foot.className == 'foot'){
                    if (selectedTotal.innerHTML != 0) {
                        foot.className = 'foot show';
                    }
                }else{
                    foot.className = 'foot';
                }
            }
            selectedViewList.onclick = function (e) {
                var e = e || window.event;
                var el = e.srcElement;
                if (el.className=='del') {
                    var input = tr[el.getAttribute('index')].
getElementsByTagName('input')[0]
                    input.checked = false;
                    input.onclick();
                }
            }
        checkAllInputs[0].checked = true;
        checkAllInputs[0].onclick();
        }
</script>
```

分析如下。

（1）selectedViewList.onclick = function (e) {...}

由 11.4 节可知，"取消选择"是套在 span 标签中的，但此处 span 标签是动态加载出来的，所以需要把"取消选择"的单击事件委托到 span 的父元素 selectedViewList 上去实现。传入的参数 e 表示元素单击时的事件对象。

（2）var e = e || window.event;

IE 浏览器下元素的事件对象存在于 window.event 中。此处逻辑或表达式先计算左边 e 的值并判断是否是真值，如果是真值则返回 e，如果不是真值则计算右边表达式的值，结果返回右边表达式的值。

（3）var el = e.srcElement;

```
    if (el.className=='del') {
        var input = tr[el.getAttribute('index')].getElementsByTagName('input')[0];
        input.checked = false;
        input.onclick();
    }
```

　　通过样式名称判断单击的元素是否是"取消选择"，如果是则获取对应的商品选择框，将选择框置为未选中状态，并调用选择框的单击事件计算商品价格显示。购物车商品取消选择效果如图11.5所示。

图11.5　购物车商品取消选择效果

11.6　商品价格计算

　　购物车可以添加多种商品，也可以对一种商品添加多个，这就涉及商品数量的增减问题。单击"+"按钮商品数量增加，价格也相应更新，单击"-"按钮商品数量减少，价格也相应更新。有两种实现方法，一种是循环遍历每一行，对"+"和"-"按钮分别添加单击事件，一种是使用前面介绍的事件代理，将"+"和"-"按钮的单击事件代理到每个 tr 元素上去实现。这里采用第 2 种方法，无须重复绑定元素，避免影响页面性能。进一步完善脚本 script.js 如下。

脚本 script.js

```javascript
<script type="text/javascript">
    window.onload = function () {
        var cartTable = document.getElementById('cartTable');
        var tr = cartTable.children[1].rows;
        var checkInputs = document.getElementsByClassName('check');
        var checkAllInputs = document.getElementsByClassName('check-all');
        var selectedTotal = document.getElementById('selectedTotal');
        var priceTotal = document.getElementById('priceTotal');
        var selectedViewList = document.getElementById('selectedViewList');
        var selected = document.getElementById('selected');
        var foot = document.getElementById('foot');
        if (!document.getElementsByClassName) {
            document.getElementsByClassName = function (cls) {
                var ret = [];
                var els = document.getElementsByTagName('*');
                for (var i = 0, len = els.length; i < len; i++) {
                    if (els[i].className === cls || els[i].className.
indexOf(cls + ' ') >=0 || els[i].
    className.indexOf(' ' + cls + ' ') >=0 || els[i].className.indexOf(' ' + cls) >=0) {
                        ret.push(els[i]);
                    }
                }
                return ret;
            }
        }
        function getTotal() {
            var seleted = 0;
```

```
                        var price = 0;
                        var HTMLstr = '';
                        for (var i = 0, len = tr.length; i < len; i++) {
                            if (tr[i].getElementsByTagName('input')[0].checked) {
                                tr[i].className = 'on';
                                seleted += parseInt(tr[i].getElementsByTagName
('input')[1].value);

                                price += parseFloat(tr[i].cells[4].innerHTML);
                                HTMLstr += '<div><img src="' + tr[i].
getElementsByTagName('img')[0].src + '"><span class="del" index="' + i + '">取消选
择</span></div>'

                            }
                            else {
                                tr[i].className = '';
                            }
                        }
                        selectedTotal.innerHTML = seleted;
                        priceTotal.innerHTML = price.toFixed(2);
                        selectedViewList.innerHTML = HTMLstr;

                        if (seleted == 0) {
                            foot.className = 'foot';
                        }
                    }
                for(var i = 0; i < checkInputs.length; i++ ){
                    checkInputs[i].onclick = function () {
                        if (this.className.indexOf('check-all') >= 0) {
                            for (var j = 0; j < checkInputs.length; j++) {
                                checkInputs[j].checked = this.checked;
                            }
                        }
                        if (!this.checked) {
                            for (var i = 0; i < checkAllInputs.length; i++) {
                                checkAllInputs[i].checked = false;
                            }
                        }
                        getTotal();
                    }
                }
                selected.onclick = function(){
                    if(foot.className == 'foot'){
                        if (selectedTotal.innerHTML != 0) {
                            foot.className = 'foot show';
                        }
                    }else{
                        foot.className = 'foot';
                    }
                }
                selectedViewList.onclick = function (e) {
                    var e = e || window.event;
                    var el = e.srcElement;
                    if (el.className=='del') {
                        var input = tr[el.getAttribute('index')].
getElementsByTagName('input')[0]
                        input.checked = false;
                        input.onclick();
                    }
                }
            for (var i = 0; i < tr.length; i++) {
                    tr[i].onclick = function (e) {
```

```
                                        var e = e || window.event;
                                        var el = e.target || e.srcElement;
                                        var cls = el.className;
                                        var countInput = this.getElementsByTagName
('input')[1];

                                        var value = parseInt(countInput.value);
                                        switch (cls) {
                                            case 'add':
                                                countInput.value = value + 1;
                                                getSubtotal(this);
                                                break;
                                            case 'reduce':
                                                if (value > 1) {
                                                    countInput.value = value - 1;
                                                    getSubtotal(this);
                                                }
                                                break;
                                        }
                                        getTotal();
                                    }
                                tr[i].getElementsByTagName('input')[1].onkeyup = function () {
                                        var val = parseInt(this.value);
                                        if (isNaN(val) || val <= 0) {
                                            val = 1;
                                        }
                                        if (this.value != val) {
                                            this.value = val;
                                        }
                                        getSubtotal(this.parentNode.parentNode);
                                        getTotal();
                                    }
                            }
                        function getSubtotal(tr) {
                                var cells = tr.cells;
                                var price = cells[2];
                                var countInput = tr.getElementsByTagName('input')[1];
                                var subtotal = (parseInt(countInput.value) * parseFloat(price.
innerHTML)).toFixed(2);
                                cells[4].innerHTML = subtotal;
                                var span = tr.getElementsByTagName('span')[1];
                                if (countInput.value == 1) {
                                    span.innerHTML = '';
                                }else{
                                    span.innerHTML = '-';
                                }
                            }
                    checkAllInputs[0].checked = true;
                    checkAllInputs[0].onclick();
                    }
        </script>
```

分析如下。

（1）for (var i = 0; i < tr.length; i++) {

      tr[i].onclick = function (e) {...}

}

循环遍历每一行，给每一行元素添加单击事件，传入事件对象 e。

（2）e = e || window.event;

    var el = e.srcElement;

```
var cls = el.className;
var countInput = this.getElementsByTagName('input')[1];
var value = parseInt(countInput.value);
```

获取事件对象 e、目标事件触发元素 el、目标事件触发元素的样式 cls 以及每行的商品数量元素 countInput，并计算商品数量的 value 值。

（3）switch (cls) {

```
    case 'add':
        countInout.value = value + 1;
        getSubTotal(this);
        break;
    case 'reduce':
        countInout.value = value − 1;
        getSubTotal(this);
        break;
}
```

使用 switch...case 语句根据目标事件触发元素的样式 cls 判断单击的是"+"还是"−"按钮，然后对商品数量做相应加减。

（4）function getSubtotal(tr) {...}

定义函数 getSubtotal()，传入参数 tr，计算每行商品小计价格。

（5）var cells = tr.cells;

```
    var price = cells[2];
    var countInput = tr.getElementsByTagName('input')[1];
    var subtotal = (parseInt(countInput.value) * parseFloat(price.innerHTML)).toFixed(2);
    cells[4].innerHTML = subtotal;
```

获取当前行所有列元素 cells，通过 cells 获取商品单价并转化为浮点数，通过 cells 获取商品数量并转化为整数，最后计算商品小计价格，并写入小计单元格。

（6）var span = this.getElementsByTagName(span)[1];

获取并判断商品"−"按钮，当商品数量等于 1 时，"−"按钮消失，当商品数量大于 1 时，"−"按钮出现。

（7）tr[i].getElementsByTagName('input')[1].onkeyup = function () {...}

当手动输入商品数量时也需要计算商品价格，这里对商品数量框添加 onkeyup 键盘弹起事件，并调用 getTotal()函数计算商品小计价格，调用 getTotal()函数计算所有商品合计价格。

购物车商品价格计算显示效果如图 11.6 所示。

图 11.6　购物车商品价格计算显示效果

11.7　删除商品

精讲视频

删除商品

　　购物车商品的单选、全选、增减以及小计、合计功能实现后，还剩删除功能未处理。删除分为单行删除和批量删除。单行删除针对每一行来删除商品，同样可以用事件代理，将单行删除的单击事件代理到每个 tr 元素上去实现。完善 tr 元素的单击事件如脚本 script.js 所示。

脚本 script.js

```
<script type="text/javascript">
    window.onload = function () {
        var cartTable = document.getElementById('cartTable');
        var tr = cartTable.children[1].rows;
        var checkInputs = document.getElementsByClassName('check');
        var checkAllInputs = document.getElementsByClassName('check-all');
        var selectedTotal = document.getElementById('selectedTotal');
        var priceTotal = document.getElementById('priceTotal');
        var selectedViewList = document.getElementById('selectedViewList');
        var selected = document.getElementById('selected');
        var foot = document.getElementById('foot');
        if (!document.getElementsByClassName) {
            document.getElementsByClassName = function (cls) {
                var ret = [];
                var els = document.getElementsByTagName('*');
                for (var i = 0, len = els.length; i < len; i++) {
                        if (els[i].className === cls || els[i].className.
indexOf(cls + ' ') >=0 || els[i].className.indexOf(' ' + cls + ' ') >=0 ||
els[i].className.indexOf(' ' + cls) >=0) {
                            ret.push(els[i]);
                        }
                    }
                return ret;
            }
        }
        function getTotal() {
            var seleted = 0;
            var price = 0;
            var HTMLstr = '';
            for (var i = 0, len = tr.length; i < len; i++) {
                if (tr[i].getElementsByTagName('input')[0].checked) {
                        tr[i].className = 'on';
                        seleted += parseInt(tr[i].getElementsByTagName
('input')[1].value);
                        price += parseFloat(tr[i].cells[4].innerHTML);
                        HTMLstr += '<div><img src="' + tr[i].
getElementsByTagName('img')[0].src + '"><span class="del" index="' + i + '">取消选
择</span></div>'
                    }
                    else {
                        tr[i].className = '';
                    }
                }
            selectedTotal.innerHTML = seleted;
            priceTotal.innerHTML = price.toFixed(2);
            selectedViewList.innerHTML = HTMLstr;

            if (seleted == 0) {
                foot.className = 'foot';
```

```
                }
            }
        for(var i = 0; i < checkInputs.length; i++ ){
            checkInputs[i].onclick = function () {
                if (this.className.indexOf('check-all') >= 0) {
                    for (var j = 0; j < checkInputs.length; j++) {
                        checkInputs[j].checked = this.checked;
                    }
                }
                if (!this.checked) {
                    for (var i = 0; i < checkAllInputs.length; i++) {
                        checkAllInputs[i].checked = false;
                    }
                }
                getTotal();
            }
        }
        selected.onclick = function(){
            if(foot.className == 'foot'){
                if (selectedTotal.innerHTML != 0) {
                    foot.className = 'foot show';
                }
            }else{
                foot.className = 'foot';
            }
        }
        selectedViewList.onclick = function (e) {
            var e = e || window.event;
            var el = e.srcElement;
            if (el.className=='del') {
                var input = tr[el.getAttribute('index')].
getElementsByTagName('input')[0]
                input.checked = false;
                input.onclick();
            }
        }
        for (var i = 0; i < tr.length; i++) {
            tr[i].onclick = function (e) {
                var e = e || window.event;
                var el = e.target || e.srcElement;
                var cls = el.className;
                var countInput = this.getElementsByTagName('input')[1];
                var value = parseInt(countInput.value);
                switch (cls) {
                    case 'add':
                        countInput.value = value + 1;
                        getSubtotal(this);
                        break;
                    case 'reduce':
                        if (value > 1) {
                            countInput.value = value - 1;
                            getSubtotal(this);
                        }
                        break;
                    case 'delete':
                        var conf = confirm('确定删除此商品吗？');
                        if (conf) {
                            this.parentNode.removeChild(this);
                        }
                        break;
```

```
                                    }
                                getTotal();
                        }
                    tr[i].getElementsByTagName('input')[1].onkeyup = function () {
                            var val = parseInt(this.value);
                            if (isNaN(val) || val <= 0) {
                                    val = 1;
                            }
                            if (this.value != val) {
                                    this.value = val;
                            }
                            getSubtotal(this.parentNode.parentNode);
                            getTotal();
                    }
            }
        function getSubtotal(tr) {
            var cells = tr.cells;
            var price = parseFloat(cells[2]);
            var countInput = parseInt(tr.getElementsByTagName('input')[1]);
            var subtotal = parseFloat(price * countInput );
            cells[4].innerHTML = subtotal;
            var span = tr.getElementsByTagName('span')[1];
            if (countInput.value == 1) {
                span.innerHTML = '';
            }else{
                span.innerHTML = '-';
            }
        }
        deleteAll.onclick = function () {
                if (selectedTotal.innerHTML != 0) {
                    var con = confirm('确定删除所选商品吗？');
                    if (con) {
                        for (var i = 0; i < tr.length; i++) {
                            if (tr[i].getElementsByTagName('input')[0].
checked) {
                                    tr[i].parentNode.removeChild(tr[i]);
                                    i--;
                            }
                        }
                    }
                } else {
                        alert('请选择商品！');
                }
                getTotal();
        }
    checkAllInputs[0].checked = true;
    checkAllInputs[0].onclick();
    }
</script>
```

分析如下。

（1）switch (cls) {

    ...

      case 'delete':

        var conf = confirm('确定删除此商品吗？');

        if (conf) {

          this.parentNode.removeChild(this);

        }

```
        break;
    }
```

在 tr 元素的单击事件中判断当前单击的目标元素样式为"delete"时，即单击了删除操作按钮。定义 conf 变量，存放对话框返回值。confirm() 函数在网页上弹出对话框，对话框内容显示为 confirm() 函数的参数，对话框带有"确定"和"删除"按钮。单击对话框"确定"按钮返回值为 true，单击对话框"取消"按钮返回值为 false。如果确定删除，则调用当前元素的父元素删除其子节点，即删除当前行。

（2）var deleteAll = document.getElementById('deleteAll')，获取"批量删除按钮"元素。

（3）deleteAll.onclick = function () {...}给"批量删除按钮"添加单击事件。

（4）if (selectedTotal.innerHTML != 0) {...}else{alert('请选择商品！');}，判断选择的商品数量是否为 0，如果是 0 则需要提示先选择商品。

（5）var con = confirm('确定删除所选商品吗？')，定义对话框让用户确定是否要删除所选商品。

（6）for (var i = 0; i < tr.length; i++) {
```
        if (tr[i].getElementsByTagName('input')[0].checked) {
            tr[i].parentNode.removeChild(tr[i]);
            i--;
        }
    }
}
```

循环遍历每一行判断商品是否选中，如果选中则调用 removeChild()方法删除。然后将下标回退 1，因为商品删除后 tr 下标会重新排列。购物车商品删除效果如图 11.7 所示。

图 11.7　购物车商品删除效果

11.8　小结

本单元主要介绍了通过 JavaScript 来实现购物车功能的开发，11.1 节介绍了通过 HTML 和 CSS 实现页面的布局与样式编写；11.2 节主要介绍了通过外部 JS 文件引入的方式将 JavaScript 代码进行分离；11.3 节介绍了商品全选及合计功能的实现逻辑；11.4 节介绍了控制商品预览浮层展示的功能实现步骤；11.5 节介绍了通过事件代理实现取消选择的功能；11.6 节介绍了自动计算商品价格的逻辑；11.7 节介绍了商品删除功能的实现步骤。

本单元的项目基于 JavaScript 的购物车功能，看起来是非常简单的，实际上运用了前面所学的各章基础知识，如 JavaScript 的 BOM 操作、DOM 操作、表格操作、事件处理等，将这些知识融合在一起实现类似淘宝的购物车功能。当然，本单元中实现的功能是非常简单的，可以在此基础上，随着需求的增长而不断地去完善。通过本单元的项目实战，需要学会解决问题的思路以及思考需要运用哪些技术、以怎样的方式去实现各种功能。

//////// ## 课后习题

一、选择题

1. 在 HTML 页面上编写 JavaScript 代码时，应编写在（　　）标签中间。

    A．<javascript>和</javascript>　　　　　　B．<script>和</script>

    C．<head>和</head>　　　　　　　　　　D．<body>和</body>

2. 在 HTML 页面上，当按下键盘上的任意一个键时就会触发 JavaScript 的（　　）事件。

    A．onfocus　　　　　　B．onblur　　　　　　C．onsubmit　　　　　D．onkeydown

二、填空题

1. JavaScript 通过_____事件监听鼠标指针移入某个区域。

2. JavaScript 通过_____监听按钮的单击事件

三、简答题

DOM 操作有哪些方法？